电气学科概论

Electrical Subject Conspectus

主编 曹晴峰　参编 李生权 段小汇 李喆 朱明祥

中国电力出版社
CHINA ELECTRIC POWER PRESS

内 容 提 要

　　电气学科是现代化科技领域中核心学科之一，是当今高新技术领域中不可或缺的关键学科，电气学科概论较为详细地阐述了该学科的产生与发展。全书共分九章，分别为发、供、配电，可再生能源及核能发电技术，电能转换技术，低压电器与电气控制，从强电到弱电，自动化技术，人类与机械电子，楼宇自动化技术，信息与通信。本书选材广泛，内容翔实，理论联系实际，向读者展现了电气技术所取得的成果，并着重介绍电气学科所包含的主要内容以及目前该学科的主要研究方向。

　　该书适用对象为电气工程与自动化、智能建筑、信息工程、建筑电气等本科专业师生和相关领域的技术人员和管理人员，以及对电气技术感兴趣的读者，也可作为非电类专业学生的电类教材或电气技术专业的入门教材。

图书在版编目（CIP）数据

电气学科概论/曹晴峰主编. —北京：中国电力出版社，2014.7（2019.7重印）
ISBN 978-7-5123-5803-4

Ⅰ.①电…　Ⅱ.①曹…　Ⅲ.①电工技术　Ⅳ.①TM

中国版本图书馆 CIP 数据核字（2014）第 079626 号

中国电力出版社出版发行
北京市东城区北京站西街 19 号　100005　http://www.cepp.sgcc.com.cn
责任编辑：杨淑玲　责任印制：杨晓东　责任校对：闫秀英
三河市航远印刷有限公司印刷·各地新华书店经售
2014 年 7 月第 1 版·2019 年 7 月第 3 次印刷
787mm×1092mm　1/16·　15 印张·363 千字
定价：**38.00** 元

前　言

电是什么？怎么形成的？到底有什么用，能干什么？电如何传递能量？通过对电规律的学习，如何利用电为人类服务？这些问题在我们成长的不同阶段，或多或少地会出现在我们的脑海中。人们看不到电，但它却实实在在存在着。我们享受着它带来的便利，也忍耐着它有时给我们带来的麻烦；电既是人类的帮手，又是人类的对手。我们感知电的神奇，电的神秘，电的威力。

由于人类的不断努力，电的本质被逐步揭示，电的规律被逐渐发现，电学理论不断被完善。电学与众多学科的融合，开阔了人类的眼界，促进人们思维的变化和进步，迅猛地推动着社会的进步。19 世纪后半期到 20 世纪中叶，以工业生产电气化为主要标志的第二次工业革命使人类生产力大大提高，其应用价值得到显现，发明家的努力使其应用成为现实，各种发明使得电的使用越来越广，直接进入人们的日常生活，改变着人类的生产方式和生活方式，人类进入了一个前所未有的电气化时代。因此，电气技术也必将随着基础理论的深入研究，全新设计理念、设计方法的提出而得到进一步发展。本书目的是让读者通过阅读和学习能全面了解到电气学科研究的主要内容和发展方向。因此，该书是属于电气学科的入门指导书。

全书共分九章。第一章介绍了电的起源及发展、火力发电技术、电力传输技术、供配电技术以及电气安全；第二章讲述了水能、核能、太阳能、风能、生物质能、潮汐能、地热能发电技术；第三章阐述了以变压器和各种电机为代表的电能转换技术；第四章讨论了常用低压器件、照明控制、电动机的继电接触控制；第五章重点介绍了半导体技术、电力电子技术、计算机技术；第六章阐述了自动控制技术及其在电气工程中的应用；第七章讨论了传感器、虚拟仪器、执行器、机器人技术；第八章全面讲述了楼宇自动化技术；第九章从信息交换技术、通信网的拓扑结构、设备及通信介质、宽带通信网等方面对信息与通信技术做了说明。

曹晴峰任本书的主编，其中第一、六、八章由曹晴峰编写，第二、七章由李生权编写，第三、四章由朱明祥编写，第五章由李喆编写，第九章由段小汇编写。

本书在编写过程中得到了扬州大学陈虹教授、刘大年副教授的大力支持和关心，江小燕和刘桂言为本书做了有益的工作，对此均表示衷心的谢意。本书引用了大量的参考文献和网上资料，附录中不能一一举例，在此一并对这些书刊资料的作者表示感谢。

电气学科是一个内容包含众多，涉及面广泛的学科，本书不可能全部涵盖所有内容，因此希望能起到抛砖引玉的作用。限于作者水平有限，书中不妥之处在所难免，恳请读者和同行给予批评指正。

编　者

目　　录

第一章 发、供、配电

第一节 引 言

电力工业,是我国能源产业的重要组成部分,是国民经济的重要网络性基础产业,在我国工业化、现代化进程中起着十分重要的作用,被誉为国民经济的先行官和经济社会发展的晴雨表。

持续、优质、稳定的电力供应,是我国由工业化迈向现代化进程的重要保障。同时,电力也是人类文明和社会进步的象征,与我们的生活息息相关。生活,因为电力而绚丽……

一、电流

电流是人类最伟大的十大科学发现之一

古希腊人已经发现用毛皮摩擦过的琥珀能吸引一些像绒毛、麦秆等一些轻小的东西,他们把这种现象称作"电"。公元前585年,古希腊第一位自然哲学家泰勒斯(Thales,公元前625~公元前545年)已经注意到摩擦(带电)的琥珀能吸引细小的绒毛。这是西方世界关于电现象最早的观察记录。今天英语中"电(Electricity)"这个词在古希腊语中的意思就是"琥珀"。

英国物理学家、医生吉尔伯特(William Gilbert,1544—1603)做了多年的实验,发现了"电力"、"电吸引"等许多现象,并最先使用了"电力"、"电吸引"等专用术语,因此许多人称他是电学研究之父。他的主要著作为1600年出版的《论磁性、磁体和巨大地磁体》。全书分为6篇,这是他约17年的研究结晶,记录了600余个实验,叙述了磁的历史及五种磁运动。第二篇中有一章叙述了电的实验。这本书堪称物理学史上第一部系统阐述磁学的科学专著。在吉尔伯特之后的200年中,又有很多人做过多次试验,不断地积累对电的现象的认识。

1734年法国人杜菲(Charles-Francois du Fay,1696—1739)在实验中发现带电的玻璃和带电的琥珀是相互吸引的,但是两块带电的琥珀或者两块带电的玻璃则是相互排斥的。杜菲根据大量的实验事实断定电有两种:一种是与琥珀带的电性质相同,叫作"琥珀电";一种是与玻璃带的电性质相同,叫作"玻璃电"。

1745年普鲁士的一位副主教克莱斯特(Ewald Georg von Kleist,1700—1748)在实验中利用导线将摩擦所起的电引向装有铁钉的玻璃瓶。当他用手触及铁钉时,受到猛烈的一击,他由此发现了放电现象。

1746年,荷兰莱顿大学的物理学教授马森布罗克(Pieter von Musschen,1692—1761)发明了收集电荷的"莱顿瓶"。因为他看到好不容易起得的电却很容易地在空气中逐渐消失,他想寻找一种保存电的方法。有一天,他用一支枪管悬在空中,用起电机与枪管连着,另用一根铜线从枪管中引出,浸入一个盛有水的玻璃瓶中,他让一个助手一只手握着玻璃瓶,马森布罗克在一旁使劲摇动起电机。这时他的助手不小心将另一只手与枪管碰上,他猛然感到一次强烈的电击,喊了起来。马森布罗克于是与助手互换了一下,让助手摇起电机,他自己一手拿水瓶子，另一只手去碰枪管。用另一只手从充电的铁柱上引出火花。突然，手受到了一下力量很大的打击，使全身都震动了，手臂和身体产生了一种无法形容的恐怖感觉。他由此得出结论：把带电体放在玻璃瓶内可以把电保存下来。就把这个蓄电的瓶子称作"莱顿瓶"，这个实验称为"莱顿瓶实验"。

1780年，意大利科学家伽伐尼（Luigi Galvani，1737—1798）在一次解剖青蛙时有一个偶然的发现，一只已解剖的青蛙放在一个潮湿的铁案上，当解剖刀无意中触及蛙腿上外露的神经时，死蛙的腿猛烈地抽搐了一下。伽伐尼立即重复了这个实验，又观察到同样的现象。他以严谨的科学态度，选择各种不同的金属，例如铜和铁或铜和银，接在一起，而把另两端分别与死蛙的肌肉和神经接触，青蛙就会不停地屈伸抽动。如果用玻璃、橡胶、松香、干木头等代替金属，就不会发生这样的现象。他认为这是一种生物电现象，他的《关于电对肌肉运动的作用》论文于1791年发表。

1791年意大利物理学家亚历山德罗·伏打（Alessandro Volta，1745—1827）他用两种金属接成一根弯杆，一端放在嘴里，另一端和眼睛接触，在接触的瞬间就有光亮的感觉产生。他用舌头舔着一枚金币和一枚银币，然后用导线把硬币连接起来，就在连接的瞬间，舌头有发麻的感觉。这些实验证明：电不仅能够产生颤动，而且还会影响视觉和味觉神经。

1793年伏打总结了自己的实验，不同意伽伐尼关于动物生电的观点。他认为伽伐尼电在质上是一种物理的电现象，蛙腿本身不放电，是外来电使蛙腿神经兴奋而发生痉挛，蛙腿实际上只起电流指示计的作用。伏打在伽伐尼实验的基础上，致力研究两种不同金属的接触。他得出了新的结论，认为两金属不仅仅是导体，而且是由它们产生电流的。用伏打自己的话来说：金属是真正的电流激发者，而神经是被动的。伏打并把这种电流命名为"金属的"或"接触的"电流。伏打证明这个堆的一端带正电，另一端带负电，当时引起极大的轰动。这是第一个能人为产生稳定、持续电流的装置，为电流现象的研究提供了物质基础，也为电流效应的应用打开了前景，并很快成为进行电磁学和化学研究的有力工具，促使电学研究有一个巨大的进展。伏打的成就受到各界普遍赞赏，科学界用他的姓氏命名电动势，电动势差（电压）的单位，为"伏特"（就是伏打，音译演变的），简称"伏"。

二、电

（一）电的起源与发展

电是一种自然现象。18世纪时，西方国家开始探索电的种种现象。

美国科学家富兰克林认为，电是一种没有重量的流体，存在于所有物体中。当物体得到比正常分量多的电就带正电；若少于正常分量，就带了负电。所谓"放电"，就是正电流向负电的过程。尽管这个理论并不完全正确，但是正电、负电两种名称被保留下来。1752年，他在一个风筝实验中，证明了空中的闪电与地面上的电是同一回事。

18世纪，蒲力斯特里与库仑于1785年揭示出静态电荷间的作用力与距离的二次方成反比的定律，奠定了静电的基本定律。

电工技术的发展主要是从18世纪末1785年库仑建立库仑定律开始的。

1800年化学电池的发明揭开了人类利用电能的序幕。意大利的伏特制成了第一个电池。

1831年，英国的法拉第利用磁场效应的变化，展示感应电流的产生。

1897年，汤姆生揭示出了原子由带正电的原子核（质子、中子）和核外带负电的电子组成，$e=1.6\times10^{-19}\mathrm{C}$。

1820 年，奥斯特发现了电流对磁针有力的作用，揭开了电学理论新的一页。同年安培确定了通有电流的线圈的作用与磁铁相似，这就指出了磁现象的本质问题。

1826 年，欧姆建立了欧姆定律。

1831 年，法拉第发现的电磁感应现象是以后电工技术的重要理论基础。

1833 年，楞次建立楞次定律。其后他致力于电机理论的研究并阐明了电机的可逆性原理。

1834 年，雅可比制造出世界上第一台电动机，从而证明了实际应用电能的可能性。

1838 年，用一台直流电动机拖动轮船，以 4km/h 的速度逆流而上和顺流而下，这是最早的实用电动机。

1844 年，楞次与焦耳分别独立确定了电流热效应定律（焦耳-楞次定律）。

1831 年，法拉第发现了磁铁同导线相对运动时，导线中有电流产生。他所发现的电磁感应定律，成为发电机的理论基础。法拉第的发现为人类开辟了一种新的能源，电力时代的大门由此开启。

1864 年，年轻的麦克斯韦利用当时数学家们在理论力学方面的研究成果，用一组偏微分方程来概括全部电磁现象，把法拉第的思想用数学语言表述出来。从此，电学、磁学、光学融合成一体，物理学完成了第三次伟大的综合。

（二）电力特性

非物质性：看不见、无重力，电力生产只涉能量转换，不存在物质转变（或转移）。

暂态性：变化快，不能大量贮存。

连续性：发、供、用电必须同时进行，必须随时保持平衡。

重要性：与国民经济以及日常生活密切相关。

网络性：实现电力输送、使用，必须要有特定的网络（电力网）支持，且需形成闭环回路。

（三）电流的三大效应

1. 热效应

2. 化学效应

导体溶液里有电流时，溶液里发生化学变化的现象。例如：电渡、电解、电冶金等。

3. 磁效应

（1）电流感应磁场现象：导体中有电流时，导体周围就会产生感应磁场。

（2）电磁力现象：电荷、电流在电磁场中所受力的总称。也有称静止电荷在电场中所受力为静电力，而称载流导体在磁场中所受力为电磁力。电工中所关注的电介质在电磁场中受到的电磁有质动力也是电磁力。

（3）电磁感应现象：闭合电路的一部分导体在磁场做切割磁感线运动时，导体中就会产生电流。

（4）互感现象：两个线圈放在一起，其中一线圈中的电流发生变化时，另一线圈就会产生感应电动势。

三、电力技术与电力工业发展简史

1831 年，法拉第发现电磁感应原理。

1866 年，维·西门子发明了励磁电机。

1876 年，贝尔发明了电话。

1879 年，爱迪生发明了电灯。

1881 年，卢西恩·高拉德和约翰·吉布斯取得"供电交流系统"专利。

1882 年，爱迪生建成世界上第一座发电厂。

1885 年，制成交流发电机和变压器。

1886 年，建成第一个单相交流送电系统。

1888 年，制成交流感应式电动机。

1891 年，德国劳芬电厂安装了世界第一台三相交流发电机，建成第一条三相交流送电线路。

第二节　火力发电技术

一、火力发电的基本概念

自从 18 世纪发明了发电的原理之后，科学家们便努力寻找推动导线旋转的动力，以便发展持久且大量的发电方式来造福人类。

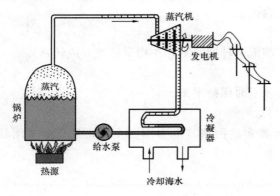

图 1-1　火力发电厂运作原理

我国电源构成是以火电为主，火力发电厂运作原理如图 1-1 所示。截至 2004 年底，全国总装机容量为 44 070 万 kW，火电装机容量为 32 490 万 kW，占我国发电装机总容量的 73.7 %。我国目前最大的火电厂是浙江北仑港电厂，其装机容量 300 万 kW（即3000MW），共有 5 台 60 万 kW（600MW）机组。

火力发电厂是利用化石燃料燃烧释放的热能发电的动力设施，包括燃料燃烧释热和热能电能转换以及电能输出的所有设备、装置、仪表器件，以及为此目的设置在特定场所的建筑物、构筑物和所有有关生产和生活的附属设施。主要有蒸汽动力发电厂、燃气轮机发电厂、内燃机发电厂几种类型。火力发电厂的分类有：

（1）按燃料分，燃煤发电厂、燃油发电厂、燃气发电厂、余热发电厂，以垃圾及工业废料为燃料的发电厂。我国的煤炭资源比较丰富，所以燃煤火电厂是我国目前电能生产的主要方式。

（2）按蒸汽压力和温度分，中低压发电厂（3.92MPa，450℃），高压发电厂（9.9MPa，540℃），超高压发电厂（13.83MPa，540℃），亚临界压力发电厂（16.77MPa，540℃），超临界压力发电厂（22.11MPa，550℃）。

（3）按原动机分，凝汽式汽轮机发电厂、燃气轮机发电厂、内燃机发电厂和蒸汽-燃气轮机发电厂等。

（4）按输出能源分，凝汽式发电厂（只发电），热电厂（发电兼供热）。

（5）按发电厂装机容量分，小容量发电厂（100MW 以下），中容量发电厂（100～

250MW），大中容量发电厂（250～1000MW），大容量发电厂（1000MW 以上）。

火力发电厂的热力循环四大件为锅炉、汽轮机、冷凝器、水泵，见图 1-2。

二、火电厂生产过程

火电厂从能量转换观点分析，其基本过程都是燃料的化学能→热能→机械能→电能。

锅炉将燃料的化学能转化为蒸汽热能，蒸汽机将蒸汽热能转化为机械能，发电机将机械能转化为电能，图 1-3 为蒸汽动力发电厂原理图。锅炉、汽轮机、发电机是常规火力发电厂的三大主机。动力设备就是指锅炉、汽轮机及其附属设备与热力系统。火电厂的实际生产过程要复杂得多，还需要很多辅助系统以维持其正常生产，如输煤系统、除灰系统，供水系统、水处理系统等，图 1-4 为凝汽式火力发电厂生产系统组合示意图。

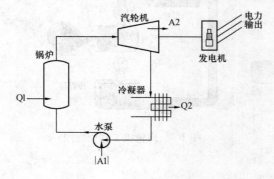

图 1-2　火力发电厂热力循环四大件

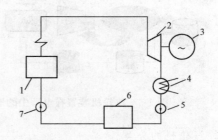

图 1-3　蒸汽动力发电厂原理图
1—锅炉；2—汽轮机；3—发电机；4—凝汽器；
5—凝结水泵；6—回热加热器；7—给水泵

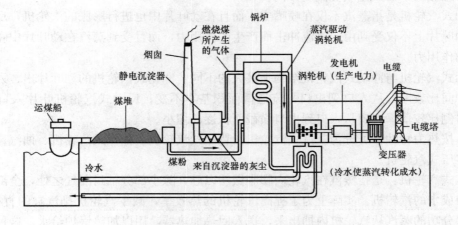

图 1-4　凝汽式火力发电厂生产系统组合示意图

（一）锅炉

锅炉是火力发电厂中的主要热力设备之一。其作用是燃料在炉膛内燃烧将其化学能转变为烟气热能；烟气热能加热给水，水经过预热、汽化、过热三个阶段成为具有一定压力、温度的过热蒸汽。

锅炉由锅炉本体和辅助设备两大部分组成。锅炉本体实际上就是一个庞大的热交换器，由"锅"和"炉"两部分组成。由炉膛、烟道、汽水系统（其中包括受热面、汽包、联箱和连接管道）以及炉墙和构架等部分组成的整体，称为"锅炉本体"。锅炉的辅助设备主要包括供给空气的送风机、排除烟气的引风机、煤粉制备系统以及除渣、除尘设备等。

（二）汽轮机

汽轮机是以蒸汽为工质的旋转式机械，主要用作发电原动机，也用来直接驱动各种泵、风机、压缩机和船舶螺旋桨等，汽轮机装置在电厂中的地位如图 1-5 所示，汽轮机工作原理如图 1-6 所示。

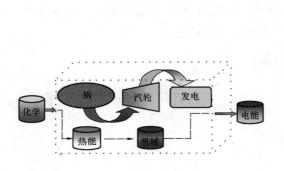

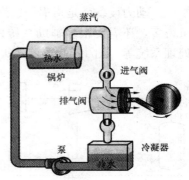

图 1-5　汽轮机装置在电厂中的地位　　　　图 1-6　汽轮机工作原理图

1. 汽轮机的分类

（1）按工作原理，可分为冲动式汽轮机和反动式汽轮机。

冲动式汽轮机是指蒸汽仅在喷嘴中进行膨胀的汽轮机，在冲动式汽轮机的动叶片中，蒸汽并不膨胀做功，而只是改变流动方向。

反动式汽轮机是指蒸汽不仅在喷嘴中，而且在动叶片中也进行膨胀的汽轮机，反动式汽轮机的动叶片上不仅受到由于汽流冲击而产生的作用力，而且受到蒸汽在动叶片中膨胀加速而产生的作用力。

反动式汽轮机与冲动式汽轮机结构上最大的不同：冲动式汽轮机的动叶片出、入口侧比较薄，中间比较厚，从入口到出口，流道截面积基本不变；反动式汽轮机叶片入口侧比较厚，出口侧比较薄，流道从入口到出口横截面积逐渐缩小。

（2）按热力特性，可分为凝汽式汽轮机、背压式汽轮机、抽汽式汽轮机、抽汽背压式汽轮机和多压式汽轮机。

凝汽式汽轮机：是指蒸汽在汽轮内膨胀做功以后，除小部分轴封漏气之处，全部进入凝汽器凝结成水的汽轮机。实际上为了提高汽轮机的热效率，减少汽轮机排汽缸的直径尺寸，将做过部分功的蒸汽从汽轮机内抽出来，送入回热加热器，用以加热锅炉给水，这种不调整抽汽式汽轮机，也统称为凝汽式汽轮机。

背压式汽轮机：排汽压力（背压）高于大气压力的汽轮机。背压式汽轮机排汽压力高，通流部分的级数少，结构简单，同时不需要庞大的凝汽器和冷却水系统，机组轻小，造价低。当它的排汽用于供热时，热能可得到充分利用，但这时汽轮机的功率与供热所需蒸汽量直接相关，因此不可能同时满足热负荷和电（或动力）负荷变动的需要，这是背压式汽轮机用于供热时的局限性。发电用的背压式汽轮机通常都与凝汽式汽轮机或抽汽式汽轮机并列运行或并入电网，用其他汽轮机调整和平衡电负荷。对于驱动泵和通风机等机械的背压式汽轮机，则用其他汽源调整和平衡热负荷。发电用的背压式汽轮机装有调压器，根据背压变化控制进汽量，使进汽量适应生产流程中热负荷的需要，并使排汽压力控制在规定的范围内。

抽汽式汽轮机：从中间级抽出蒸汽供给热用户的汽轮机。按抽汽数目的不同，抽汽式汽轮机分为单抽汽和双抽汽两种。单抽汽的通流部分可分为高压和低压两段。双抽汽的通流部分分成高压、中压和低压三段。每段设有单独的汽缸，构成分缸布置，或几段合在一个汽缸内，构成单缸布置。段间有抽汽口，部分蒸汽经由此口抽出，其余则经一可调节流量的机构进入下一段。常用的流量调节机构有调节阀和可以改变环形通流面积的旋转隔板两种。

抽汽式汽轮机运行时既要供电（或动力），又要供热。当抽汽量为零时便与凝汽式汽轮机相同，进入汽轮机的蒸汽除一部分流入给水加热器加热锅炉给水外，其余蒸汽都流经各级后进入凝汽器。当抽汽量不为零时，进入汽轮机的蒸汽先流过高压段各级做功，然后一部分蒸汽经由抽汽口抽出供热；另一部分蒸汽通过调节阀或旋转隔板流经其余各级，继续做功，最后进入凝汽器。这时如电负荷下降，则汽轮机的转速上升，调速器动作，高压调节阀和抽汽调节阀（或旋转隔板）均关小，使功率下降，保持抽汽量不变。当热负荷增大时，抽汽压力降低，调压器动作，高压调节阀开大，抽汽调节阀（或旋转隔板）关小。这样，高压段的功率增大，低压段的功率减小，两者相抵，使汽轮机的功率保持不变，而供热的抽汽量增加。调速器和调压器能共同控制高压段和低压段的调节阀或旋转隔板，以同时满足用户对热负荷和电负荷的需求。

（3）按主蒸汽压力，可分为低压汽轮机（0.12~1.5MPa）、中压汽轮机（2~4MPa）、高压汽轮机（6~10MPa）、超高压汽轮机（12~14MPa）、亚临界压力汽轮机（16~18MPa）、超临界压力汽轮机（＞22.1MPa）和超超临界压力汽轮机（＞32MPa）。

2. 汽轮机的组成及其工作过程

汽轮机由汽轮机本体和汽轮机辅助设备两部分组成。汽轮机本体由静止部分、转动部分、主汽门、调节汽门等组成。汽轮机辅助设备主要包括凝汽设备、回热加热设备、调节保安装置、供油系统等。汽轮机本体及其辅助设备由管道和阀门连成一个整体，称为汽轮机设备，汽轮机设备组合示意图如图1-7所示。汽轮机和发电机的组合称为汽轮发电机组。

汽轮机本体由固定部分（静子）和转动部分（转子）组成。固定部分包括汽缸、隔板、喷嘴、汽封、紧固件和轴承等。转动部分包括主轴、叶轮或轮鼓、叶片和联轴器等。固定部分的喷嘴、隔板与转动部分的叶轮、叶片组成蒸汽热能转换为机械能的通流部分。汽缸是约束高压蒸汽不得外泄的外壳。汽轮机本体还设有汽封系统。

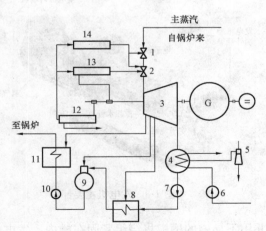

图1-7　汽轮机设备组合示意图

1—主汽门；2—调节阀；3—汽轮机；4—凝汽器；5—抽汽器；6—循环水泵；7—水泵凝结；8—低压加热器；9—除氧器；10—给水泵；11—高压加热器；12—供油系统；13—调节装置；14—保护装置

（三）热力系统及辅助设备

1. 汽轮机的调节系统

汽轮机的调节系统是根据用电负荷的大小

自动改变进汽量，调整汽轮机的输出功率以满足用户数量上的需求；控制转速在额定范围以保证供电质量。

2. 汽轮机的保护装置

为保证汽轮发电机组的安全运行，设有必要的保护系统，在事故或异常情况下及时切断汽源（关闭高中压主汽门和调节汽门），系统主要由超速（110%～114%额定转速）保护和参数超限保护组成。

汽轮机部分的辅助设备有凝汽器、水泵、回热加热器、除氧器等。把锅炉、汽轮机及其辅助设备按汽水循环过程用管道和附件连接起来所构成的系统，叫作发电厂的热力系统。

发电厂的热力系统按照不同的使用目的分为"原则性热力系统"、"全面性热力系统"和"汽轮机组热力系统"等。

（四）发电机

在火力发电厂中，同步发电机是将机械能转变成电能的唯一电气设备。因而将一次能源（水力、煤、油、风力、原子能等）转换为二次能源的发电机，现在几乎都是采用三相交流同步发电机。在发电厂中的交流同步发电机，电枢是静止的，磁极由原动机拖动旋转。其励磁方式为发电机的励磁线圈 FLQ（即转子绕组）由同轴的并励直流励磁机经电刷及集电环来供电。

同步发电机由定子(固定部分)和转子(转动部分)两部分组成。定子由定子铁心、定子线圈、机座、端盖、风道等组成。定子铁心和线圈是磁和电通过的部分，其他部分起着固定、支持和冷却的作用。转子由转子本体、护环、心环、转子线圈、集电环、同轴励磁机电枢组成。定子大体上与异步电动机相同，定子铁心由 0.35mm，0.5mm 或其他厚度的电工钢片叠成。定子外径较小时，采用圆形冲片，当定子外径大于 1m 时，采用扇形冲片。定子铁心固定在机座上，机座常由钢板焊接而成，它必须有足够的强度和刚度，同时还必须满足通风和散热的需要。汽轮发电机的电压较高，要求定子绕组有足够的绝缘强度，一般采用 B 级或 F 级绝缘。为了减少高速旋转引起的离心力，一般采用隐极式转子，其外形常做成一个细长的圆柱体。转子铁心表面圆周上铣有许多槽，励磁绕组嵌放在这些槽内。励磁绕组为同心式绕组，以铜线绕制，并用不导磁的槽楔将绕组紧固在槽内，发电机主要部件如图 1-8 所示。

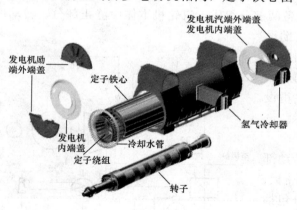

图 1-8　发电机主要部件

第三节　电力传输技术

一、电力传输的基本概念

1882 年，爱迪生建成世界上第一座正规的发电厂，装有 6 台直流发电机，共 662kW

（900hp），通过 110V 地下电缆供电，最大送电距离 1.6km，供 6200 盏白炽灯照明，完成了初步的电力工业技术体系。

1891 年，在德国劳芬电厂安装了世界第一台三相交流发电机，建成第一条三相交流送电线路。三相交流电的出现克服了原来直流供电容量小，距离短的缺点，也比单相交流更加经济，实现了远距离供电。电力不再仅仅用于照明，而且在工业和生活中得到广泛应用。

送电过程：发电机→升压→高压输电线路→降压→配电，如图 1-9 所示。

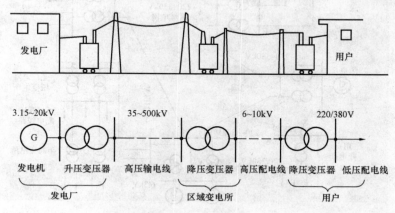

图 1-9　送电过程

由各级电压的电力线路将发电厂、变电所和电力用户联系起来的一个发电、输电、变电、配电和用电的整体称为电力系统。电力系统示意图如图 1-10 所示。

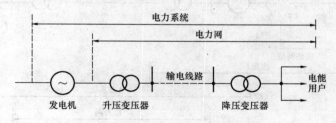

图 1-10　电力系统示意图

电力系统的运行特点：① 电能的生产、输送、分配和消费是同时进行的；② 系统中发电机、变压器、电力线路和用电设备等的投入和撤除都是在一瞬间完成的，所以，系统的暂态过程非常短暂。

电力系统中各级电压的电力线路及其联系的变电所，即连接发电厂和用户的中间环节，称为电力网或电网。电网以电压等级来区分，例如 10kV 电网。电网示意图如图 1-11 所示。

动力系统、电力系统和电力网示意图如图 1-12 所示。它由各种电压等级的输配电线路和变电所组成。电力网按其功能可分为输电网和配电网。输电网是电力系统的主网，它是由 35kV 及以上的输电线和变电所组成。配电网是由 10kV 及其以下的配电线路和配电变压器组成。电力网的电压等级：高压（1kV 以上的电压），低压（1kV 以下的电压），安全电压（50V 以下的电压）。

输电和配电设施都包括变电站、线路等设备。所有输电设备连接起来组成输电网。从输电网到用户之间的配电设备组成的网络，称为配电网。它们有时也称为输电系统和配电系

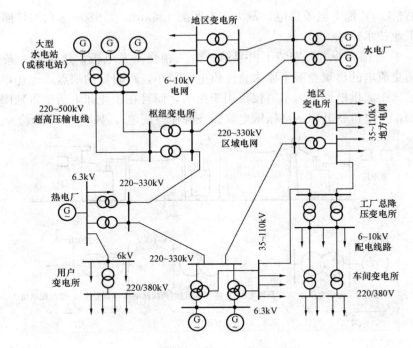

图 1-11　电网示意图

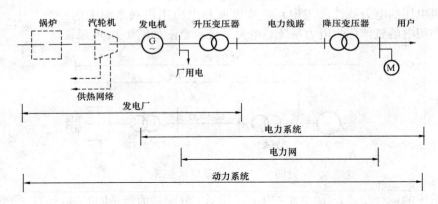

图 1-12　动力系统、电力系统和电力网示意图

统。输电系统和配电系统再加上发电厂和用电设备统称为电力系统。

　　电力网按其结构方式可分为开式电网和闭式电网。用户从单方向得到电能的电网称为开式电网；用户从两个及两个以上方向得到电能的电网称为闭式电网。

　　高压远距离输电是我国面临的主要问题（水电、火电），必须出现新的电压等级。电能质量问题是我国电力发展必须面临的又一个问题。

　　我国现有发电装机容量在 2000MW 以上的电力系统 11 个，其中：华东、华中电网超过 4 万 MW；东北、华北电网装机容量超过 3 万 MW；西北电网的装机容量也达到 2 万 MW。

　　南方电力联营系统连接广东、广西、贵州、云南四省电网，实现了西电东送。

　　其他几个独立省网，如四川、山东、福建等电网和装机容量也超过或接近 1 万 MW。

　　电力网按电压高低和供电范围大小分为区域电网和地方电网。区域电网的范围大，电压一般在 220kV 以上。地方电网的范围小，最高电压不超过 110kV。

二、变电所

（一）变电所的作用

电厂发出的电，一般电压不超过一两千伏，如果直接远距离输送，线路电流会很大，使得线路上的电能损耗很大，不经济，而且线路输送功率很低。所以要用变压器将电压升到几万伏甚至几十万伏（视距离和功率而定），以减小线路电流。为了将不同距离和功率的电力线路连成电网，以增加整体安全性，就需要多个变电所把不同等级的线路匹配连接起来。同样，高压电输送到目的地后，为了适应不同用户的需要，又需将其降压到 10 500V、6300V、400V（即 380/220V）等几个等级。所以在实际应用中需要那么多变电所。

变电所是电力系统中变换电压、接受和分配电能、控制电力的流向和调整电压的电力设施，它通过其变压器将各级电压的电网联系起来。变电所起变换电压作用的设备是变压器，除此之外，变电所的设备还有开闭电路的开关设备，汇集电流的母线，计量和控制用互感器、仪表、继电保护装置和防雷保护装置、调度通信装置等，有的变电所还有无功补偿设备。

（二）变电所的分类

分类一：升压变电所、降压变电所。

分类二：枢纽变电所、中间变电所、地区变电所、终端变电所（企业变电所）。

1. 枢纽变电所

枢纽变电所位于电力系统的枢纽点，高压侧电压一般为 330～500kV，连接电力系统高压、中压的几个部分，汇集多个电源，出线回路多，变电容量大。全所停电后将造成大面积停电，或系统瓦解，枢纽变电所对电力系统运行的稳定和可靠性起着重要作用。

发电厂发出的电能，其电压一般在 10～20kV 之间，电流可达数千安至 20kA。因此，发电机发出的电，一般由主变压器升高电压后，经变电所高压电气设备和输电线送往电网。再经电网各降压变电所降压后将电能送至各用户，采用高压输电可以减少电线的线路损失。枢纽变电所同时也是升压变电所。

2. 中间变电所

中间变电所位于系统主干环行线路或系统主要干线的接口处，电压等级一般为 220～330kV，汇集 2～3 个电源和若干线路，高压侧以穿越功率为主，同时降低电压向地区用户供电。全所停电后，将引起区域电力网的解列。

3. 地区变电所

地区变电所是一个地区或城市的主要变电所。它是以向地区或城市用户供电为主，高压侧电压一般为 110～220kV。全所停电后，将使该地区中断供电。

4. 终端变电所

终端变电所位于输电线路的终端，连接负荷点，直接向用户供电，高压侧电压一般为 10～110kV。全所停电后，将使用户中断供电。

如图 1-13 所示，变电所 A 为枢纽变电所，由两台三绕组变压器将三个不同电压等级的输电线路联系在一起，处于十分重要的地位。变电所 B 为中间变电所，一方面接受火力发电厂送来的电能转送给系统，另一方面又向附近用户供电。变电所 C 为地区变电所，变电所 D 为终端变电所。

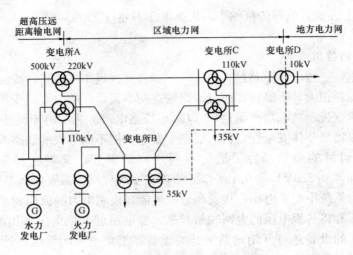

图 1-13　电力系统

（三）变电所的组成

变电所一般由高压配电室、变压器室和低压配电室三部分组成。

1. 高压配电室

高压配电室内设置高压开关柜，柜内设置断路器、隔离开关、电压互感器、母线等。高压配电室的面积取决于高压开关的数量和柜的尺寸。高压配电一般设有高压进线柜、计量柜、电容补偿柜、馈线柜等。高压柜前留有巡检操作通道，应大于1.8m。柜后及两端应留有检修通道，应大于1m。高压配电室的高度应大于2.5m。高压配电室的门应大于设备的宽度，应向外开。

2. 变压器室

当采用油浸变压器时，为使变压器与高、低压开关柜等设备隔离应单独设置变压器室。变压器室要求通风良好，进出风口面积应达到$0.5\sim0.6\text{m}^2$。对于设在地下室内的变电所，可采用机械通风。变压器室的面积取决于变压器台数、体积，还要考虑周围的维护通道。10kV以下的高压裸导线距地高度大于2.5m。而低压裸导线要求距地高度大于2.2m。

3. 低压配电室

低压配电室应靠近变压器室，低压裸导线（铜母排）架空穿墙引入。低压配电室有进线柜、仪表柜、配出柜、低压补偿柜（采用高压电容补偿的可不设）等。低压配出回路多，低压开关数量也多。低压配电室的面积取决于低压开关柜数量，柜前应留有巡检通道（大于1.8m），柜后维修通道（大于0.8m）。低压开关柜有单列布置和双列布置（柜数量较多时采用）等。

（四）变电所设备

1. 一次设备

变配电所中承担输送和分配电能任务的电路称为一次电路（primary circuit）或称主电路（主接线）。一次电路中所有的电气设备称为一次设备（primary equipment）或一次元件。一次设备即直接生产、输送、分配电能的设备。

（1）主要一次设备。主要的一次设备有：进行能量转换的设备，发电机G、变压器T、电动机；接通和开断电路的开关设备，断路器QF、隔离开关QS、熔断器FU、负荷开关；交换电路电气量，隔离高压的设备，电压互感器PT、电流互感器CT；限制电流和防止过电压的设备，电抗器、避雷器。

（2）一次设备的分类。一次设备按其功能分为以下几类：

常用一次设备的图形符号和文字符号见表1-1。

表 1-1　　　　　　　　　　　常用一次设备的图形符号和文字符号

序号	设备名称	图形符号	文字符号	序号	设备名称	图形符号	文字符号
1	双绕组变压器		T 或 TM	10	电压互感器		TV
2	三绕组变压器		T 或 TM	11	三绕组电压互感器		TV
3	电抗器		L	12	母线		WB
4	分裂电抗器		L	13	断路器		QF
5	避雷器		F	14	隔离开关		QK
6	火花间隙		F	15	负荷开关		QL
7	电力电容器		C	16	隔离插头或插座		Q 或 QS
8	有一个二次绕组电流互感器		TA	17	熔断器		FU
9	具有两个二次绕组的电流互感器		TA	18	跌落时熔断器		FU

续表

序号	设备名称	图形符号	文字符号	序号	设备名称	图形符号	文字符号
19	熔断器式负荷开关		Q	22	电缆终端头		W
20	熔断器式隔离开关		Q	23	输电线路		WL 或 L
21	接触器		K 或 KM	24	接地		

1）变换设备，其功能是按电力系统工作的要求来改变电压或电流，例如电力变压器、电流互感器、电压互感器等。

2）控制设备，其功能是按电力系统工作的要求来控制一次电路的通、断，例如各种高低压开关。

3）保护设备，其功能是用来对电力系统进行过电流和过电压等的保护，例如熔断器和避雷器等。

4）成套设备，它是按一次电路接线方案的要求，将有关一次设备及二次设备组合为一体的电气装置，例如高压开关柜、低压配电屏、动力和照明配电箱等。

2．二次设备

对一次设备和系统的运行状况进行测量、控制、保护和监察的设备。

主要的二次设备有用于反映不正常工作状态的继电器、信号装置；测量电气参数的仪表、示波器、录波器；控制开关、同期及自动装置；连接电路的控制电缆、小母线、连接线、端子排等导体。

3．高压一次设备

（1）变压器。变压器的额定电压分为一次绕组额定电压和二次绕组额定电压。

1）变压器一次绕组额定电压分两种情况：当变压器直接与发电机相连时，其额定电压与发电机额定电压相同，即高于同级电网额定电压的5%；当变压器连接在线路上时，成为电网上的一个负荷，其一次绕组额定电压与电网额定电压相同。

2）变压器的二次绕组额定电压也分两种情况：当变压器二次侧供电线路较长时，其额定电压应高于同级电网额定电压的10%，5%用来补偿变压器二次绕组的内阻抗压降，5%用来补偿线路上的电压损失；当变压器二次侧供电线路不太长时，其额定电压只需高于电网额定电压的5%即可，用于补偿变压器内部的电压损耗。

变压器可分为电力变压器和特种变压器两类。电力变压器在电力系统中主要作为升压变压器和降压变压器及配电变压器；除电力变压器之外，其他的变压器都叫特种变压器。

电力变压器是一种静止的电气设备，是用来将某一数值的交流电压（电流）变成频率相同的另一种或几种数值不同的电压（电流）的设备。当一次绕组通以交流电时，就产生交变的磁通，交变的磁通通过铁心导磁作用，就在二次绕组中感应出交流电动势。二次感应电动势的高低与一二次绕组匝数的多少有关，即电压大小与匝数成正比。主要作用是传输电能，因此，额定容量是它的主要参数。额定容量是一个表现功率的惯用值，它是表征传输电能的大小，以 kV·A 或 MV·A 表示，当对变压器施加额定电压时，根据它来确定在规定条件下不超过温升限值的额定电流。

电力变压器供配电方式：10kV 高压电网采用三相三线中性点不接地系统运行方式；用户变压器供电大都选用 Yyn0 联结方式的中性点直接接地系统运行方式，可实现三相四线制或五线制供电，如 TN-S 系统。

（2）开关电器的电弧及灭弧。

1）电弧的产生及危害。电弧是在触点由闭合状态过渡到断开状态的过程中产生的，是气体自持放电形式的一种，由强电场发射、热发射下发射出自由电子，自由电子在强电场作用下加速向阳极运动，并不断地碰撞游离，产生更多的带电质点，大量的带电质点在电场力作用下定向运动就形成了电弧。电弧是一种带电质点的急流。热游离是维持电弧稳定燃烧的主要因素。

电弧特点：外部有白炽弧光，内部有很高的温度和密度很大的电流。

电弧的危害：电弧高温使开关触头熔化蒸发，烧坏触头及附件，长期不能熄灭还会引起爆炸。

2）灭弧方法。

基本的灭弧方法有：拉长电弧，从而降低电场强度；用电磁力使电弧在冷却介质中运动，降低弧柱周围的温度；将电弧挤入绝缘壁组成的窄缝中以冷却电弧；将电弧分成许多串联的短弧，增加维持电弧所需的临极电压降。

在高、低压开关中熄灭电弧的基本方法：吹弧（油吹灭弧、六氟化硫气体吹弧），拉长和冷却电弧，有横吹和纵吹两种基本类型；迅速拉长电弧；采用多断口灭弧（每相两个或多个断口）；使电弧在介质中移动；将长电弧分成几个短电弧；利用固定介质的狭缝或狭沟灭弧（将电弧引入金属栅片）；高压力气体介质灭弧；真空灭弧。

3）低压常用的灭弧装置。低压常用的灭弧装置有电动力吹弧（图 1-14）、磁吹灭弧（图 1-15）、栅片灭弧（图 1-16）和窄缝灭弧（图 1-17）几种。

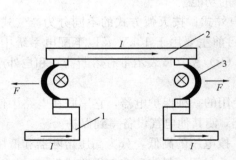

图 1-14 双断口电动力吹弧
1—静触头；2—动触头；3—电弧

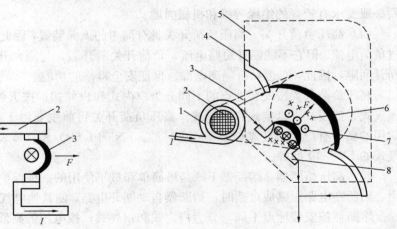

图 1-15 磁吹灭弧原理
1—磁吹线圈；2—铁心；3—导磁夹板；4—引弧角；
5—灭弧罩；6—磁吹线圈磁场；7—电弧
电流磁场；8—动触头

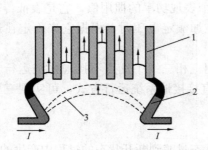

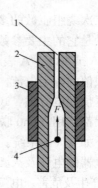

图 1-16　栅片灭弧示意图　　　　　　　图 1-17　窄缝灭弧
1—灭弧栅片；2—触头；3—电弧　　　1—纵缝；2—介质；3—磁性夹板；4—电弧

（3）隔离开关。隔离开关是高压开关电器中使用最多的一种电器，它本身的工作原理及结构比较简单，但是由于使用量大，工作可靠性要求高，对变电所、电厂的设计、建立和安全运行的影响均较大。

隔离开关的作用主要有以下几个方面：①隔离电源，保证安全；②倒闸操作。

隔离开关没有专门的灭弧装置，在任何情况下，均不能接通或切断负荷电流和短路电流，并应设法避免可能发生的误操作。而且隔离开关不能带负荷进行操作。在电气规范中，检修时，是要求明显的断开点的，隔离开关就是作这个用的。

当隔离开关与断路器配合操作时，其顺序应为：断电时，先拉开断路器，再拉开隔离开关；送电时，先合隔离开关，再合断路器。总之，隔离开关与断路器配合操作时，隔离开关必须在断路器处于断开（分闸）位置时才能进行操作。

按装设地点的不同，隔离开关分为户内和户外两种。户内隔离开关（型号为 GN）的额定电压一般在 35kV 以下。工厂供配电系统常用的高压户内隔离开关为 GN19、GN22 和 GN24 型等。户外隔离开关（型号为 GW）由于触头暴露在大气中，工作条件比较恶劣，因而一般要求有较高的绝缘等级和机械强度。

（4）高压负荷开关。高压负荷开关具有简单的灭弧装置，因此能通断一定的负荷电流和过负荷电流。但它不能断开短路电流，负荷开关断开后，与隔离开关一样，具有明显可见的断开间隙，因此，它也具有隔离电源、保证安全检修的功能。

高压负荷开关按安装地点的不同分为户内式和户外式；按灭弧方式的不同分为产气式、压气式、油浸式、真空式和 SF6 式。高压负荷开关目前主要用于 10kV 及以下配电系统中，常用的型号有户内压气式 FN2-10（R）型、FN3-10（R）型（R 表示带有熔断器）和户外产气式的 FW5-10 型等。

（5）高压熔断器。熔断器 FU 是最简单和最早使用的一种保护电器，它串联在电路中使用，当所在电路短路或过载时，熔断器自动断开电路，使其他电气设备得到保护。

熔断器按安装地点不同，分为户内式和户外式；按电压的高低，分为高压熔断器和低压熔断器；按灭弧方式及结构特点的不同，分为瓷插式、封闭填料式和产气纵吹式等。

目前常见的户内高压熔断器有 RN1、RN2、RN3、RN5 和 RN6 等管式熔断器，用于6～35kV 的户内配电装置中。它们均为填充石英砂的限流式熔断器。

（6）电流互感器。由于电力设备上通过的电流大多数为数值很高的大电流，为了便于测量，采用电流互感器进行变换，其二次侧额定电流值为 5A（或 1A）。

电流互感器的接线方式：电流互感器在电力系统中根据所要测量的电流的不同，就有了不同的接线方式。最常见的接线方式有以下几种：两相星形接线，两相电流差接线和三相星形接线。

（7）电压互感器。电压互感器是一种小型的降压变压器，由铁心、一次绕组、二次绕组、接线端子和绝缘支持物等构成，一次绕组并接于电力系统一次回路中，其二次绕组并接了测量仪表、继电保护装置或自动装置的电压线圈（即负载为多个元件时，负载并联后接入二次绕组，且额定电压为 100V）。由于电压互感器是将高电压变成低电压，所以它的一次绕组的匝数较多，而二次绕组的匝数较少。

电压互感器的接线方式：电压互感器在电力系统中要测量的电压有线电压、相电压、相对地电压和单相接地时出现的零序电压。为了测取这些电压，电压互感器就有了不同的接线方式。最常见的接线方式有以下几种：单相电压互感器接线；V，v 接线；YN，yn 接线；YN，yn，d0 接线。

（8）高压开关柜。高压开关柜是按一定的线路方案将有关一、二次设备组装在一起而形成的一种高压成套配电装置，在发电厂和变配电所中用于控制和保护发电机、变压器和高压线路，也可用于大型高压交流电动机的起动和保护，其中安装有高压开关设备、保护电器、监测仪表和母线、绝缘子等。

高压开关柜内配用的主开关为真空断路器、SF$_6$ 断路器和少油断路器。目前少油断路器已逐渐被真空断路器和 SF$_6$ 断路器所取代。

4. 低压一次设备

（1）低压熔断器。低压熔断器的功能主要是实现低压配电系统的短路保护，有的熔断器也能实现过负荷保护。

（2）低压刀开关。低压刀开关的分类方式很多。低压刀开关按其操作方式分，有单投和双投两种；按其极数分，有单极、双极和三极三种；按其灭弧结构分，有不带灭弧罩和带灭弧罩两种。不带灭弧罩的刀开关一般只能在无负荷下操作，作隔离开关使用。

（3）低压负荷开关。低压负荷开关是由带灭弧装置的刀开关与熔断器串联组合而成、外装封闭式铁壳或开启式胶盖的开关电器。低压负荷开关具有带灭弧罩刀开关和熔断器的双重功能，既可带负荷操作，又能进行短路保护。

（4）低压断路器。低压断路器又称低压自动开关。它既能带负荷通断电路，又能在短路、过负荷和低电压（或失电压）时自动跳闸，其功能与高压断路器类似。

配电用低压断路器按保护性能分，有非选择型和选择型两类。非选择型断路器一般为瞬时动作，只作短路保护用；也有的为长延时动作，只作过负荷保护用。选择型断路器分为两段保护、三段保护和智能化保护。两段保护分为瞬时（或短延时）与长延时特性两段。三段保护分为瞬时、短延时与长延时特性三段。其中瞬时和短延时特性适于短路保护，而长延时特性适于过负荷保护。智能化保护断路器的脱扣器的微机控制，其保护功能更多，选择性更好。

（5）低压配电屏。低压配电屏是按一定的线路方案将有关一、二次设备组装在一起而形成的一种低压成套配电装置，在低压配电系统中作动力和照明配电之用。低压配电屏的每个柜中分别装有自动空气开关、刀开关、接触器、熔断器、仪用互感器、母线以及信号和测量装置等设备。

（6）避雷器。避雷器通常接在导线和地之间，与被保护设备并联。当被保护设备在正常工作电压下运行时，避雷器不动作，即对地视为断路。避雷器的作用是限制过电压以保护电气设备。避雷器是使雷击电流流入大地，电气设备不产生高压的一种装置。

三、架空线

（一）输、配电网

输电：从发电厂或发电中心向消费电能地区输送大量电力的主干渠道或不同电网之间互送电力的联络渠道。

配电：消费电能地区内将电力分配至用户的分配手段，直接为用户服务。

ATT：输电和配电设施都包括变电站、线路等设备。

输电网：所有输电设备连接起来组成输电网。

配电网：从输电网到用户之间的配电设备组成的网络，称为配电网。

发电厂发出的电，并不是只供附近的人们使用，还要传输到很远的地方，满足更多的需要。这些电不能直接通过普通的电线传输出去，而是要用高压输电线路传送的。一般称220kV 以下的输电电压叫作高压输电，330～765kV 的输电电压叫作超高压输电，1000kV以上的输电电压叫作特高压输电。当电输送到用电的地方后，要把电压降低下来才能用。

目前采用的送电线路有两种，一种是电力电缆，它采用特殊加工制造而成的电缆线，埋没于地下或敷设在电缆隧道中；另一种是最常见的架空线路，它一般使用无绝缘的裸导线，通过立于地面的杆塔作为支持物，将导线用绝缘子悬架于杆塔上。由于电缆价格较贵，目前大部分配电线路、绝大部分高压输电线路和全部超高压及特高压输电线路都采用架空线路。

（二）架空线

1. 架空线路的结构

架空线由导线、架空地线、绝缘子串、杆塔、接地装置等组成，其结构如图 1-18 所示。导线由导电良好的金属制成，有足够粗的截面（以保持适当的通流密度）和较大曲率半径（以减小电晕放电）。超高压输电则多采用分裂导线。架空地线（又称避雷线）设置于输

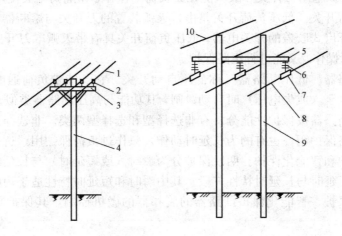

图 1-18　架空线路的结构

1—低压导线；2—针式绝缘子；3—横担；4—低压电杆；5—横担；
6—高压悬式绝缘子串；7—线夹；8—高压导线；9—高压电杆；10—避雷线

电导线的上方，用于保护线路免遭雷击。重要的输电线路通常用两根架空地线。绝缘子串由单个悬式（或棒式）绝缘子串接而成，需满足绝缘强度和机械强度的要求。每串绝缘子个数由输电电压等级决定。杆塔多由钢材或钢筋混凝土制成，是架空输电线路的主要支撑结构。架空输电线路在设计时要考虑它受到的气温变化、强风暴侵袭、雷闪、雨淋、结冰、洪水、湿雾等各种自然条件的影响，还要考虑电磁环境干扰问题。架空输电线路所经路径还要有足够的地面宽度和净空走廊。

2. 架空线路的输送能力

线路的输送容量及输送距离与电压的关系、架空电力线路保护区（导线垂直边线外延距离）和各级电压架空线路的输送能力分别见表1-2～表1-4。

表 1-2　　　　　　　　线路的输送容量及输送距离与电压的关系

输电电压/kV	35	110	220	330	500
输送容量/万kW	1～2	2～7	10～25	30～60	100～150
输送距离/km	20～50	50～100	200～300	250～500	300～800

表 1-3　　　　　　　　架空电力线路保护区（导线垂直边线外延距离）

输电电压等级/kV	1～10	35～110	154～330	500
外延距离/m	5	10	15	20

表 1-4　　　　　　　　各级电压架空线路的输送能力

额定电压/kV	输送容量/MVA	输送距离/km	额定电压/kV	输送容量/MVA	输送距离/km
3	0.1～1.0	1～3	110	10～50	50～150
6	0.1～1.2	4～15	220	100～500	100～300
10	0.2～2.0	6～20	330	200～800	200～600
35	2～10	20～50	500	1000～1500	150～850
60	3.5～30	30～100	750	2000～2500	500以上

（三）电力电缆

电力电缆一般由导线、绝缘层和保护层组成，有单芯、双芯和三芯电缆。

1. 电缆和电缆头

电缆和电缆头种类繁多，如图1-19所示为油浸纸绝缘电力电缆，图1-20所示为交联聚乙烯绝缘电力电缆。

2. 电缆的敷设

路径的选择：考虑引力、过热、腐蚀、维护等条件。

电缆的敷设方式有直埋式、电缆沟、架桥及电缆排管及隧道四种。

3. 电缆敷设的一般要求

电缆敷设的一般要求：增加5%～10%的余量、穿管保护、防火、防水等。

车间线路一般采用绝缘线、电缆、裸导线。

三相交流电涂色：黄、绿、红分别表示U、V、W相（A、B、C相）。

 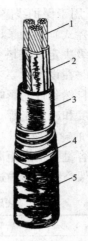

图 1-19　油浸纸绝缘电力电缆

1—缆芯（铜芯或铝芯）；2—油浸纸绝缘层；3—麻筋（填料）；4—油浸纸（统包绝缘）；5—铅包；6—涂沥青的纸带（内护层）；7—浸沥青的麻被（内护层）；8—钢铠（外护层）；9—麻被（外护层）

图 1-20　交联聚乙烯绝缘电力电缆

1—缆芯（铜芯或铝芯）；2—交联聚乙烯绝缘层；3—聚氯乙烯护套（内护层）；4—钢铠或铝铠（外护层）；5—聚氯乙烯外套（外护层）

4. 海底电缆技术

海底电缆技术被世界各国公认为是一项困难复杂的大型技术工程，无论是电缆的设计、制造、施工均远远地高于其他电缆产品，其中包括电缆长度、电缆接头和电缆寿命在内的一些关键技术指标，决定于电缆的设计、制造与安装水平，64/110kV 光电复合海缆结构如图 1-21 所示。

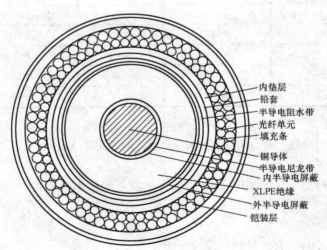

内垫层
铅套
半导电阻水带
光纤单元
填充条
铜导体
半导电尼龙带
内半导电屏蔽
XLPE绝缘
外半导电屏蔽
铠装层

图 1-21　64/110kV 光电复合海缆结构图

四、电力系统自动化

电厂自动化的范围是极其广泛的，它包括了主机、辅助设备、公用系统的自动化。而其中重要的是锅炉、汽轮发电机组运行的自动化。大致可分为四个基本内容：自动检测、自动调节、远方控制及程序控制以及自动保护。上述四个自动化方面是相互独立而又相互配合的，都是由先进的计算机系统来实现和完成的。

（一）电力调度自动化系统

电网调度，是指电网调度机构组织、指挥、指导和协调电网的运行、操作与事故处理，并遵循安全、优质、经济的原则。

电力调度自动化系统是帮助电力系统运行调度人员及时掌握电网运行状况及潮流分布，并及时合理地调度系统运行的有力工具，它能大大地提高电网运行的经济效益并极大地减轻调度人员和各分站运行人员的劳动强度。

电网调度目标有：①优化调度，以充分发挥电网的发、供电设备能力，最大限度地满足用电需求；②按电网运行客观存在规律和有关规定使电网连续、稳定、正常运行，电网电能质量指标符合国家标准；③按"公平、公正、公开"的原则，对电网进调度，保护发、供、用电三方面的利益。

电网调度的手段：①对电厂发电出力的调度，水电厂增减水量、火电厂增减用煤；②对用户负荷的调度，通过需求侧管理改变用户用电习惯，提高终端用电效率、改善用电方式；电网运行容量低于需求负荷时，根据计划用电管理有关规定，适时切除部分负荷，以确保电网安全、稳定运行。

电网调度运行的原则：统一调度、分级管理。

电力调度系统由调度中心和调度终端（RTU）两大部分组成，有较强的参数设置功能和四遥功能，配套的 RTU 单元采用一对一的单元式结构，该系统具有功能齐全，运行可靠，系统性能强等特点，特别适合于中、小型水电站较多的地、县级电网调度系统。

（二）变电站综合自动化系统

1. 二次设备——微机保护装置

微机保护是用微型计算机构成的继电保护，是电力系统继电保护的发展方向（现已基本实现，尚需发展），它具有高可靠性，高选择性，高灵敏度。微机保护装置硬件包括微处理器（单片机）为核心，配以输入、输出通道，人机接口和通信接口等。该系统广泛应用于电力、石化、矿山冶炼、铁路以及民用建筑等。

微机保护装置的数字核心一般由 CPU、存储器、定时器/计数器、Wachdog 等组成，其结构见图 1-22。目前数字核心的主流为嵌入式微控制器（MCU），即通常所说的单片机；输

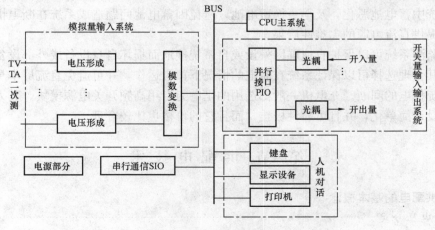

图 1-22 二次设备——微机保护装置

入输出通道包括模拟量输入通道［模拟量输入变换回路（将 CT、PT 所测量的量转换成更低的适合内部 A/D 转换的电压量，±2.5V、±5V 或±10V）、低通滤波器及采样、A/D 转换］和数字量输入输出通道（人机接口和各种告警信号、跳闸信号及电度脉冲等）。

微机保护装置从功能上可以分为六个部分：

（1）模拟量输入系统（数据采集系统）。采集由被保护设备的电流电压互感器输入的模拟信号，将此信号经过滤波，然后转换为所需的数字量。

（2）CPU 主系统。包括微处理器 CPU，只读存储器（EPROM）、随机存取存储器（RAM）及定时器（TIMER）等。CPU 执行存放在 EPROM 中的程序，对由数据采集系统输入至 RAM 区的原始数据进行分析处理，并与存放于 E2PROM 中的定值比较，以完成各种保护功能。

（3）开关量输入/输出回路。由并行口、光电耦合电路及有接点的中间继电器等组成，以完成各种保护的出口跳闸、信号指示及外部接点输入等工作。

（4）人机接口部分。包括打印、显示、键盘、各种面板开关等，其主要功能用于人机对话，如调试、定值调整等。

（5）通信接口。用于保护之间通信及远动。

（6）电源。提供整个装置的直流电源。

保护的种类一般有进线保护、出线保护、母联分段保护、进线或母联备自投保护、厂用变压器保护、高压电动机保护、高压电容器保护、高压电抗器保护、差动保护、后备保护、PT 测控装置。

2. 二次设备——直流电源系统

发电厂和变电站中的电力操作电源现今采用的都是直流电源，而直流屏就是用来供应这种直流电源的，它为控制负荷和动力负荷以及直流事故照明负荷等提供电源，是当代电力系统控制、保护的基础。它主要由电源进线系统（交流进线）、电源双路互投系统、充电机控制系统、充电机、直流分配系统、绝缘监测系统、综合控制器（系统监视控制系统，为直流屏的大脑）、闪光系统、通信系统、蓄电池这几大部分组成。其中综合控制器、双路互投、充电机控制、及充电机的选择是保证直流屏可靠的主要环节。

综合控制器负责监控直流屏运行情况，即它要对直流屏运行的每一个环节都了如指掌。并使系统运行在最佳状态。它所控制的电池巡检单元可为每一节蓄电池提供电压监测，以尽早发现系统中蓄电池恶化，及早更换蓄电池，避免因蓄电池问题造成系统在断电情况下不能及时向外提供直流电源的灾难性后果。

绝缘监测系统可以保护直流屏因外设或自系统接地而损坏自身设备或外部设备。蓄电池的配备及其合理选择可以保证系统在断电的情况下正常运作，并可避免直流屏本身的损坏而造成对系统供电的间断。充电机一般都选用的是电力专用高频开关电源模块。其人性化的设计使系统设计简单化，并且可靠性极佳，而且它的价格也比较合理。

第四节　供配电技术

一、供配电的基本概念

（一）电压分类

按国标规定，额定电压分为三类：第一类额定电压为 100V 及以下，如 12V、24V、36V

等，主要用于安全照明、潮湿工地建筑内部的局部照明及小容量负荷。第二类额定电压为100V以上、1000V以下，如127V、220V、380V、600V等，主要用作低压动力电源和照明电源。第三类额定电压为 1kV 以上，如 6kV、10kV、35kV、110kV、220kV、330kV、500kV、750kV 等，一般用于高压用电设备、发电及输电设备。

（二）工厂供电系统

工厂供电系统是指从电源线路进厂起到高低压用电设备进线端止的整个电路系统，是由工厂变配电所、配电线路和用电设备构成的整体，以实现工厂电能的接受、分配、变换、输送和使用。工厂供电系统是电力系统的主要组成部分，也是电力系统的主要用户。

图 1-23 为电力系统示意图，虚线框内即为工厂供电系统。工厂供电系统中，变配电所担负着接收电能、变换电压和分配电能的任务；配电线路承担着输送和分配电能的任务；用电设备指的是消耗电能的电动机、照明设备等。

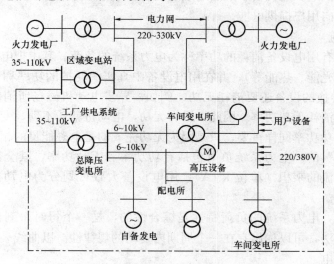

图 1-23 电力系统示意图

不同类型的工厂，其供电系统组成各不相同。对工厂供电系统的基本要求是：安全、灵活、可靠、经济。

大型工厂及某些电源进线电压为 35kV 及以上的中型工厂，一般经过两次降压，也就是电源进厂以后，先经总降压变电所，将 35kV 及以上的电源电压降为 6～10kV 的配电电压，然后通过高压配电线路将电能送到各个车间变电所，也有的经高压配电所再送到车间变电所，最后经配电变压器降为一般低压用电设备所需的电压。

一般中型工厂的电源进线电压是 6～10kV。电能先经高压配电所集中，再由高压配电线路将电能分送到各车间变电所或由高压配电线路直接供给高压用电设备。车间变电所内装设有电力变压器，将 6～10kV 的高压降为一般低压用电设备所需的电压（如 220/380V），然后由低压配电线路将电能分送给各用电设备使用。

对于小型工厂，由于所需容量一般不大于 1000kVA，因而通常只设一个降压变电所，将 6～10kV 电压降为低压用电设备所需的电压。当工厂所需容量不大于 160kVA 时，一般采用低压电源进线，因此工厂只需设一个低压配电间。

（三）工厂供电系统的质量指标

1. 电压的质量要求

GB 12325—2008《电能质量 供电电压偏差》规定了不同电压等级的允许电压偏差：35kV 及以上供电电压，正、负偏差的绝对值之和不超过额定电压的 10%；10kV 及以下三相供电电压允许偏差为 ±7%；220V 单相供电电压允许偏差为 -10%～+7%。

2. 频率的要求

我国规定的额定电压频率为 50Hz，大容量系统允许的频率偏差为 ±0.2Hz，中、小容量系统允许的频率偏差为 ±0.5Hz。频率的调整主要由发电厂进行。工厂电力系统的频率指标由电力系统给予保证。

3. 供电的可靠性要求

保证供电系统的安全可靠性是电力系统运行的基本要求。所谓供电的可靠性，是指确保用户能够随时得到供电。这就要求供配电系统的每个环节都安全、可靠运行，不发生故障，以保证连续不断地向用户提供电能。

（四）供电负荷

电力系统中所有用电设备消耗的功率称为电力系统的负荷。其中把电能转换为其他能量形式（如机械能、光能、热能等），并在用电设备中真实消耗掉的功率称为有功负荷。很多完成电能-机械能转换的设备还要消耗无功。例如，异步电动机磁场所消耗的功率为无功功率。变压器同样要消耗无功功率。因此，没有无功，电动机就转不动，变压器也不能转换电压。无功功率和有功功率同样重要，只是因为无功完成的是电磁能量的相互转换，不直接做功，才称为"无功"的。电力系统负荷包括有功功率和无功功率，其全部功率称为视在功率，等于电压和电流的乘积（单位 kVA）。用电设备大致可划分为电动机、电炉、整流设备、电热及照明等。

从发电厂来看，电力系统的负荷特性是综合性的，是一个每时每刻都在变动的随机变量。按统计学的方法，可以拢出它在一个周期内变动的规律性。以曲线表示即负荷曲线。它用于指导发电厂发电。

不同的用户对供电可靠性的要求是不一样的。根据对供电可靠性的要求及中断供电造成的损失或影响的程度，将电力用户负荷分为一级负荷、二级负荷和三级负荷三类。

一级负荷是指中断供电将造成人身伤亡危险，或造成重大设备损失且难以修复，或给国民经济带来重大损失，或在政治上造成重大影响的电力负荷。如火车站、大会堂、重要宾馆、通信交通枢纽、重要医院的手术室、炼钢炉、国家级重点文物保护场所等。一级负荷要求由两个独立电源供电，当其中一个电源发生故障时，另一个电源应不致同时受到损坏。对一级负荷中特别重要的负荷，除上述两个电源外，还必须增设应急电源。常用的应急电源有：独立于正常电源的发电机组、专门的供电线路、蓄电池、干电池等。

二级负荷是指中断供电将在政治、经济上造成较大损失的电力负荷，如主要设备损坏、大量产品报废、连续生产过程被打乱需较长时间才能恢复、重点企业大量减产等。二级负荷要求由双回路供电，供电变压器也应有两台（这两台变压器不一定在同一变电所），当其中有一条回路或一台变压器发生常见故障时，二级负荷应不致中断供电，或中断供电后能迅速恢复供电。

三级负荷为一般电力负荷，所有不属于上述一、二级负荷者均为三级负荷。由于三级负荷为不重要的一般负荷，因而它对供电电源无特殊要求。

电网负荷率：电网平均负荷与最大负荷之比，即负荷率＝$P_{均}/P_{max}\times 100\%$。

二、主接线

主电路图是指变电所中一次设备按照设计要求连接起来，表示供配电系统中电能输送和分配路线的电路图，亦称为主接线图或一次电路图。主电路图一般绘成单线图，图中设备用标准的图形符号和文字符号表示。主电路图的形式将影响配电装置的布局、供电的可靠性、运行的灵活性以及二次接线、继电保护等问题。

（一）主接线形式

典型的电气主电路图可分为有母线和无母线两种形式。有母线主电路图主要包括单母线接线和双母线接线方式；无母线主要有桥形接线等方式。

1. 单母线接线

如图 1-24 所示，单母线接线的特征是整个配电装置只有一组母线，所有电源进线和出线都接在同一组母线上。每一回路均装有断路器 QF 和隔离开关 QS。断路器用于在正常或故障情况下接通与断开电路，隔离开关当停电检查断路器时作为隔离电器隔离电压。

单母线接线的特点是接线简单，操作方便，投资少，便于扩建；但可靠性和灵活性较差，当母线和母线隔离开关检修或故障时，各支路都必须停止工作，当引出线的断路器检修时，该支路要停止供电。因此，单母线接线不能满足不允许停电的重要用户的供电要求，只适用于不重要负荷的中、小容量的变电所。

2. 单母线分段接线

如图 1-25 所示，当引出线数目较多时，为提高供电可靠性，可用断路器将母线分段，即采用单母线分段接线方式。正常工作时，分段断路器可以接通也可以断开。如果正常工作时分段断路器 QF 是接通的，则当任意段母线故障时，母线继电保护动作跳开分段断路器和接至该母线段上的电源断路器，这样非故障母线段仍能工作。当一个分段母线的电源断开时，连接在该母线上的出线可通过分段断路器 QF 从另一段母线上得到供电。如果正常工作时分段断路器 QF 是断开的，则当一段母线故障时，连在故障母线段上的电源断路器在继电保护的作用下跳开，非故障母线段仍能照常工作；但当一分段母线的电源断开时，连接在该母线上的出线会全部停电。

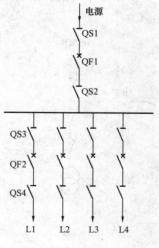

图 1-24　单母线接线

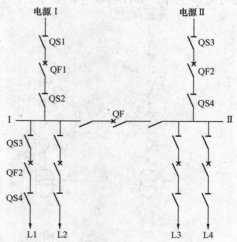

图 1-25　单母线分段接线

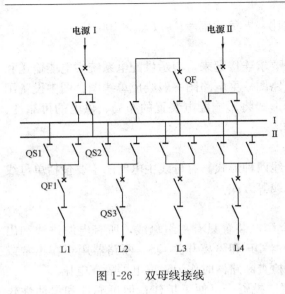

图 1-26　双母线接线

3. 双母线接线

如图 1-26 所示，双母线接线有两组母线（母线 I 和母线 II），两组母线之间通过母线联络断路器 QF（以下简称母联断路器）连接；每一条引出线和电源支路都经一台断路器与两组母线隔离开关分别接至两组母线上。

双母线接线的特点为：

（1）可轮流检修母线而不影响正常供电。

（2）检修任一母线侧隔离开关时，只影响该回路供电。

（3）工作母线发生故障后，所有回路短时停电并能迅速恢复供电。

（4）出线回路断路器检修时，该回路要停止工作。

双母线接线有较高的可靠性，广泛用于出线带电抗器的 6～10kV 配电装置中，当 35～60kV 配电装置的出线数超过 8 回和 110kV 配电装置的出线数为 5 回及以上时，也采用双母线接线。

4. 桥形接线

如图 1-27 所示，桥形接线适用于仅有两台变压器和两条出线的装置中。桥形接线仅用三台断路器，根据桥回路（QF3）的位置不同，可分为内桥和外桥两种接线方式。桥形接线正常运行时，三台断路器均闭合工作。

（1）内桥接线。内桥接线如图 1-27（a）所示，桥回路置于线路断路器内侧（靠变压器侧），此时线路经断路器和隔离开关接至桥接点，构成独立单元。而变压器支路只经隔离开关与桥接点相连，是非独立单元。

内桥接线的特点为：①线路操作方便。如线路发生故障，仅故障线路的断路器跳闸，其余三回路可继续工作，并保持相互的联系；②正常运行时变压器操作复杂。如变压器 T1 检

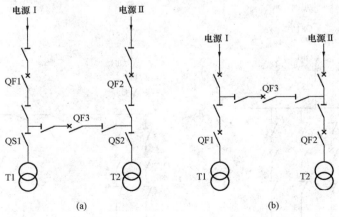

图 1-27　桥形接线

（a）内桥接线；（b）外桥接线

修或发生故障，则需断开断路器 QF1、QF3，使未故障线路 L1 供电受到影响，需经倒闸操作，拉开隔离开关 QS1 后，再闭合 QF1、QF3 才能恢复线路 L1 工作，这将造成该侧线路的短时停电；③桥回路故障或检修时全厂分列为两部分，使两个单元之间失去联系；同时，出线断路器故障或检修时，造成该回路停电。内桥接线适用于两回路进线两回路出线且线路较长、故障可能性较大和变压器不需要经常切换运行的变电所。

（2）外桥接线。如图 1-27（b）所示，桥回路置于线路断路器外侧（远离变压器侧），此时变压器经断路器和隔离开关接至桥接点，构成独立单元；而线路支路只经隔离开关与桥接点相连，是非独立单元。

外桥接线的特点为：①变压器操作方便。当变压器发生故障时，仅故障变压器回路的断路器自动跳闸，其余三回路可继续工作，并保持相互的联系；②线路投入与切除时，操作复杂。当线路检修或发生故障时，需断开两台断路器，并使该侧变压器停止运行，需经倒闸操作恢复变压器工作，这会造成变压器短时停电；③当桥回路发生故障或检修时所有装置分列为两部分，使两个单元之间失去联系。当出线侧断路器发生故障或检修时，造成该侧变压器停电。外桥接线适用于两回进线两回出线且线路较短、故障可能性小和变压器需要经常切换的变电所。

（二）典型主接线电路图

1. 只装有一台主变压器的小型变电所主电路图

只有一台主变压器的小型变电所，其高压侧一般采用无母线接线。高压侧采用隔离开关—断路器的变电所主电路如图 1-28 所示。这种主电路由于采用了高压断路器，因而变电所的停、送电操作十分灵活方便。同时，高压断路器都配有继电保护装置，在变电所发生短路和过负荷时均能自动跳闸。由于只有一路电源进线，因而此种接线一般只用于三级负荷；如果变电所低压侧有联络线与其他变电所相连，则可用于二级负荷。

2. 装有两台主变压器的小型变电所主电路图

高压侧无母线、低压侧单母线分段的变电所主电路如图1-29所示。这种主电路的供电

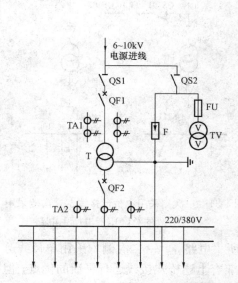

图 1-28 高压侧采用隔离开关—断路器的
变电所主电路

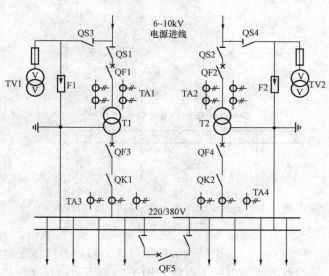

图 1-29 高压侧无母线、低压侧单母线
分段的变电所主电路

可靠性较高。当任一主变压器或任一电源线停电检修或发生故障时，该变电所通过闭合低压母线分段开关，即可迅速恢复对整个变电所的供电。这种主电路可供一、二级负荷。

高压侧单母线、低压侧单母线分段的变电所主电路如图 1-30 所示。这种主电路适用于装有两台及以上主变压器或具有多路高压出线的变电所，其供电可靠性也较高。当任一主变压器检修或发生故障时，通过切换操作，可很快恢复整个变电所的供电，此电路可用于二、三级负荷；有联络线时，可用于一、二级负荷。

3. 总降压变电所主电路图

对于电源进线电压为 35kV 及以上的大、中型工厂，通常先经工厂总降压变电所将电压降为 6~10kV 的高压配电电压，然后经车间变电所降为一般用电设备所需的电压（如 220/380V）。工厂总降压变电所一般设变压器 1~2 台，电源进线 1~2 回，电压为 35~110kV/6~10kV。

（1）一次侧采用桥形接线、二次侧采用单母线分段的总降压变电所主电路。一次侧采用桥形接线、二次侧采用单母线分段的总降压变电所主电路如图 1-31 所示。在这种主电路中，一次侧的高压断路器 QF10 跨接在两路电源进线之间，内桥形接线断路器处在线路断路器 QF11 和 QF12 的内侧，靠近变压器；外桥形接线断路器处在线路断路器 QF11 和 QF12 的外侧，靠近电源方向。这种主电路的运行灵活性较好，供电可靠性较高，适用于一、二级负荷的工厂。

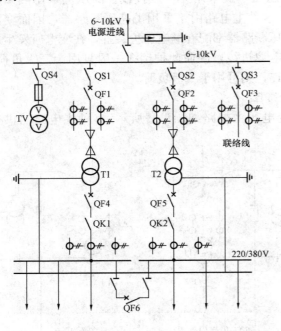

图 1-30　高压侧单母线、低压侧单母线分段的变电所主电路

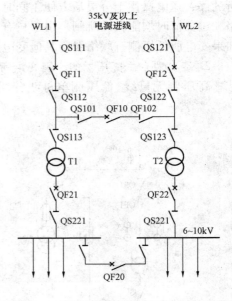

图 1-31　一次侧采用内桥形接线、二次侧采用单母线分段的总降压变电所主电路

（2）一、二次侧均采用单母线分段的总降压变电所主电路。一、二次侧均采用单母线分段的总降压变电所主电路如图 1-32 所示，这种主电路兼有上述桥式接线运行灵活的优点，但所用高压开关设备较多，可供一、二级负荷，适于一、二次侧进出线较多的总降压变电所。

三、配电

低压配电线路是由配电室（配电箱）、低压线路、用电线路组成。通常一个低压配电线路的容量在几十千伏安到几百千伏安的范围，负责几十个用户的供电。为了合理地分配电能，有效的管理线路，提高线路的可靠性，一般都采用分级供电的方式。即按照用户地域或空间的分布，将用户划分成供电区和片，通过干线、支线向片、区供电。整个供电线路形成一个分级的网状结构。

供配电系统由总降压变电所（高压配电所）、高压配电线路、车间变电所、低压配电线路及用电设备组成。

（一）一次变压的供配电系统

1. 只有一个变电所的一次变压系统

图 1-33 为将 6～10kV 电压降为 380/220V 电压的变电所。这种变电所通常称为车间变电所。

2. 拥有高压配电所的一次变压供配电系统

图 1-34 为具有高压配电所的供电系统。

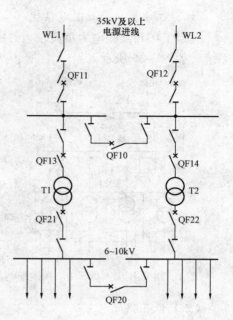

图 1-32　一、二次侧均采用单母线分段的总降压变电所主电路

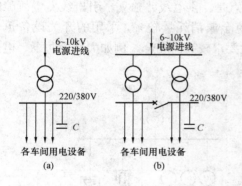

图 1-33　有一个降压变电所的一次变压供配电系统

（a）装有一台电力变压器的车间变电所；
（b）装有两台电力变压器的车间变电所

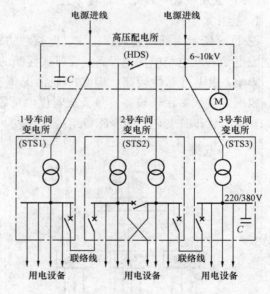

图 1-34　具有高压配电所的供电系统

3. 高压深入负荷中心的一次变压供配电系统

图 1-35 为高压深入负荷中心的供配电系统。

该电路的特点有节省一级变压，简化了供配电系统，节约有色金属，降低电能损耗和电压损耗，提高了供电质量，而且有利于工厂电力负荷的发展。

（二）二次变压的供配电系统

大型工厂和某些电力负荷较大的中型工厂，一般采用具有总降压变电所的二次变压供电系统，如图 1-36 所示。

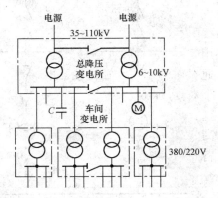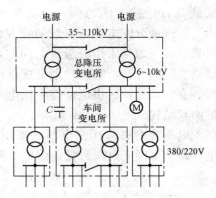

图 1-35　高压深入负荷中心的供配电系统　　　　图 1-36　二次变压的供配电系统

（三）低压供配电系统

无高压用电设备且用电设备总容量较小的小型工厂，直接采用 380/220V 低压电源进线，只需设置一个低压配电室，将电能直接分配给各车间低压用电设备使用，如图 1-37 所示。

（四）低压供配电线路的接线方式

1. 放射式接线

图 1-38 所示为低压放射式接线。此接线方式由变压器低压母线上引出若干条回路，再分别配电给各配电箱或用电设备。放射式接线的特点是：供电线路独立，引出线发生故障时互不影响，供电可靠性较高，但是一般情况下有色金属消耗量较多，采用的开关设备也较多。放射式接线多用于设备容量大或对供电可靠性要求较高的场合，例如大型消防泵、电热器、生活水泵和中央空调的冷冻机组等。

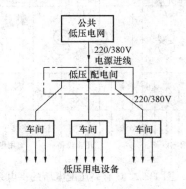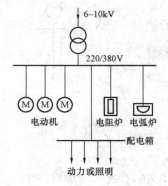

图 1-37　低压进线的供配电系统　　　　　　图 1-38　低压放射式接线

2. 树干式接线

图 1-39 所示为两种常见的低压树干式接线。树干式接线从变电所低压母线上引出干线，沿干线再引出若干条支线，然后再引至各用电设备。树干式接线的特点正好与放射式接线相反。一般情况下，树干式接线采用的开关设备较少，有色金属消耗量也较少，但干线发生故

障时的影响范围大，因此供
电可靠性较低。树干式接线
在机械加工车间、工具车间
和机修车间中应用比较普
遍，而且多采用成套的封闭
型母线，使用灵活、方便，
也比较安全，很适于供电给
容量较小而分布较均匀的用
电设备，如机床、小型加热
炉等。图 1-39（b）所示的
"变压器-干线组"接线还省

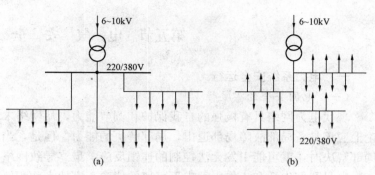

图 1-39　低压树干式接线

（a）低压母线放射式接线；（b）"变压器-干线组"接线

去了变电所低压侧的整套低压配电装置，从而使变电所结构大为简化，投资大为降低。

　　图 1-40（a）和（b）所示为一种变形的树干式接线，通常称为链式接线。链式接线的特点与树干式基本相同，适于用电设备彼此相距很近而容量均较小的次要用电设备。链式相连的设备一般不超过 5 台；链式相连的配电箱不宜超过 3 台，且总容量不宜超过 10kVA。

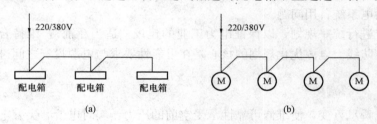

图 1-40　低压链式接线

（a）连接配电箱；（b）连接电动机

3. 环形接线

　　图 1-41 所示为由一台变压器供电的低压环形接线方式。环形接线实质上是两端供电的树干式接线方式的改进型。一个工厂内的一些车间变电所低压侧也可以通过低压联络线相互连接成为环

形。环形接线供电可靠性较高，任一段上的线路发生故障或检修时，都不致造成供电中断；或只短时停电，一旦切换电源的操作完成，即能恢复供电。环形接线可使电能损耗和电压损耗减少，但是环形系统的保护装置及其整定配合比较复杂，如果配合不当，容易发生误动作，反而会扩大故障停电范围。

　　对于家庭用电和动力用电相混合的地区，一般采用相电压为 220V、线电压为 380V 的三相四线制配电。负载如何与电源连接，必须根据其额定电压而定，如图 1-42 所示。

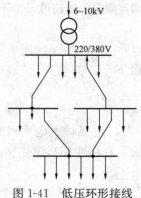

图 1-41　低压环形接线

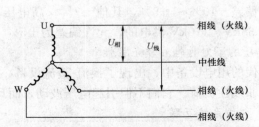

图 1-42　家庭用电和动力用电相混合的地区接线方式

第五节　电气安全

一、电力系统安全运行

（一）电网安全的重要性

现代电力网络具有极强的自我保护和调节能力，从网络末端到核心枢纽的层层保护。理论上应该具备局部故障局部退出，局部解决的能力。但是，当局部故障因偶然原因而未能在局部解决时，就可能引发无法控制的连锁反应，最终导致网络的崩溃。

电是我们生活和工作中须臾不可离的能源。突然大面积停电给城市生活造成的困扰，美国和加拿大已经充分演绎。2003 年当地时间 8 月 14 日 16 时 9 分，美国东北部、中西部 8 个州和加拿大安大略省发生了历史上最大规模的停电事故。据初步统计，北美的纽约、底特律、克利夫兰、渥太华、多伦多等重要城市及周边地区近 5000 万人口受到影响，部分经济活动也出现停滞，整个经济损失可能高达 300 亿美元。

（二）电网安全关键

保证电网安全的三个关键是电力系统的统一规划和充裕度问题，辅助服务和运行备用问题，市场交易、系统调度和输电系统备用问题。

发电系统和输电系统都应进行统一规划，以保证电力工业的建设"适当超前"，维持合理充裕度是电网安全的第一道防线。电源优化规划的核心是在可靠性要求与电源投资之间进行合理的协调。

（三）运行方式与可靠性

电力市场条件下运行方式瞬息万变，使维修可靠性承受空前的压力：实时电价、尖峰电价使负荷不确定性增加；双边交易使系统运行模式畸变；处理阻塞的技术、经济问题；事故处理的原则、责任分担。

（四）电能质量

1. 频率质量

在交流输电的初期，频率不统一，25Hz、50Hz、60Hz、125Hz、133Hz 都曾经使用过。一个交流电力系统只能有一个频率。我国和世界上大多数国家的额定频率为 50Hz，北美采用 60Hz，日本两种都有（直流联络）。

大多数国家规定频率偏差±0.1～0.3Hz 之间。在我国，300 万 kW 以上的电力系统频率偏差规定不得超过±0.2Hz；而 300 万 kW 以下的小量电力系统的频率偏差规定不得超过±0.5Hz。

2. 电压质量

我国对用电单位的供电额定电压及容许偏差规定为：低电压，220/380V，用于照明用户时允许偏差−10％～+5％，其他±7％。高电压，10kV 及以下允许偏差为±7％；对特殊用户有 35kV、110kV 供电的，允许偏差为±5％。

3. 电压的不对称性和非正弦性

在现代的用电设备中，出现了换流-整流设备、变频调速设备、电弧炉、电力机车、家用电器等非线性负荷。它们不但引起电压波动，而且造成电压的不对称性和非正弦性。

（五）电力系统互联

电力系统互联可以获得显著的技术经济效益。它的主要作用和优越性有以下几个方面：

更经济合理开发一次能源，实现水、火电资源优势互补；降低系统总的负荷峰值，减少总的装机容量；减少备用容量，各电厂的机组可以错开检修时间；提高供电可靠性；提高电能质量；提高运行经济性。

（六）谐波治理

随着电力电子技术的发展，近年来电力负荷有很大一部分是电力电子设备。这些负荷给电力系统带来了新问题——高次谐波污染。

高次谐波的解决措施有两种：无源滤波器，电容滤波原理；有源滤波器，主动产生反向的谐波来抵消，需要高电压、大功率逆变器和响应速度极高的控制电路。

二、用电安全

（一）触电

常见的触电方式有单相触电（电源中性点接地系统的单相触电、电源中性点不接地系统的单相触电），两相触电，跨步电压触电和间接触电四种。

1. 单相触电

通过人体电流
$$I_b = \frac{U_P}{R_0 + R_b} = 219\text{mA} \gg 50\text{mA}$$

式中　U_P——电源相电压＝220V；

R_0——接地电阻≤4Ω；

R_b——人体电阻＝1000。

图 1-43 表示电源中性点接地系统的单相触电，图 1-44 表示电源中性点不接地系统的单相触电。

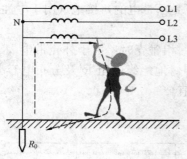

图 1-43　电源中性点接地系统的单相触电　　图 1-44　电源中性点不接地系统的单相触电

人体接触某一相时，通过人体的电流取决于人体电阻 R_b 与输电线对地绝缘电阻 R' 的大小。若输电线绝缘良好，绝缘电阻 R' 较大，对人体的危害性就减小。但导线与地面间的绝缘可能不良（R' 较小），甚至有一相接地，这时人体中就有电流通过。

2. 两相触电

图 1-45 表示两相触电过程，这时人体处于线电压下，通过人体的电流＝380mA≫50mA，触电后果更为严重。

3. 跨步电压触电

在高压输电线断线落地时，有强大的电流流入大地，

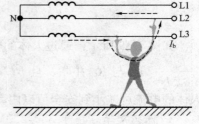

图 1-45　两相触电

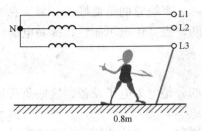

图 1-46　跨步电压触电

在接地点周围产生电压降。如图 1-46 所示。当人体接近接地点时，两脚之间承受跨步电压而触电。跨步电压的大小与人和接地点距离，两脚之间的跨距，接地电流大小等因素有关。一般在 20m 之外，跨步电压就降为零。

4. 间接触电

间接触电是指人体接触到正常情况下不带电，仅在事故下才带电的部分而发生的触电事故。间接触电有两种情况：①电击，电流通过人体内部，影响呼吸系统、心脏和神经系统，造成人体内部组织的破坏乃至死亡；②电伤，电流的热效应、化学效应、机械效应等对人体表面或外部造成的局部伤害。

5. 安全电压

常规环境下，交流安全电压为 50V，直流安全电压为 120V。我国规定的工频安全电压额定值分别为 42V、36V、24V、12V 和 6V。

（二）接地和接零

为了人身安全和电力系统工作的需要，要求电气设备采取接地措施。按接地目的的不同，主要分为工作接地、保护接地和保护接零。

1. 工作接地

工作接地即将中性点接地，如图 1-47 所示。它的主要作用有：降低触电电压，迅速切断故障以及降低电气设备对地的绝缘水平。

2. 保护接地

保护接地即将电气设备的金属外壳（正常情况下是不带电的）接地（用于中性点不接地的低压系统）。

如图 1-48 所示，当电气设备内部绝缘损坏发生一相碰壳时：由于外壳带电，当人触及外壳，接地电流 I_e 将经过人体入地后，再经其他两相对地绝缘电阻 R' 及分布电容 C' 回到电源。当 R' 值较低、C' 较大时，I_b 将达到或超过危险值。

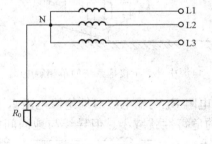

图 1-47　工作接地

图 1-48　电气设备外壳未装保护接地时保护接地

如图 1-49 所示，通过人体的电流：$I_b = I_e \dfrac{R_0}{R_0 + R_b}$，$R_b$ 与 R_0 并联，且 $R_b \gg R_0$，故通过人体的电流可减小到安全值以内。

3. 保护接零（用于 380/220V 三相四线制系统）

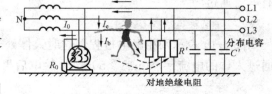

图 1-49　电气设备外壳有保护接地时保护接地

（1）IT 系统。将电气设备的外壳可靠地接到零线上。如图 1-50 所示，当电气设备绝缘损坏造成一相碰壳，该相短路，其短路电流使保护设备动作，将故障设备从电源切除，防止人身触电。

把某一相碰壳，变成单相短路，使保护设备能迅速可靠地动作，切断电源。

（2）TN 系统。电源中性点接地的三相四线制供电系统。电器设备的金属外壳与零线相连称为保护接零，如图 1-51 所示。

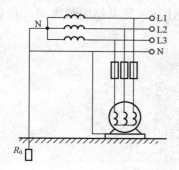

图 1-50 IT 系统保护接零

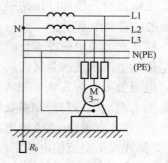

图 1-51 TN 系统保护接零

三相五线制系统分为：TN-C（PE 和 N 共用）、TN-S（PE 和 N 完全分开共用）、TN-C-S（PE 和 N 部分共用）。

（3）TT 系统。电源中性点接地的三相四线制供电系统电器设备的金属外壳与地线相连称为保护接地，如图 1-52 所示。

$$\frac{U_d}{U_o} = \frac{R_o}{R_d}，故障电流 I_d = \frac{U_P}{R_d + R_o}。$$

为了确保设备外壳对地电压为零，专设保护零线 PE，如图 1-53 所示。

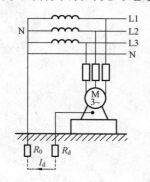

图 1-52 TT 系统保护接零

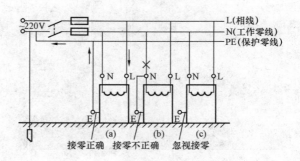

图 1-53 工作零线与保护零线

4. 漏电开关

（1）漏电开关的作用：主要用于低压供电系统，当被保护的设备出现故障时，故障电流作用于保护开关，若该电流超过预定值，便会使开关自动断开，切断供电电路。

（2）漏电开关的选择：若用于保护人，动作电流 30mA 以下，漏电动作时间 0.1s 以下。若用于保护线路，动作电流 30～100mA 以下，漏电动作时间 0.2～0.4s 以下。

思 考 题

1. 简述人类是如何发现自然界电现象的。

2. 电是如何产生的?

3. 简述法拉第定则。

4. 电力系统的构成包括哪几部分?

5. 变电站分升压和降压两种,它们起的作用分别是什么?变电站中最重要的设备是什么?简述它的工作原理。

6. 简述火力发电的原理。

7. 简述电力系统的含义。

8. 电力负荷分为几级?如何划分?

9. 电力系统运行与控制需要哪些装置和设备?

10. 简述大容量交/直流输电技术的原理。

11. 简述灵活交流输电的工作原理。

12. 简述数字电力系统的定义。

13. 为什么要谈电气安全,如何实现电气安全防范?

14. 电气事故可分为哪几类?

15. 简述安全电压的意义。

第二章 可再生能源及核能发电技术

第一节 水 能

一、水能

水能也称水力，是天然水流能量的总称，通常专指陆地上江河湖泊中的水流能量。自然界的水因受重力作用而具有位能，因不断流动而具有动能。水能是一种可再生能源，是清洁能源，是指水体的动能、势能和压力能等能量资源。水流能量的大小取决于流量和落差这两个因素。水能属于再生能源，价廉、清洁，可用于发电或直接驱动机械做功，是可再生能源中利用历史最长，技术最成熟，应用最经济也最广泛的能源。

广义的水能资源包括河流水能、潮汐水能、波浪能、海流能等能量资源；狭义的水能资源指河流的水能资源。是常规能源，一次能源。水不仅可以直接被人类利用，它还是能量的载体。太阳能驱动地球上水循环，使之持续进行。地表水的流动是重要的一环，在落差大、流量大的地区，水能资源丰富。随着矿物燃料的日渐减少，水能是非常重要且前景广阔的替代资源。目前世界上水力发电还处于起步阶段。河流、潮汐、波浪以及涌浪等水运动均可以用来发电。

我国水力资源的特点：

（1）水力资源总量较多，但开发利用率低，我国水力资源占世界总量 16.7%，居世界之首。但是目前我国水能开发利用量约占可开发量的 1/4，低于发达国达 60% 的平均水平。

（2）水力资源分布不均，与经济发展不匹配，我国水力资源西部多，东部少，相对集中在西南地区，而经济发达、能源需求大的东部地区水力资源极少。

（3）大多数河流年内、年际流分布不均，汛期和枯期差距大。

（4）水力资源主要集中于大江大河，有利于集中开发和往外送。

据估计，全世界水力资源理论蕴藏量为 $350\,000 \times 108kW \cdot h/$年，技术可开发量约为 $150\,000 \times 108kW \cdot h/$年，经济可开发量约为 $93\,500 \times 108kW \cdot h/$年，目前，已开发利用的水力资源约为技术可开发量的 14%。中国水能资源十分丰富，理论蕴藏量达 $59\,200 \times 108kW \cdot h/$年，技术可开发量约为 $19\,200 \times 108kW \cdot h/$年，经济可开发量约为 $12\,600 \times 108kW \cdot h/$年，居世界第一位，但目前利用程度不高，已开发利用的储量约占可开发储量的 14%。

在电力生产中，水电比重较低，且呈下降趋势。随着国民经济高速发展，我国能源和电力的供需矛盾越来越突出，从我国能源资源状况来看，应确立优先开发水电的战略思想，扭转水电发展长期落后的局面，使我国丰富的水力资源真正成为发展经济的动力。最新综合评估显示，我国水能资源理论蕴藏量近 7 亿 kW，占常规能源资源量的 40%。其中，经济可开发容量近 4 亿 kW，年发电量约 1.7 亿 kW·h，是世界上水能资源总量最多的国家。

开发利用水体蕴藏的能量的生产技术。天然河道或海洋内的水体，具有位能、压能和动能三种机械能。水能利用主要是指对水体中位能部分的利用。

河道中水的位能在自然状态下绝大部分都消耗于沿途摩擦作用，或挟带沙石、冲刷河床等做功过程中。因此即使高山上的水流具有大量位能，但它向下流达海洋时，其位能亦已消失殆尽。要开发利用水的位能，首先必须将位能汇集一处，形成集中的水位差。例如在河道上筑坝壅高水位，或者修筑平缓的引水道与原河道间构成很大落差，或者利用天然瀑布等。然后，通过简单机械做功或通过水电站，将水能转变为电能。

　　早在 2000 多年前，在埃及、中国和印度已出现水车、水磨和水碓等利用水能于农业生产。18 世纪 30 年代开始有新型水力站。随着工业发展，18 世纪末这种水力站发展成为大型工业的动力，用于面粉厂、棉纺厂和矿石开采。但从水力站发展到水电站，是在 19 世纪末远距离输电技术发明后才蓬勃兴起的。

　　水能利用的另一种方式是通过水轮泵或水锤泵扬水。其原理是将较大流量和较低水头形成的能量直接转换成与之相当的较小流量和较高水头的能量。虽然在转换过程中会损失一部分能量，但在交通不便和缺少电力的偏远山区进行农田灌溉、村镇给水等，仍不失其应用价值。20 世纪 60 年代起水轮泵在中国得到发展，也被一些发展中国家所采用。

　　二、水力发电

　　水力发电的基本原理是利用水位落差，配合水轮发电机产生电力，也就是利用水的位能转为水轮的机械能，再以机械能推动发电机，而得到电力。当位于高处的水（具有位能）往低处流动时位能转换为动能，此时装设在水道低处的水轮机，因水流的动能推动叶片而转动（机械能），如果将水轮机连接发电机，就能带动发电机的转动将机械能转换为电能，这就是水力发电的原理。科学家们以此水位落差的天然条件，有效的利用流力工程及机械物理等，精心搭配以达到最高的发电量，供人们使用廉价又无污染的电力。

　　一般包括由挡水、泄水建筑物形成的水库和水电站引水系统、发电厂房、机电设备等。水库的高水位水经引水系统流入厂房推动水轮发电机组发出电能，再经升压变压器、开关站和输电线路输入电网。1882 年，首先记载应用水力发电的地方是美国威斯康星州。到如今，水力发电的规模从第三世界乡间所用几十瓦的微小型，到大城市供电用几百万瓦的都有。

　　水力发电一般可分为川流式、水坝（库）式及抽蓄式发电。抽蓄式发电是在白天用电尖峰时水库放水发电，夜间时则利用过剩的电力，把水抽上水库（电能转换为位能），以供白天用电尖峰时发电。

　　1. 大中小型水电站的划分

　　根据 DL 5180—2003《水电枢纽工程等级划分及设计安全标准》的规定，水电站工程等根据其在国民经济建设中的重要性，按照库容和装机容量划分为五等。按装机容量划分标准为：大（1）型，≥1200MW；大（2）型，1200～300MW；中型，300～50MW；小（1）型，50～10MW；小（2）型，<10MW。

　　2. 水力资源的开发方式和水电站的基本类型

　　水力资源的开发方式是按照集中落差而选定，大致有三种基本方式，即堤坝式、引水式和混合式等。但这三种开发方式还要适用一定的河段自然条件。按不同的开发方式修建起来的水电站，其枢纽布置，建筑物组成等也截然不同，故水电站也随之而分为堤坝式、引水式和混合式三种基本类型。另外还有一种抽水蓄能电站。

　　（1）堤坝式水电站。在河流峡谷处拦河筑坝，坝前壅水，在坝址处形成集中落差，这种开发方式为坝式开发。在坝址处引取上游水库中水流，通过设在水电站厂房内的水轮机，发电后将尾水引至下游原河道，上下游的水位差即是水电站所获取的水头。

坝式水电站特点：

1）坝式水电站的水头取决于坝高。目前坝式水电站的最大水头不超过300m。

2）坝式水电站的引用流量较大，电站的规模也大，水能利用较充分（由于筑坝，上游形成的水库，可以用来调节流量）。目前世界上装机容量超过2000MW的巨型水电站大都是坝式水电站。此外坝式水电站水库的综合利用效益高，可同时满足防洪、发电、供水等兴利要求。

3）坝式水电站的投资大，工期长。原因是工程规模大，水库造成的淹没范围大，迁移人口多，如三峡水利工程。

（2）引水式水电站。利用天然河道落差，用引水道集中水头的电站称为引水式水电站。引水式水电站一般由挡水建筑物、泄水建筑物、进水口、引水系统、水电站厂房、尾水隧洞（或尾水明渠）及机电设备等组成。跨流域引水发电的水电站必然是引水式水电站。引水式水电站在河流坡降陡的河段上筑一低坝（或无坝）取水，通过人工修建的引水道（渠道、隧洞、管道）引水到河段下游，集中落差，再经压力管道引水到水轮机进行发电，其特点为：

1）水头相对较高，目前最大水头已达2000m以上。

2）引用流量较小，没有水库调节径流，水量利用率较低，综合利用价值较差。

3）电站库容很小，基本无水库淹没损失，工程量较小，单位造价较低。

引水式水电站分为有压与无压两类。

（3）混合式水电站。在一个河段上，同时采用高坝和有压引水道共同集中落差的开发方式称为混合式开发。集中一部分落差后，再通过有压引水道集中坝后河段上另一部分落差，形成了电站的总水头。这种开发方式的水电站称为混合式水电站。适用于上游有优良坝址，适宜建库，而紧接水库以下河道突然变陡或河流有较大的转弯。同时兼有坝式和引水式水电站的优点。在工程实践中多称为引水式，很少用混合式水电站这个名称。

（4）抽水蓄能电站。随着经济的发展以及人民生活水平的提高，电力负荷和电网日益扩大，系统负荷的峰谷差越来越大，我国东北、华北、华东已成为几百万兆瓦的电力系统，它们的峰谷差将达到1万MW，因此解决调峰填谷的任务越来越迫切。

在电力系统中，核电站和火电站不能适应电力系统负荷的急剧变化，且受到技术最小出力的限制，调峰能力有限，而且火电机组调峰煤耗多，运行维护费用高。而水电站启动与停机迅速、运行灵活，适宜担任调峰、调频、事故备用。

天荒坪抽水蓄能电站位于浙江省安吉县境内，电站装机容量180万kW。主要建筑物有上水库、下水库、输水系统、厂房及开关站等部分。

电站的地下厂房采用尾部布置方案。地下厂房洞群主要有主副厂房洞、主变压器洞、母线洞、尾水闸门洞和其他辅助洞室。主副厂房洞长约193m，宽21m，高47.5m。其纵向轴线与压力钢管进厂房方向成64°夹角。厂房设岩壁吊车梁。主变压器洞长约180m，宽17m，高24.3m。它与主副厂房洞之间有6条母线洞及1条主变运输洞相连，每条母线洞长34m。尾水闸门洞在主变洞的下游。500kV开关站和中央控制楼布置在下水库左岸尾水隧洞出口上方的地面。开关站本身面积110m×35m，中央控制楼在开关站的南面，二者分别经出线竖井和排风兼交通竖井与地下厂房连通。

电站安装 6 台水泵水轮机发电电动机组，名义单机容量为 30 万 kW。发电工况水头范围 512～607.5m，抽水工况扬程范围 523.5～614m。水泵水轮机为竖轴单转轮可逆混流式，转轮和顶盖采用中拆方案。水轮机额定水头 526m，单机额定出力 30.6 万 kW，水泵工况单机最大入力 33.28 万 kW，转速 500r/min，吸出高度 70m。发电电动机为竖轴悬式空气冷却，发电工况单机额定容量 33.3 万 kVA（电气输出），电动工况单机额定容量 33.6 万 kW（轴输出），额定电压 18kV。水泵工况启动采用晶闸管变频装置，并以"背靠背"同步起动为备用。主变压器 6 台，每台容量 36 万 kVA。每台机组接 1 台主变，两个发电机-变压器单元在 500kV 侧并联成为联合单元。全厂 3 个联合单元分别用 500kV 电缆引至地面。地面开关站有 3 回进线、2 回出线，主接线采用双内桥接线，选用 GIS 全封闭组合电器。全厂设计算机监控系统。电站以 500kV 一级电压接入华东电网，出线 2 回均接至瓶窑变电所。

三、水轮机

水轮机是通过机组的运转，将水流中贮藏的能量转化为有用功。水轮机有冲击式、反击式（又可分为轴流式、贯流式、混流式、斜流式等）。

水轮机是把水流的能量转换为旋转机械能的动力机械，它属于流体机械中的透平机械。它安装在水电站内，用来驱动发电机发电。在水电站中，上游水库中的水经引水管引向水轮机，推动水轮机转轮旋转，带动发电机发电。做完功的水则通过尾水管道排向下游。水头越高、流量越大，水轮机的输出功率也就越大。

水轮机按工作原理可分为冲击式水轮机和反击式水轮机两大类。冲击式水轮机的转轮受到水流的冲击而旋转，工作过程中水流的压力不变，主要是动能的转换；反击式水轮机的转轮在水中受到水流的反作用力而旋转，工作过程中水流的压力能和动能均有改变，但主要是压力能的转换。

冲击式水轮机按水流的流向可分为切击式（又称水斗式）和斜击式两类。斜击式水轮机的结构与水斗式水轮机基本相同，只是射流方向有一个倾角，只用于小型机组。

早期的冲击式水轮机的水流在冲击叶片时，动能损失很大，效率不高。1889 年，美国工程师佩尔顿发明了水斗式水轮机，它有流线型的收缩喷嘴，能把水流能量高效率地转变为高速射流的动能。

理论分析证明，当水斗节圆处的圆周速度约为射流速度的一半时，效率最高。这种水轮机在负荷发生变化时，转轮的进水速度方向不变，加之这类水轮机都用于高水头电站，水头变化相对较小，速度变化不大，因而效率受负荷变化的影响较小，效率曲线比较平缓，最高效率超过 91%。

20 世纪 80 年代初，世界上单机功率最大的水斗式水轮机装于挪威的悉·西马电站，其单机容量为 315MW，水头 885m，转速为 300r/min，于 1980 年投入运行。水头最高的水斗式水轮机装于奥地利的赖瑟克山电站，其单机功率为 22.8MW，转速 750r/min，水头达 1763.5m，1959 年投入运行。

反击式水轮机可分为混流式、轴流式、斜流式和贯流式。在混流式水轮机中，水流径向进入导水机构，轴向流出转轮；在轴流式水轮机中，水流径向进入导叶，轴向进入和流出转轮；在斜流式水轮机中，水流径向进入导叶而以倾斜于主轴某一角度的方向流进转轮，或以倾斜于主轴的方向流进导叶和转轮；在贯流式水轮机中，水流沿轴向流进导叶和转轮。

轴流式、贯流式和斜流式水轮机按其结构还可分为定桨式和转桨式。定桨式的转轮叶片是固定的；转桨式的转轮叶片可以在运行中绕叶片轴转动，以适应水头和负荷的变化。

20世纪80年代，世界上尺寸最大的转桨式水轮机是中国东方电机厂制造的，装在中国长江中游的葛洲坝电站，其单机功率为170MW，水头为18.6m，转速为54.6r/min，转轮直径为11.3m，于1981年投入运行。世界上水头最高的转桨式水轮机装在意大利的那姆比亚电站，其水头为88.4m，单机功率为13.5MW，转速为375r/min，于1959年投入运行。

混流式水轮机是世界上使用最广泛的一种水轮机，由美国工程师弗朗西斯于1849年发明，故又称弗朗西斯水轮机。与轴流转桨式相比，其结构较简单，最高效率也比轴流式的高，但在水头和负荷变化大时，平均效率比轴流转桨式的低，这类水轮机的最高效率有的已超过95%。混流式水轮机适用的水头范围很宽，为5~700m，但采用最多的是40~300m。

世界上水头最高的混流式水轮机装于奥地利的罗斯亥克电站，其水头为672m，单机功率为58.4MW，于1967年投入运行。功率和尺寸最大的混流式水轮机装于美国的大古力第三电站，其单机功率为700MW，转轮直径约9.75m，水头为87m，转速为85.7r/min，于1978年投入运行。

混流式机组是开发中高水头水力资源的优良机型，它的优点是适用于水头和流量变幅均较大的电站，具有结构紧凑、操作维护方便、效率高等特点，布置型式分为卧式和立式两种。

水轮机安装分以下几个部分：

（1）发电机层：首先决定吊运转子（带轴）的方式，若由下游侧吊运，则厂房下游侧宽度主要由吊运之转子宽度决定。若从上游侧吊运，则上游侧较宽。此外，发电机层交通应畅通无阻。一般主要通道宽2~3m，次要通道宽1~2m。在机旁盘前还应留有1m宽的工作场地，盘后应有0.8~1m宽的检修场地，以便于运行人员操作。

（2）水轮机层：一般上下游侧分别布置水轮机辅助设备（即油水气管路等）和发电机辅助设备（电流电压互感器、电缆等）。以这些设备布置后，不影响水轮机层交通来确定水轮机层的宽度。

（3）蜗壳层：一般由设置的检查廊道、进人孔等确定宽度。蜗壳和尾水管进人孔的交通要通畅，集水井水泵房设置应有足够的位置，以此确定蜗壳层平面宽度。

（4）吊车标准宽度 L_k：当宽度基本确定后，最后要根据尺寸相近的吊车标准宽度 L_k 验证，厂房宽度必须满足吊车安装的要求。

第二节 核 能

一、核能

核能是人类历史上的一项伟大发明。19世纪末发现了电子，1895年发现了X射线，1896年发现了放射性，1898年发现新的放射性元素钋，经过4年的艰苦努力又发现了放射性元素镭，1905年提出质能转换公式，1914年确定氢原子核是一个正电荷单元，称为质子，1935年发现了中子，1946年用中子轰击铀原子核，发现了核裂变现象，1942年12月2日成功启动了世界上第一座核反应堆，1945年8月6日和9日将两颗原子弹先后投在了日本的广岛和长崎，1957年前苏联建成了世界上第一座核电站——奥布灵斯克核电站。在

1945 年之前，人类在能源利用领域只涉及物理变化和化学变化。二战时，原子弹诞生了，人类开始将核能运用于军事、能源、工业、航天等领域。

核反应堆的发展最初是出于军事需要。1954 年，苏联建成世界上第一座装机容量为5MW 的核电站，英、美等国也相继建成各种类型的核电站。到 1960 年，有 5 个国家建成20 座核电站，装机容量 1279MW。由于核浓缩技术的发展，到 1966 年，核能发电的成本已低于火力发电的成本，核能发电真正迈入实用阶段。1978 年全世界 22 个国家和地区正在运行的 30MW 以上的核电站反应堆已达 200 多座，总装机容量已达 107 776MW。20 世纪 80年代因化石能源短缺日益突出，核能发电的进展更快，到 1991 年，全世界近 30 个国家和地区建成的核电机组为 423 套，总容量为 3.275 亿 kW，其发电量占全世界总发电量的约 16%。

核反应堆是一个能维持和控制核裂变链式反应，从而实现核能-热能转换的装置。核反应堆是核电厂的心脏，核裂变链式反应在其中进行。反应堆由堆芯、冷却系统、慢化系统、反射层、控制与保护系统、屏蔽系统、辐射监测系统等组成。

（1）堆芯中的燃料：反应堆的燃料，不是煤、石油，而是可裂变材料。自然界天然存在的易于裂变的材料只有 U-235，它在天然铀中的含量仅有 0.711%，另外两种同位素 U-238和 U-234 各占 99.238% 和 0.005 8%，后两种均不易裂变。另外，还有两种利用反应堆或加速器生产出来的裂变材料 U-233 和 Pu-239。用这些裂变材料制成金属、金属合金、氧化物、碳化物等形式作为反应堆的燃料。

（2）燃料包壳：为了防止裂变产物逸出，一般燃料都需用包壳包起来，包壳材料有铝、锆合金和不锈钢等。

（3）控制与保护系统中的控制棒和安全棒：为了控制链式反应的速率在一个预定的水平上，需用吸收中子的材料做成吸收棒，称之为控制棒和安全棒。控制棒用来补偿燃料消耗和调节反应速率，安全棒用来快速停止链式反应。吸收体材料一般是硼、碳化硼、镉、银铟镉等。

（4）冷却系统中的冷却剂：为了将裂变的热导出来，反应堆必须有冷却剂，常用的冷却剂有轻水、重水、氦和液态金属钠等。

（5）慢化系统中的慢化剂：由于慢速中子更易引起 U-235 裂变，而中子裂变出来则是快速中子，所以有些反应堆中要放入能使中子速度减慢的材料，就叫慢化剂。一般慢化剂有水、重水、石墨等。

（6）反射层：反射层设在活性区四周，它可以是重水、轻水、铍、石墨或其他材料。它能把活性区内逃出的中子反射回去，减少中子的泄漏量。

（7）屏蔽系统：反应堆周围设屏蔽层，减弱中子及 γ 剂量。

（8）辐射监测系统：该系统能监测并及早发现放射性泄漏情况。

反应堆的结构形式是千姿百态的，它根据燃料形式、冷却剂种类、中子能量分布形式、特殊的设计需要等因素可建造成各类型结构形式的反应堆。目前世界上有大小反应堆上千座，其分类也是多种多样。按能普分有由热能中子和快速中子引起裂变的热堆和快堆；按冷却剂分有轻水堆即普通水堆（又分为压水堆和沸水堆）、重水堆、气冷堆和钠冷堆。按用途分有：①研究试验堆：是用来研究中子特性，利用中子对物理学、生物学、辐照防护学以及材料学等方面进行研究；②生产堆，主要是生产新的易裂变的材料 U-233、Pu-239；③动力堆，利用核裂变所产生的热能广泛用于舰船的推进动力和核能发电。

生产堆主要用于生产易裂变材料或其他材料，或用来进行工业规模辐照。生产堆包括产钚堆、产氚堆和产钚产氚两用堆、同位素生产堆及大规模辐照堆，如果不是特别指明，通常所说的生产堆是指产钚堆。该堆结构简单，生产堆中的燃料元件既是燃料又是生产 Pu-239 的原料。中子来源于用天然铀制作的元件中的 U-235，U-235 裂变中子产额为 2～3 个。除维持裂变反应所需的中子外，余下的中子被 U-238 吸收，即可转换成 Pu-239，平均烧掉一个 U-235 原子可获得 0.8 个钚原子。也可以用生产堆生产热核燃料氚，用重水型生产堆生产氚要比用石墨生产堆产氚高 7 倍。

动力反应堆可分为潜艇动力堆和商用发电反应堆。核潜艇通常用压水堆作为其动力装置。商用规模的核电站用的反应堆主要有压水堆、沸水堆、重水堆、石墨气冷堆和快堆等。

压水堆：采用低浓（U-235 浓度约为 3%）的二氧化铀作燃料，高压水作慢化剂和冷却剂，是目前世界上最为成熟的堆型。

沸水堆采用低浓（U-235 浓度约为 3%）的二氧化铀作燃料，沸腾水作慢化剂和冷却剂。

重水堆：重水作慢化剂，重水（或沸腾轻水）作冷却剂，可用天然铀作燃料，目前达到商用水平的只有加拿大开发的坎杜堆，我国已建成一座重水堆核电站。

石墨气冷堆：以石墨作慢化剂，二氧化碳作冷却剂，用天然铀燃料，最高运行温度为 360℃，这种堆已有丰富的运行经验，到 20 世纪 90 年代初期已运行了 650 个堆年。

快中子堆：采用钚或高浓铀作燃料，一般用液态金属钠作冷却剂，不用慢化剂。根据冷却剂的不同分为钠冷快堆和气冷快堆。

反应堆产生核能，需要解决以下 4 个问题：

（1）为核裂变链式反应提供必要的条件，使之得以进行。

（2）链式反应必须能由人通过一定装置进行控制。失去控制的裂变能不仅不能用于发电，还会酿成灾害。

（3）裂变反应产生的能量要能从反应堆中安全取出。

（4）裂变反应中产生的中子和放射性物质对人体危害很大，必须设法避免它们对核电站工作人员和附近居民的伤害。

空间核反应堆（简称空间堆）是一种将反应堆核裂变能转变为电能供航天器及其负载使用的新型电源。它可以为航天器提供千瓦级电力，从而增强其工作能力、拓展应用领域。与传统的太阳能电池阵和蓄电池联合供电相比，空间堆的优势主要包括：单位质量功率大、成本低；不依赖太阳能，不受尘埃、高温和辐射等因素影响，环境适应能力和生存能力强；体积小、重量轻，可有效减轻火箭推进系统负荷，增加航天器有效负荷和可靠性。

中国的汉级攻击型核潜艇、夏级战略弹道导弹核潜艇搭载是压水型（Pressurized Water Reactor，PWR）反应堆。此外，核潜艇还需要一种热交换器，即将通过反应堆加压产生的第一次冷却水热量传输到第二次冷却水，通过蒸汽发生器（Steam Generator）产生蒸汽。为了能够在蒸汽发生器中压送第一次冷却水，还需要一部大功率的主冷却泵，这种主冷却泵也被称为一次性冷却水泵。压水型反应堆通过蒸汽发生器将一次冷却水和二次冷却水循环到不同的封闭回路当中。因此，驱动螺旋桨、发电机的主蒸汽涡轮机和备用小型涡轮机不会受到放射性污染，即使在系统运行当中，潜艇的艇员也可以进入到涡轮室进行工作。

世界上核裂变的主要燃料铀和钍的储量分别约为 490 万 t 和 275 万 t。这些裂变燃料足可以用到聚变能时代。轻核聚变的燃料是氘和锂，1L 海水能提取 30mg 氘，在聚变反应中能产生约等于 300L 汽油的能量，即 "1L 海水约等于 300L 汽油"，地球上海水中有 40 多万亿吨氘，足够人类使用百亿年。地球上的锂储量有 2000 多亿吨，锂可用来制造氚，足够人类在聚变能时代使用。以目前世界能源消费的水平来计算，地球上能够用于核聚变的氘和氚的数量，可供人类使用上千亿年。因此，有关能源专家认为，如果解决了核聚变技术，那么人类将能从根本上解决能源问题。

二、核能发电

（一）核能发电技术

利用核反应堆中核裂变所释放出的热能进行发电的方式。它与火力发电极其相似。只是以核反应堆及蒸汽发生器来代替火力发电的锅炉，以核裂变能代替矿物燃料的化学能。除沸水堆外（见轻水堆），其他类型的动力堆都是一回路的冷却剂通过堆心加热，在蒸汽发生器中将热量传给二回路或三回路的水，然后形成蒸汽推动汽轮发电机。沸水堆则是一回路的冷却剂通过堆心加热变成 7MPa 左右的饱和蒸汽，经汽水分离并干燥后直接推动汽轮发电机。

核能发电利用铀燃料进行核分裂连锁反应所产生的热，将水加热成高温高压，核反应所放出的热量较燃烧化石燃料所放出的能量要高很多（相差约百万倍），比较起来所需要的燃料体积比火力电厂少相当多。核能发电所使用的 U-235 纯度只约占 3%～4%，其余皆为无法产生核分裂的 U-238。

核分裂是利用慢中子撞击 U-235 使原子核分裂产生快中子、分裂产物及能量，分裂后产生的快中子经缓和剂缓和成慢中子，再去撞击另一个原子核，造成核分裂连锁反应。其燃料为二氧化铀，其中 U-235 的含量只有 2%～4%。不同于原子弹的 U-235 含量（必须在 90%）以上。

自图 2-1 左边开始，一个中子撞击 U-235 原子核后，暂时共同形成 U-236 原子核，同时因其内部吸收了该中子的能量，故开始作剧烈的哑铃状振荡，最后哑铃状结构终因振荡过剧而瓦解，并因而产生两个质量较小的原子核，且放出 2～3 个新的中子；这时如果旁边有其他 U-235 原子核存在，则会被新的中子撞击，继续发生分裂反应，此即所谓的连锁反应。

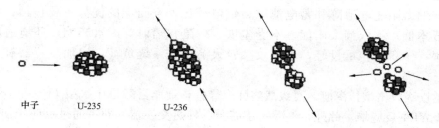

中子　　　U-235　　　　U-236

图 2-1　分裂原理图

每次分裂后会有 2～3 个新的中子产生，而这些中子也就是引发后续分裂反应的关键，如果它们分别又引发了 2～3 次分裂反应，则分裂反应的次数便会一直增加，而且是以等比级数的速度增加，即1次变2次，2次变4次，4次变8次，8次变16次……每次都放出巨大的能量，故总量很惊人，这就是原子弹爆炸能产生巨大威力的原因。但如果我们有办法在每次分裂后把2～3个新产生的中子吸收掉一、两个，而只让一个中子继续引发下一次分裂反应，则我们即可控制每次反应的数目使其保持固定，并可把每次反应产生的能量用来发电，这种状况即称为"临界"核分裂反应。前述分裂次数一代比一代多的状态称为超临界反应，反之若分裂次数一代比一代少则称为次临界反应；核能电厂运转发电时是保在临界反应状态，停机时则保持次临界状态。

欲保持临界核分裂反应则须找到能吸收中子的物质，目前核能电厂中常用的是镉或硼，这两种物质便是构成控制棒的主要材料。核能电厂停机时控制棒整个插在炉心里，吸收绝大部分的中子，使整个炉心保持次临界状态，电厂起动时控制棒便被慢慢抽出来，一直到炉心达到临界状况时将控制棒固定，便可保持稳定而持续性的核分裂反应；若有异常状况发生，控制棒便被迅速插入炉心，停止其分裂反应。图2-2所示为核分裂连锁反应。

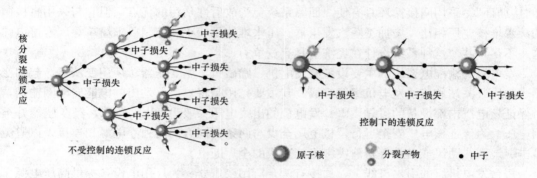

图 2-2　核分裂连锁反应

现在最普遍的民用核电站大都是压水反应堆核电站，它的工作原理是：用铀制成的核燃料在反应堆内进行裂变并释放出大量热能；高压下的循环冷却水把热能带出，在蒸汽发生器内生成蒸汽；高温高压的蒸汽推动汽轮机，进而推动发电机旋转。

利用核能生产电能的电厂称为核电厂。由于核反应堆的类型不同，核电厂的系统和设备也不同。压水堆核电厂主要由压水反应堆、反应堆冷却剂系统（简称一回路）、蒸汽和动力转换系统（又称二回路）、循环水系统、发电机和输配电系统及其辅助系统组成。通常将一回路、核岛辅助系统、专设安全设施和厂房称为核岛。二回路、辅助系统和厂房与常规火电厂系统和设备相似，称为常规岛。电厂的其他部分，统称配套设施。实质上，从生产的角度讲，核岛利用核能生产蒸汽，常规岛用蒸汽生产电能。

反应堆冷却剂系统将堆芯核裂变放出的热能带出反应堆并传递给二回路系统以产生蒸汽。通常把反应堆、反应堆冷却剂系统及其辅助系统合称为核供汽系统。现代商用压水堆核电厂反应堆冷却剂系统一般有2～4条并联在反应堆压力容器上的封闭环路。每一条环路由一台蒸汽发生器、一台或两台反应堆冷却剂泵及相应的管通组成。一回路内的高温高压含硼水，由反应堆冷却剂泵输送，流经反应堆堆芯，吸收了堆芯核裂变放出的热能，再流进蒸汽发生器，通过蒸汽发生器传热管壁，将热能传给二回路蒸汽发生器给水，然后再被反应堆冷却剂泵送入反应堆。如此循环往复，构成封闭回路。整个一回路系统设有一台稳压器，一回路系统的压力靠稳压器调节，保持稳定。

为了保证反应堆和反应堆冷却剂系统的安全运行，核电厂还设置了专设安全设施和一系列辅助系统。一回路辅助系统主要用来保证反应堆和一回路系统的正常运行。压水堆核电厂一回路辅助系统按其功能划分，有保证正常运行的系统和废物处理系统，部分系统同时作为专设安全设施系统的支持系统。专设安全设施为一些重大的事故提供必要的应急冷却措施，并防止放射性物质的扩散。

二回路系统由汽轮机发电机组、冷凝器、凝结水泵、给水加热器、除氧器、给水泵、蒸汽发生器、汽水分离再热器等设备组成。蒸汽发生器的给水在蒸汽发生器吸收热量变成高压蒸汽，然后驱动汽轮发电机组发电，做功后的乏汽在冷凝器内冷凝成水，凝结水由凝结水泵输送，经低压加热器进入除氧器，除氧水由给水泵送入高压加热器加热后重新返回蒸汽发生器，如此形成热力循环。为了保证二回路系统的正常运行，二回路系统也设有一系列辅助系统。循环水系统主要用来为冷凝器提供冷却水。

在压水堆电厂，一回路系统的冷却剂与汽轮机回路工质是完全隔离的，这就是所谓的"间接循环"。采用间接循环具有使二回路系统免受放射性玷污的优点，但它与采用直接循环的沸水堆核电厂相比，增加了蒸汽发生器。压水堆体积较小和控制要求简单等因素可以弥补这一不足，并使这种系统设计在经济上具有竞争力。

发电机和输配电系统的主要设备有发电机、励磁机、主变压器、厂用变压器、起动变压器、高压开关站和柴油发电机组等组成。其主要作用是将核电厂发出的电能向电网输送，同时保证核电厂内部设备的可靠供电。发电机的出线电压一般为22kV左右，经变压器升至外网电压。为保证核电厂安全运行，核电厂至少与两条不同方向的独立电源相连接，以避免因雷击、地震、飓风或洪水等自然灾害可能造成的全厂断电。

每台发电机组的引出母线上，均接有两台厂用变压器。为厂用电设备提供高压电源。高压厂用电系统一般为6kV左右。该高压厂用电系统直接向核电厂大功率动力设备供电。对于小功率设备，经变压器降压后供给380/220V低压电源。通常高压厂用电系统分为工作母线和安全母线两部分，高压厂用电系统的工作母线，可以由外电网或发电机供电，高压厂用电的安全母线，除外网和发电机外，还可由柴油发电机供电。核电厂电气系统如图2-3所示。

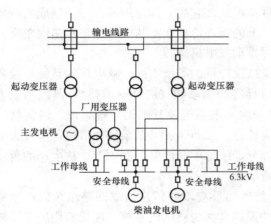

图2-3　核电厂电气系统示意图

（二）核电站

核电站的示意图如图2-4所示。

沸水堆是以沸腾轻水为慢化剂和冷却剂并在反应堆压力容器内直接产生饱和蒸汽的动力堆。沸水堆与压水堆同属轻水堆，都有结构紧凑、安全可靠、建造费用低和负荷跟随能力强等优点；它们都须使用低浓铀，且须停堆换料。沸水式核反应器示意图如图2-5所示。

来自汽轮机系统的给水进入反应堆压力容器后，沿堆芯围筒与容器内壁之间的环形空间下降，在喷射泵的作用下进入堆下腔室，再折而向上流过堆芯，受热并部分汽化。汽水混合

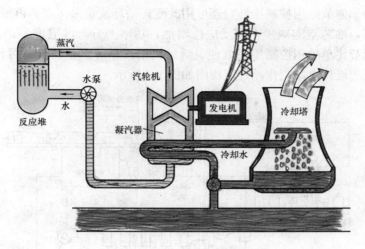

图 2-4 核电站的示意图

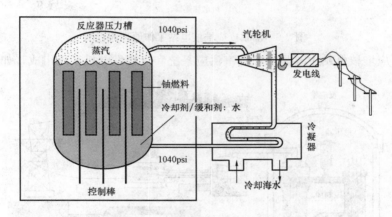

图 2-5 沸水式核反应器示意图

（注：1040psi＝7.17MPa）

物经汽水分离器分离后，水分沿环形空间下降，与给水混合；蒸汽则经干燥器后出堆，通往汽轮发电机，做功发电。

蒸汽压力约为 7MPa，干度不小于 99.75％。汽轮机乏汽冷凝后经净化、加热再由给水泵送入反应堆压力容器，形成一闭合循环。再循环泵的作用是使堆内形成强迫循环，其进水取自环形空间底部，升压后再送入反应堆容器内，成为喷射泵的驱动流。某些沸水堆用堆内循环泵取代再循环泵和喷射泵。

沸水堆的控制棒从堆底引入，原因是：①沸水堆堆芯上部蒸汽含量较多，造成堆芯上部中子慢化不足，这样，堆芯热中子通量分布不均匀，其峰值下移。控制棒由堆芯底部引入有助于展平中子通量密度。②可以空出堆芯上方空间以安装汽水分离器和干燥器。但控制棒自堆底引入后就不能在控制动力源丧失后靠重力自动插进堆芯，因此沸水堆的控制棒驱动机构需非常可靠，通常都采用液压驱动，也有采用机械/液压或电气/液压驱动。在后两种设计中，机械或电气驱动用于正常控制。快速紧急停堆则都用液压驱动，且每个机构或每两个机构配有一单独的蓄压器。

反应堆的功率调节除用控制棒外，还可用改变再循环流量来实现。再循环流量提高，汽泡带出率就提高，堆芯空泡减少，使反应性增加，功率上升，汽泡增多，直至达到新的平衡。这种功率调节比单独用控制棒更方便灵活。仅用再循环流量调节就可使功率改变 25% 满功率。沸水反应堆核电站工作原理流程图如图 2-6 所示。

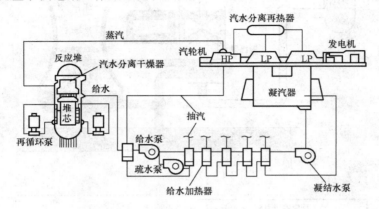

图 2-6　沸水反应堆核电站工作原理流程图

压水式反应堆核电站主要是由核蒸汽供应系统和汽轮发电机系统组成，如图 2-7 所示。

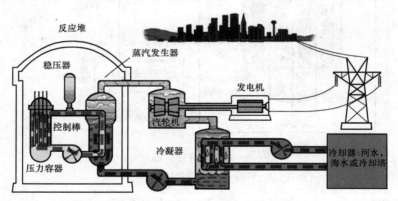

图 2-7　压水反应堆核电站工作原理示意图

（1）反应堆堆芯内进行核裂变并稳定地释放热能。由于采用稳压器提高系统内的水压，一回路的水受热后不会沸腾。这些高压水随之将堆芯内产生的热能带走。

（2）带热能的高压水经蒸汽发生器内数以千计的传热管，将热能传到管外二回路系统的水内。二回路系统与一回路系统是完全分隔的。

（3）二回路水随即受热沸腾，变成蒸汽，然后推动汽轮发电机组产生电力。

（4）蒸汽自汽轮机排出，被三回路的海水冷却后，再循环至蒸汽发生器加热。

与压水堆核电站不同，重水堆核电站的核反应堆是利用天然铀作燃料，用重水作慢化剂和冷却剂。目前全世界正在运行的 443 个核电机组中，绝大多数是压水堆，只有 32 个是重水堆。重水堆核电站不用浓缩铀，而用天然铀作燃料，比压水堆的燃料成本低 2/3，但用作慢化剂和冷却剂的重水则十分昂贵。与压水堆核电站相比，重水堆核电站可以实现不停堆换燃料，一年 365 天都可以发电，实际发电量可以达到设计发电量的 85%，设计年容量因子较高。另外，重水堆核电站的安全性较高，还可以大量生产同位素。

以重水堆为热源的核电站。重水堆是以重水作慢化剂的反应堆，可以直接利用天然铀作为核燃料。重水堆可用轻水或重水作冷却剂，重水堆分压力容器式和压力管式两类。重水堆核电站是发展较早的核电站，有各种类别，但已实现工业规模推广的只有加拿大发展起来的坎杜型压力管式重水堆核电站。

快堆核电站是由快中子引起链式裂变反应所释放出来的热能转换为电能的核电站。快堆在运行中既消耗裂变材料，又生产新裂变材料，而且所产可多于所耗，能实现核裂变材料的增殖。目前，世界上已商业运行的核电站堆型，如压水堆、沸水堆、重水堆、石墨气冷堆等都是非增殖堆型，主要利用核裂变燃料，即使再利用转换出来的 Pu-239 等易裂变材料，它对铀资源的利用率也只有 $1\%\sim2\%$，但在快堆中，U-238 原则上都能转换成 Pu-239 而得以使用，但考虑到各种损耗，快堆可将铀资源的利用率提高到 60%。

三、核能发电机组

第一代核能发电是利用原子核裂变能发电的初级阶段，从为军事服务走向和平利用，时间大体上在 20 世纪 50～60 年代中期，以开发早期的原型堆核电厂为主。

例如，美国西屋电气公司开发的民用压水堆核电厂，希平港（shippingport）核电厂在美国建成；通用电气公司（GE）开发的民用沸水堆核电厂，第一个建在美国加利福尼亚湾洪保德湾，以及随后 1960 年 7 月建成德累斯顿（Dresden-I）。前苏联 1954 年在莫斯科附近奥布宁斯克建成第一座压力管式石墨水冷核电厂，英国 1956 年建成第一座产钚、发电两用的石墨气冷核电厂——卡德霍尔核电厂。

这一时期的工作为下一步商用核电厂的发展奠定了基础。第二代核电厂基本上仿照了这一代核电厂的模式，只是技术上更加成熟，容量逐步扩大，并逐步引进先进技术。

第二代核能发电是商用核电厂大发展的时期，从 20 世纪 60 年代中期到 90 年代末，即使目前新建的核电厂，还大多属于第二代的核能发电机组。核电厂建设高潮前后有两次，一次是在美国轻水堆核电厂的经济性得到验证之后，另一次是在 1973 年世界第一次石油危机后，使得各国将核电作为解决能源问题的有力措施。

第二代核电厂的建设形成了几个主要的核电厂类型，他们是压水堆核电厂、沸水堆核电厂、重水堆（CANDU）核电厂、气冷堆核电厂以及压力管式石墨水冷堆核电厂。期间仅出现过两次较大的事故，即三里岛核电厂事故和切尔诺贝利核电厂事故。

气冷堆核电厂由于其建造费用和发电成本竞争不过轻水堆核电厂，20 世纪 70 年代末已停止兴建。石墨水冷堆核电厂由于其安全性能存在较大缺陷，切尔诺贝利核电厂事故以后不再兴建。

从 20 世纪 80 年代开始，世界核电进入一个缓慢的发展时期，除亚洲国家外，核电建设的规模都比较小。造成这种局面的原因主要有：①1979 年世界发生了第二次石油危机，各国经济发展的速度迅速减缓；同时大规模的节能措施和产业结构调整，使得电力需求的增长率大幅度降低，1980 年仅增长 1.7%，1982 年增长 -2.3%，1983 年以前美国共取消了 108 台核电机组及几十台火电机组的合同。②两次核电厂事故对世界核电的发展产生重大影响，公众接受问题成为核电发展的主要关注点，一些欧洲国家如瑞士、意大利、奥地利、瑞典、德国等相继暂停发展核电；同时严格的审批程序以及为预防事故所采取的提高安全的措施，使核电厂的建设工期拖长，投资增加，导致核电的经济竞争力下降，特别是投资风险的不确定性，阻碍了核电的进一步发展。

第三代核能发电机组设计方案，有下列特点：

(1) 在安全性上，满足 URD 文件的要求。

(2) 在经济性上，要求能与联合循环的天然气电厂相竞争。

(3) 采用非能动安全系统。

(4) 单机容量进一步大型化。

(5) 采用整体数字化控制系统。

(6) 施工建设模块化以缩短工期。

反应堆冷却剂系统采用二环路，各有一台蒸汽发生器、两台屏蔽式电动泵、一条热管段和两条冷管段组成，泵的吸入管直接连在蒸汽发生器下端，省去泵的单独支撑，使系统变得更紧凑。

由重力、自然循环和储能等按自然规律来驱动的安全系统，包括非能动余热排出系统、非能动安全注射系统，以及非能动的安全壳冷却系统。非能动余热排出热交换器的进口与反应堆冷却剂系统热管段相连，出口与蒸汽发生器出口腔相连。在冷却剂泵失效时，水流自然循环到该热交换器，将反应堆余热带到安全壳内换料水箱。

非能动安全注射系统由两台堆芯补水箱、两台安注箱和一台位于安全壳的换料水箱组成。与反应堆冷却剂环路连接并充满硼水，靠重力注射。当正常上充水系统故障时，可应付小泄漏；由于失水事故而引起大泄漏时，提供堆芯应急冷却，最终将反应堆冷却剂系统全部淹没。非能动安全壳冷却剂系统以钢安全壳作为传热界面，首先利用位于安全壳屏蔽厂房顶部的水箱，喷淋钢安全壳外表面；随后将空气从安全壳屏蔽构筑物顶部引入，沿导流板，经安全壳底部，再沿钢安全壳外表面向上流动，导出钢安全壳内部的热量，作为最终热阱。

在严重事故下，该系统将堆芯熔融物保持在堆内，通过压力容器外表进行冷却是 AP1000 缓解严重事故的重要策略。反应堆的堆腔设计成能在事故工况下将堆腔淹没到冷却剂环路高度以上，同时在反应堆保温层与压力容器之间设计有通路，水进入通路，带走热量，加热后的水或蒸汽从堆腔上部流出。在安全壳内设置氢气点火器和氢复合器来防止氢气爆燃。美国西屋公司自 20 世纪 80 年代以来，在能源部和 NRC 的支持下，耗资 6 亿多美元对非能动安全系统的功能、机理和可靠性等进行了大量的研究、开发、试验、验证和分析论证工作，其形成的设计文件已通过美国 NRC 的审查批准，2004 年 9 月获得了最终设计批准书（FDA）。

EPR 欧洲压水堆核电厂是通过对现有技术较为成熟的压水堆加以改进。基本上仍然沿用能动的安全系统，增加其冗余度；降低燃料棒的线功率密度，提高安全余量；加大单机组容量，电功率达到 1500～1600MWe，以降低单位功率造价；采取相应的严重事故预防和缓解措施。

ESBWR 的安全系统是非能动的。它包括：①自动卸压系统，由安装在主蒸汽管道上的 10 个安全释放阀和 8 个卸压阀组成，分别将蒸汽排放到抑压池和干井。②重力驱动的冷却系统，在自动卸压系统将反应堆容器卸压后，补给水靠重力流入容器。③分离的冷凝系统，它由 4 个独立的高压环路组成，每个环路有一台热交换器，在反应堆停闭和全厂失电后，蒸汽将在管侧冷凝，热交换器管束放在安全壳外的大水池中，通过自然循环导出余热。④非能动安全壳冷却系统，由 4 条安全相关的独立的高压环路组成，每个环路有一台热交换器与安全壳相通，凝结水及释放阀管线淹没在抑压池内，热交换器设置在安全壳外的大水池内，通过自然循环导出失水事故后安全壳内的热量。

先进坎度（CANDU）型重水堆（ACR）核电厂。ACR 除继续保持 CANDU 型重水堆的水平压力管，不停堆装卸料，独立的低温、低压重水慢化回路等特点外，在设计上做了如下改进：①采用低富集度（1.65%）的二氧化铀燃料组件，使燃耗增加 3 倍，乏燃料减少 2/3；②采用轻水冷却剂回路，提高蒸汽的压力和温度，提高核电厂的热效率；③除了控制棒停堆系统外，还采用了在慢化剂中注入液态硝酸钆的第二停堆系统；④将轻水屏蔽水箱作为严重事故时的后备热阱；⑤全堆芯具有负的冷却剂空穴系数；⑥安全壳采用钢衬里预应力混凝土结构。

第三节　太　阳　能

一、太阳能

太阳能是太阳内部或者表面的黑子连续不断地核聚变反应过程产生的能量。地球轨道上的平均太阳辐射强度为 $1.369W/m^2$。地球赤道周长为 40 076km，从而可计算出，地球获得的能量可达 173 000TW。在海平面上的标准峰值强度为 $1kW/m^2$，地球表面某一点 24h 的年平均辐射强度为 $0.20kW/m^2$，相当于有 102 000TW 的能量，人类依赖这些能量维持生存，其中包括所有其他形式的可再生能源（地热能资源除外）。

虽然太阳能资源总量相当于人类所利用的能源的一万多倍，但太阳能的能量密度低，而且它因地而异，因时而变，这是开发利用太阳能面临的主要问题。太阳能的这些特点会使它在整个综合能源体系中的作用受到一定的限制。尽管太阳辐射到地球大气层的能量仅为其总辐射能量的 22 亿分之一，但已高达 173 000TW，也就是说太阳每秒钟照射到地球上的能量就相当于 500 万吨煤，每秒照射到地球的能量则为 49 940 000 000J。地球上的风能、水能、海洋温差能、波浪能和生物质能都是来源于太阳；即使是地球上的化石燃料（如煤、石油、天然气等）从根本上说也是远古以来贮存下来的太阳能，所以广义的太阳能所包括的范围非常大，狭义的太阳能则限于太阳辐射能的光热、光电和光化学的直接转换。

随着人们对环境保护的日益重视和科学水平的不断提高，太阳能的开发和利用越来越广泛。不仅能应用于热水、干燥、发电、制冷、采暖等领域，而且在不远的将来，太阳能灯、太阳能电池、太阳能汽车、太阳能电视、太阳能房屋等太阳能用品，也会渐渐走进人们的生活。

太阳能是一种辐射能，具有即时性，必须即时转换成其他形式能量才能利用和贮存。将太阳能转换成不同形式的能量需要不同的能量转换器，集热器通过吸收面可以将太阳能转换成热能，利用光伏效应太阳电池可以将太阳能转换成电能，通过光合作用植物可以将太阳能转换成生物质能等。原则上，太阳能可以直接或间接转换成任何形式的能量，但转换次数越多，最终太阳能转换的效率便越低。

二、太阳能发电

利用太阳能发电的方法有三种：①利用光电池，直接将日光转换为电流。②利用集热板将水加热，产生蒸汽以推动汽轮机及发电机。③利用日光将水分解成氢与氧两种气体，再用氢作为发电的燃料。

上述三种方法均须有稳定的日照及广大的土地，例如要建一座发电量与秦山核电厂相当的太阳能电厂，则约需 $4.5\times10^6\ m^2$ 的土地，约为核电厂现址面积的 14 倍，而且还须保证这块土地有充足而稳定的日照。

电能是一种高品位能量，利用、传输和分配都比较方便。将太阳能转换为电能是大规模利用太阳能的重要技术基础，世界各国都十分重视，其转换途径很多，有光电直接转换，有光热电间接转换等。太阳电池是一种光电直接转换器件。世界上，1941 年出现有关硅太阳电池报道，1954 年研制成效率达 6% 的单晶硅太阳电池，1958 年太阳电池应用于卫星供电。在 20 世纪 70 年代以前，由于太阳电池效率低，售价昂贵，主要应用在空间。20 世纪 70 年代以后，对太阳电池材料、结构和工艺进行了广泛研究，在提高效率和降低成本方面取得较大进展，地面应用规模逐渐扩大，但从大规模利用太阳能而言，与常规发电相比，成本仍然太高。

目前，世界上太阳电池的实验室效率最高水平为：单晶硅电池 24%（$4cm^2$），多晶硅电池 18.6%（$4cm^2$），InGaP/GaAs 双结电池 30.28%（AM1），非晶硅电池 14.5%（初始）、12.8%（稳定），碲化镉电池 15.8%，硅带电池 14.6%，二氧化钛有机纳米电池 10.96%。

我国于 1958 年开始太阳电池的研究，50 多年来取得不少成果。到 2013 年，我国太阳电池的实验室效率最高水平为：单晶硅电池 20.4%（$2cm\times2cm$），多晶硅电池 14.5%（$2cm\times2cm$）、12%（$10cm\times10cm$），GaAs 电池 20.1%（$1cm\times1cm$），GaAs/Ge 电池 19.5%（AM0），CulnSe 电池 9%（$1cm\times1cm$），多晶硅薄膜电池 13.6%（$1cm\times1cm$，非活性硅衬底），非晶硅电池 8.6%（$10cm\times10cm$）、7.9%（$20cm\times20cm$）、6.2%（$30cm\times30cm$），二氧化钛纳米有机电池 10%（$1cm\times1cm$）。

太阳能发电系统如图 2-8 所示由太阳能电池组、太阳能控制器、蓄电池（组）组成。输出电源为交流 220V，需要配置逆变器。

太阳能光伏电池板：太阳能电池板是太阳能发电系统中的核心部分，也是太阳能发电系统中价值最高的部分。其作用是将太阳的辐射能力转换为电能，或送往蓄电池中存储起来，或推动负载工作。太阳能电池主要使用单晶硅为材料。用单晶硅做成类似二极管中的 P-N 结。工作原理和二极管类似。只不过在二极管中，推动 P-N 结空穴和电子运动的是外部电场，而在太阳能电池中推动和影响 P-N 结空穴和电子运动的是太阳光子和光辐射热。也就是通常所说的光生伏特效应原理。

晶体硅 N/P 型太阳电池的工作原理：当 P 型半导体与 N 型半导体紧密结合连成一块时，在两者的交界面处就形成 P-N 结。当光电池被太阳光照射时，在 P-N 结两侧形成了正、负电

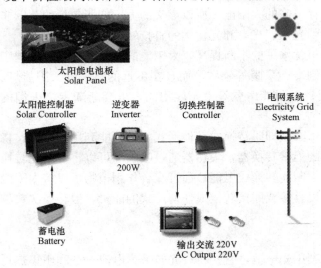

图 2-8　太阳能发电系统

荷的积累，产生了光生电压，形成了内建电场，这就是"光生伏特效应"。从理论上讲，此时，若在内建电场的两侧面引出电极并接上适当负载，就会形成电流，负载上就会得到功率。太阳能电池组件就是利用半导体材料的电子学特性实现 P—V 转换的固体装置。

美国纳米太阳能公司研发出一种超低成本太阳能电池。这种太阳能电池电池板竟然是由最便宜的塑料制成的。2013 年初，该公司正式推出了一套拥有 10 亿 W 吞吐量的太阳能电池生产设备。单一设备拥有十亿瓦吞吐量，这在工业领域中当属首例。和越来越多欧洲消费者安装在自家屋顶上发电的太阳能电池不同，这种新式电池可像印刷报纸一样"印"在铝箔上，弹性好，重量轻。纳米太阳能公司预计，用这种电池板发电能像用煤发电一样便宜。

太阳能控制器：太阳能控制器的作用是控制整个系统的工作状态，并对蓄电池起到过充电保护、过放电保护的作用。在温差较大的地方，合格的控制器还应具备温度补偿的功能。其他附加功能如光控开关、时控开关都应当是控制器的可选项。

蓄电池：一般为铅酸电池，小微型系统中，也可用镍氢电池、镍镉电池或锂电池。其作用是在有光照时将太阳能电池板所发出的电能储存起来，到需要的时候再释放出来。

逆变器：太阳能的直接输出一般都是 12V DC、24V DC、48V DC。为能向 220V AC 的电器提供电能，需要将太阳能发电系统所发出的直流电能转换成交流电能，因此需要使用 DC-AC 逆变器。

2008 年，出现了一种通过传统手段利用太阳热能进行发电的新技术。该技术采用阳光反射镜将液体转化为蒸气，蒸气带动涡轮机进行发电。包括光明资源（Bright Source）等多家能源公司纷纷开始采用这种技术，并建起了实验发电厂。美国谷歌公司 2008 年 5 月宣布将向光明资源公司投资 1000 万美元，这项投资是通过谷歌非营利组织 Google. org 进行的。对光明资源公司的投资是谷歌在太阳能领域的第二次投资。光明资源公司的赢利能力来源于其在加州莫哈韦沙漠腹地建设的太阳能发电厂，该发电厂年发电量可以达到 900MW。

另外，太阳能微风发电是利用大自然提供的太阳光能和风力资源进行全自动全天候的"互补"储存发电。太阳能微风发电机设计新颖科学，采用反射形半球风叶水平定向旋转发电，与世界传统离网风力发电机相比，具有风叶启动转矩小、风动力大、效率高、抗强能力好等优点。太阳能微风发电机适用于无电网地区小型工农业生产、广播通信、石油开采、地质勘探、农业排灌、野外旅游、边防哨所、海岛驻守、海上运输、海上航标、公路信号、公路路灯、草原游牧、乡村别墅、居家生活等理想洁净的再生能源。

三、太阳能的转换

黑色吸收面吸收太阳辐射，可以将太阳能转换成热能，其吸收性能好，但辐射热损失大，所以黑色吸收面不是理想的太阳能吸收面。选择性吸收面具有高的太阳吸收比和低的发射比，吸收太阳辐射的性能好，且辐射热损失小，是比较理想的太阳能吸收面。这种吸收面由选择性吸收材料制成，简称为选择性涂层。它是在 20 世纪 40 年代提出的，1955 年达到实用要求，70 年代以后研制成许多新型选择性涂层并进行批量生产和推广应用，目前已研制成上百种选择性涂层。我国自 70 年代开始研制选择性涂层，取得了许多成果，并在太阳集热器上广泛使用，效果十分显著。太阳能—热能转换如图 2-9 所示。

氢能是一种高品位能源。太阳能可以通过分解水或其他途径转换成氢能，即太阳能制氢，其主要方法如下：

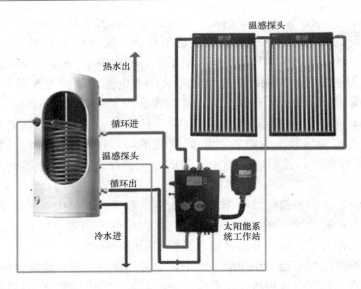

图 2-9　太阳能—热能转换

（1）太阳能电解水制氢。电解水制氢是目前应用较广且比较成熟的方法，效率较高（75%～85%），但耗电大，用常规电制氢，从能量利用而言得不偿失。所以，只有当太阳能发电的成本大幅度下降后，才能实现大规模电解水制氢。

（2）太阳能热分解水制氢。将水或水蒸气加热到 3000K 以上，水中的氢和氧便能分解。这种方法制氢效率高，但需要高倍聚光器才能获得如此高的温度，一般不采用这种方法制氢。

（3）太阳能热化学循环制氢。为了降低太阳能直接热分解水制氢要求的高温，发展了一种热化学循环制氢方法，即在水中加入一种或几种中间物，然后加热到较低温度，经历不同的反应阶段，最终将水分解成氢和氧，而中间物不消耗，可循环使用。热化学循环分解的温度大致为 900～1200K，这是普通旋转抛物面镜聚光器比较容易达到的温度，其分解水的效率在 17.5%～75.5%。存在的主要问题是中间物的还原，即使按 99.9%～99.99% 还原，也还要作 0.1%～0.01% 的补充，这将影响氢的价格，并造成环境污染。

（4）太阳能光化学分解水制氢。这一制氢过程与上述热化学循环制氢有相似之处，在水中添加某种光敏物质作催化剂，增加对阳光中长 波光能的吸收，利用光化学反应制氢。日本有人利用碘对光的敏感性，设计了一套包括光化学、热电反应的综 合制氢流程，每小时可产氢97L，效率达 10% 左右。

（5）太阳能光电化学电池分解水制氢。1972 年，日本本多健一等人利用 N 型二氧化钛半导体电极作阳极，而以铂黑作阴极，制成太阳能光电化学电池，在太阳光照射下，阴极产生氢气，阳极产生氧气，两电极用导线连接便有电流通过，即光电化学电池在太阳光的照射下同时实现了分解水制氢、制氧和获得电能。这一实验结果引起世界各国科学家高度重视，认为是太阳能技术上的一次突破。但是，光电化学电池制氢效率很低，仅 0.4%，只能吸收太阳光中的紫外光和近紫外光，且电极易受腐蚀，性能不稳定，所以至今尚未达到实用要求。

（6）太阳光络合催化分解水制氢。从 1972 年以来，科学家发现三联吡啶钌络合物的激发态具有电子转移能力，并从络合催化电荷转移反应，提出利用这一过程进行光解水制氢。这种络合物是一种催化剂，它的作用是吸收光能、产生电荷分离、电荷转移和集结，并通过一系列偶联过程，最终使水分解为氢和氧。络合催化分解水制氢尚不成熟，研究工作正在继续进行。

（7）生物光合作用制氢。40多年前发现绿藻在无氧条件下，经太阳光照射可以放出氢气；十多年前又发现，蓝绿藻等许多藻类在无氧环境中适应一段时间，在一定条件下都有光合放氢作用。目前，由于对光合作用和藻类放氢机理了解还不够，藻类放氢的效率很低，要实现工程化产氢还有相当大的距离。据估计，如藻类光合作用产氢效率提高到 10%，则每天每平方米藻类可产氢 4.5mol，用 5 万 km^2 接受的太阳能，通过光合放氢工程即可满足美国的全部燃料需要。

通过植物的光合作用，太阳能把二氧化碳和水合成有机物（生物质能）并放出氧气。光合作用是地球上最大规模转换太阳能的过程，现代人类所用燃料是远古和当今光合作用固定的太阳能，目前，光合作用机理尚不完全清楚，能量转换效率一般只有百分之几，今后对其机理的研究具有重大的理论意义和实际意义。

太阳能量转换在宇宙探索中也获得广泛应用。20 世纪初，俄国物理学家实验证明光具有压力。20 年代，前苏联物理学家提出，利用在宇宙空间中巨大的太阳帆，在阳光的压力作用下可推动宇宙飞船前进，将太阳能直接转换成机械能。科学家估计，在未来 10～20 年内，太阳帆设想可以实现。通常，太阳能转换为机械能，需要通过中间过程进行间接转换。太阳帆靠阳光漫游太空，不携带燃料并一直加速，是目前唯一可能乘载人类到达太阳系外星系的航天器。

太阳帆是利用太阳光的光压进行宇宙航行的一种航天器。由于这种推力很小，所以不能让航天器从地面起飞，但在没有空气阻力存在的太空，这种小小的推力仍然能为有足够帆面面积的太阳帆提供（$10^{-4} \sim 10^{-2}$）g 左右的加速度。如先用火箭把太阳帆送入低轨道，则凭借太阳光压的加速，它可以从低轨道升到高轨道，甚至加速到第二、第三宇宙速度，飞离地球，飞离太阳系。如果帆面直径为 300m，可把 0.5t 质量的航天器在 200 多天内送到火星；如果直径达到 2000m，可使 5t 质量的航天器飞出太阳系。

我们之所以在炎炎的夏日下也感觉不到任何阳光的压力，是因为它实在微小，1km^2 面积上的阳光压力总共才 9N。但太空中运行的航天器处于失重状态，又无空气阻力，所以轻微的推力（太阳光的压力）就可以让它加速，"宇宙一号"靠的就是它的光帆——非常轻而薄的聚酯薄膜，它们坚硬异常，表面上涂满了反射物质，使得它的反光性极佳，当太阳光照射到帆板上后，帆板将反射出光子，而光子也会对光帆产生反作用力，推动飞船前行。因此，光帆的直径越大，获得的推力也越大，速度也将越快，改变帆板与太阳的倾角可以对速度进行调整。

而且，阳光的好处是不会枯竭，同火箭和航天飞机迅速消耗完的燃料相比，太阳光是无限的动力之源，只要有阳光存在的地方，它会始终推动飞船前进，光帆将以约 1mm/s 的速度加速移动。如果把它当作真正的宇宙飞行器使用，那么它在展开光帆 1 天后，按理论计算，它的时速将增加到 160km，100 天后飞船的时速将达到 16 000km，如果它能持续飞行 3 年，速度会被提升到每小时 16 万 km，这是人类任何飞行器都没有达到过的速度，相当于人类的宇宙探测先驱"旅行者"号探测器飞行速度的 3 倍。

　　长期以来，人们一直都渴望着能够摆脱对火箭的单一依赖，找到新的动力方式，实现人类遨游太空的梦想，其中之一就是制造太阳帆利用太阳能来进行太空航行。2004 年的 8 月，日本人研制的太阳帆升空并进行了 170km 高的短暂亚轨道实验，打开了两个长约 10m 的树脂薄膜帆板，检验了光帆展开的可行性，之后火箭和光帆坠入大海。美国航宇局目前也在进行太阳帆飞船的研究，并为选择太阳帆的制造材料进行了大量测试工作，还探讨了如何发射以及太阳帆在太空怎样展开等问题。美国预计 2010 年成行的太阳帆飞船将历经 15 年以上的航程，飞行 37 亿 km 直到太阳系边缘。

　　"宇宙一号"的飞行仍然是实验性的，科学家们认为，"太阳帆"飞船可能是人类星际旅行的唯一希望，因为以太阳光作为动力，可减少宇宙飞船携带的大量燃料，增加其机动性范围，使其在太空停留更长的时间，而且只要有阳光存在的地方，它就会不断获得动力加速飞行。太阳帆代表了人类未来太空飞行的技术，如果试验能够成功，它将为开发新型宇宙发动机方向迈出重要一步，可以相信，人类未来完全可以利用太阳帆从事深空探索，并给人类的太空旅行带来一场新的革命。因此，"宇宙一号"的命运不仅关系到未来星际航行中能源系统的建设，也将关系到人们对研制开发太阳帆的态度。

　　世界上第一艘太阳帆宇宙飞船于英国夏令时 2005 年 6 月 21 日 20 时 46 分（北京时间 22 日 4 时 46 分）发射升空，但发射约 20min 后地面控制站突然接收到混乱信号，此后就与飞船失去了联系。

　　瑞士科学家托马斯-辛德玲提议建设一种"太阳能岛"。这种小岛一般有几平方千米大小，每个"太阳能岛"可以生产数百兆瓦电量。目前，托马斯所在的公司瑞士电子与微技术中心已经获得阿联酋 500 万美元的资金投入，双方开始合作建设一个原型设施。瑞士电力中心三年前就已经开始与阿联酋合作，这里是太阳能技术的最大潜在市场，所以瑞士决定积极开展这里的太阳能事业。目前面临的最大问题是这个人造岛屿的构造，怎样让这个人造悬岛适应强风的问题还有待解决。而阿联酋在很多方面都能够满足上述这些必需的前提条件，这也是为什么该国政府承担了这一项目的大部分开销的一大原因。

第四节　风　　能

一、风能

　　风是地球上的一种自然现象，是地球表面大量空气流动所产生的动能，它是由太阳辐射热引起的。太阳照射到地球表面，由于地面各处受太阳辐照后气温变化不同和空气中水蒸气的含量不同，因而引起各地气压的差异，在水平方向高压空气向低压地区流动，即形成风。据估计到达地球的太阳能中只有大约 2% 转化为风能。全球的风能约为 2.74×10^9 MW，其中可利用的风能为 2×10^7 MW，比地球上可开发利用的水能总量还要大 10 倍。风能资源决定于风能密度和可利用的风能年累积小时数。风能密度是单位迎风面积可获得的风的功率，与风速的三次方和空气密度成正比关系。据估算，全世界的风能总量约 1300 亿 kW，中国的风能总量约 16 亿 kW。

　　风能就是空气流动所产生的动能。大风所具有的能量是很大的。风速 9～10m/s 的 5 级风，吹到物体表面上的力，约有 $100N/m^2$。风速 20m/s 的 9 级风，吹到物体表面上的力，可达 $500N/m^2$ 左右。台风的风速可达 50～60m/s，它对每平方米物体表面上的压力，竟可高达 2000N 以上。汹涌澎湃的海浪，是被风激起的，它对海岸的冲击力是相当大的，有时可达 $20\sim30t/m^2$ 的压力，最大时甚至可达 $60t/m^2$ 左右的压力。

风不仅能量是很大的，而且它在自然界中所起的作用也是很大的。它可使山岩发生侵蚀，造成沙漠，形成风海流，它还可在地面作输送水分的工作，水汽主要是由强大的空气流输送的，从而影响气候，造成雨季和旱季。专家们估计，风中含有的能量，比人类迄今为止所能控制的能量高得多。全世界每年燃烧煤炭得到的能量，还不到风力在同一时间内所提供给我们的能量的 1%。可见，风能是地球上重要的能源之一。

在自然界中，风是一种可再生、无污染而且储量巨大的能源。随着全球气候变暖和能源危机，各国都在加紧对风力的开发和利用，尽量减少 CO_2 等温室气体的排放，保护我们赖以生存的地球。合理利用风能，既可减少环境污染，又可减轻越来越大的能源短缺的压力。自然界中的风能资源是极其巨大的。据世界气象组织估计，整个地球上可以利用的风能为 2×10^7MW。为地球上可资利用的水能总量的 10 倍。

风能资源受地形的影响较大，世界风能资源多集中在沿海和开阔大陆的收缩地带，如美国的加利福尼亚州沿岸和北欧一些国家，中国的东南沿海、内蒙古、新疆和甘肃一带风能资源也很丰富。中国东南沿海及附近岛屿的风能密度可达 $300W/m^2$ 以上，$3\sim20m/s$ 风速年累计超过 6000h。内陆风能资源最好的区域，沿内蒙古至新疆一带，风能密度也在 $200\sim300W/m^2$，$3\sim20m/s$ 风速年累计 $5000\sim6000h$。这些地区适于发展风力发电和风力提水。风能的利用主要是以风能作动力和风力发电两种形式，其中又以风力发电为主，新疆达坂城风力发电站 1992 年已装机 5500kW，是中国最大的风力电站。

利用风力发电，以丹麦应用最早，而且使用较普遍。丹麦虽只有 500 多万人口，却是世界风能发电大国和发电风轮生产大国，世界 10 大风轮生产厂家有 5 家在丹麦，世界 60% 以上的风轮制造厂都在使用丹麦的技术，是名副其实的"风车大国"。截止到 2006 年底，世界风力发电总量居前 3 位的分别是德国、西班牙和美国，三国的风力发电总量占全球风力发电总量的 60%。

1989 年，接受丹麦政府赠款，建成了当时亚洲最大的大型风力发电场——达坂城风电一场；1996 年利用德国政府"黄金计划"援助进行风电场扩建，在国内首次引进了单机容量最大的 TACK 600kW 风机，同时，研制成功了农牧家庭使用的户用微型 150W 风力发电机组和风光互补系统，并投入批量生产；1996 年承担设计、选址、引进设备、安装调试全过程的新疆第三座风电场——布尔津风电场成功运行投产。

四大优点是：①蕴量巨大；②可以再生；③分布广泛；④没有污染。

三大弱点是：①密度低；②不稳定；③地区差异大。

二、风能发电

人类利用风能的历史可以追溯到公元前，但数千年来，风能技术发展缓慢，没有引起人们足够的重视。但自 1973 年世界石油危机以来，在常规能源告急和全球生态环境恶化的双重压力下，风能作为新能源的一部分才重新有了长足的发展。风能作为一种无污染和可再生的新能源有着巨大的发展潜力，特别是对沿海岛屿，交通不便的边远山区，地广人稀的草原牧场，以及远离电网和近期内电网还难以达到的农村、边疆，作为解决生产和生活能源的一种可靠途径，有着十分重要的意义。即使在发达国家，风能作为一种高效清洁的新能源也日益受到重视。

　　早期的风轮主要用于灌溉和碾磨。垂直轴式转子，转轴与风向成垂直。此型的优点为设计较简单，因为其不必随风向改变而转动调整方向；但系统无法抽取大量风能，需要大量材料是其缺点。此型有桶形转子和打蛋形转子等。桶形转子是采用 S 型轮页，且大多为阻力型。轮页的旋转是依赖作用于顺风和逆风页片部分的阻力差。

　　水平轴式转子转动轴与风向平行。若依轮页受力可分成升力（或阻力）型；若依页数则单页、双页、三页或多页型；若依风向，则有逆风和顺风型，逆风型转子即页片正对着风向。大部分水平轴式风力轮页会随风向变化而调整位置。

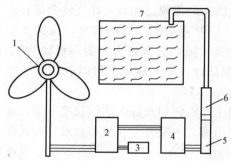

图 2-10　风力提水机
1—风力发电机组；2—脉宽调制控制器；
3—卸荷器；4—变频逆变器；5—直流
无刷电动机；6—水泵；7—蓄水池

　　以风能作动力，就是利用风来直接带动各种机械装置，如带动水泵提水等。这种风力发动机的优点是投资少、工效高、经济耐用。目前，世界上约有 100 多万台风力提水机在运转。澳大利亚的许多牧场，都设有这种风力提水机，如图 2-10 所示。在很多风力资源丰富的国家，科学家们还利用风力发动机铡草、磨面和加工饲料等。

　　风轮与连杆偏心连接，构成"曲柄连杆机构"（就是缝纫机的踏板机构），该机构的作用是把风轮的单方向转动变换成活塞的上下往复移动。随着活塞的上移，泵腔的容积增大，于是腔内水压会低于腔外（井水）水压，所以井水会自动关闭单向排水阀而推开单向进水阀进入泵腔；而当活塞下行时，泵腔的容积缩小，腔内水压就会高于腔外（井水）水压，所以井水会自动关闭单向进水阀而推开单向排水阀从排水管排出井口。只要风轮不停止转动，井水就源源不断压（提）出地面。

　　风力提水的正确应用形式是风力机＋水泵＋蓄水池。风力机工作所需风速为 3～20m/s（3m/s 是指 2～3 级风，能吹动旗帜展开或吹得树叶和小树枝摇动不止）。可选水泵提水深度的范围 15～120m，流量范围 0.6～3.8t/h。

　　提水风车采用的是低转速风轮，天生不会转得飞快而且很结实，所以甩落风叶的可能性极小，倒是水泵本身以及泵与风轮相连接的部位相对易出故障。风力提水机出水量的稳定性受风速、风向 的变化是否稳定的影响，也受水井涌水量是否充足的影响。

　　（一）风力发电原理

　　风力发电是利用风力带动风车叶片旋转，再通过增速机将旋转的速度提升，来促使发电机发电。依据目前的风车技术，大约是每秒三公尺的微风速度（微风的程度），便可以开始发电。风力发电没有燃料问题，也不会产生辐射或空气污染。风力发电机的输出功率极不稳定。风力发电机发出的电能一般不能直接使用，先要储存起来。目前风力发电机用的蓄电池多为铅酸蓄电池。

　　1. 风力发电机的结构及参数

　　风力发电机一般由风轮、发电机（包括装置）、调向器（尾翼）、塔架、限速安全机构和储能装置等构件组成如图 2-11 所示。

　　限速安全机构是用来保证风力发电机运行安全的。限速安全机构的设置可以使风力发电机风轮的转速在一定的风速范围内保持基本不变。

塔架：风力发电机的塔架载有机舱及转子。风力发电机的输出功率与风速的大小有关，通常高的塔具有优势，因为离地面越高，风速越大。现代 600kW 风汽轮机的塔高为 40～60m。它可以为管状的塔，也可以是格子状的塔，为桁架结构。管状的塔对于维修人员更为安全，因为他们可以通过内部的梯子到达塔顶。格状塔的优点在于它比较便宜。

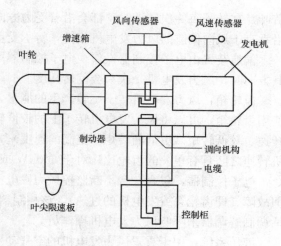

图 2-11 风力发电机结构

机舱：包容着风力发电机的关键设备，包括齿轮箱、发电机。维护人员可以通过风力发电机塔进入机舱。机舱左端是风力发电机转子，即转子叶片及轴。

转子叶片：捉获风，并将风力传送到转子轴心。转子叶片最远端部分的横切面通常被设计得类似于传统飞机的机翼，但叶片内端的厚轮廓，是专为风力发电机设计的。转子叶片轮廓选择涉及很多方面，如可靠的运转与延时特性。叶片的轮廓设计要保证即使在其表面有污垢时，叶片也能良好运转。现代 600kW 风力发电机上，每个转子叶片的测量长度大约为 20m。碳纤维或芳族聚酰胺作为强化材料是可用于制造转子叶片，但大型风力发电机上转子叶片一般采用玻璃纤维强化塑料（GRP）。钢及铝合金因重量及金属疲劳等问题，目前只用于小型风力机发电机。木材、环氧木材或环氧木纤维合成物在转子叶片应用研究上有一定进展，但还没有实际产品。

轴心：转子轴心附着在风力发电机的低速轴上。

低速轴：风力发电机的低速轴将转子轴心与齿轮箱连接在一起。在现代 600kW 风力发电机上，转子转速相当慢，大约为 19～30r/min。轴中有用于液压系统的导管，来激发空气动力闸的运行。

高速轴及其机械闸：高速轴以 1500r/min 运转，并驱动发电机。它装备有紧急机械闸，以防空气动力闸失效，或风力发电机需要维修。

发电机：通常被称为感应电机或异步发电机。在现代风力发电机上，最大电力输出通常为 500～1500kW。

输出电压：大型风力发电机（100～150kW）通常产生 690V 的三相交流电。然后电流通过风力发电机旁的变压器（或在塔内），电压被提高 1 万～3 万 V，这取决于当地电网的标准。大型制造商可以提供 50Hz 风电机类型（用于世界大部分的电网），或 60Hz 类型（用于美国电网）。

偏航装置：由环绕外沿的偏航轴承，及内部偏航电动机及偏航闸的轮子组成，作用是借助电动机转动机舱，使转子正对着风。

当转子不垂直于风向时，风力机发电机存在偏航误差。偏航误差意味着，风中的能量只有很少一部分可以在转子区域流动。如果只发生这种情况，偏航控制将是控制偏航电动机转子电力输入的极佳方式。然而，转子靠近风源的部分受到的力比其他部分要大。一方面，这意味着转子倾向于自动对着风偏转，逆风或顺风的转子都存在这种情况；另一方面，这意味着叶片在转子每一次转动时，都会沿着受力方向前后弯曲。存在偏航误差的风力发电机，与沿垂直于风向偏航的风力发电机相比，将承受更大的疲劳负载。

偏航装置由电子控制器操作，电子控制器可以通过风向标来感觉风向。通常，在风改变其方向时，风力发电机一次只会偏转几度。

齿轮箱：风力发电机转子旋转产生的能量，通过主轴、齿轮箱及高速轴传送到发电机。使用齿轮箱，可以将风力发电机转子上的较低转速、较高转矩，转换为用于发电机上的较高转速、较低转矩（更低的转矩，更高的速度）。风力发电机上的齿轮箱，通常在转子及发电机转速之间具有单一的齿轮比。对于 600kW 或 750kW 机器，齿轮比大约为1：50。

电子控制器：包含一台不断监控风力发电机状态的计算机，并控制偏航装置。为防止任何故障（即齿轮箱或发电机的过热），该控制器可以自动停止风力发电机的转动，并通过电话调制解调器来呼叫风力发电机操作员。

液压系统：用于重置风力发电机的空气动力闸。

冷却系统：发电机在运转时需要冷却。在大部分风力发电机上，发电机被放置在管内，并使用大型风扇进行气冷；另有一部分采用水冷。水冷发电机更加小巧，而且电效率高，但这种方式需要在机舱内设置散热器，来消除液体冷却系统产生的热量。此外，它包还含一个油冷却元件，用于冷却齿轮箱内的油。

起动及停止发电机：对于大型风力发电机，为了避免损毁发电机、齿轮箱及邻近电网，不能简单地用普通开关将其与电网连接或断开。

电缆扭曲计数器：电缆用来将电流从风力发电机运载到塔下。但是当风力发电机偶然沿一个方向偏转太长时间时，电缆将越来越扭曲。因此风力发电机配备有电缆扭曲计数器，用于提醒操作员应该将电缆解开了。类似于所有风力发电机上的安全机构，系统具有冗余。风力发电机还会配备有拉动开关，在电缆扭曲太厉害时被激发。

2. 几种常用风力发电方式

异步发电是简单又便宜的发电方式。目前世界上大中型风力发电场中的发电机大都采用的是异步发电机。异步发电机在市场上种类较多，结构简单，易于并网，可以直接从电网得到励磁。它的功率随旋转磁场与转子之间的负转差提高而增加，额定功率增加，额定转差变小，在并网时较同步机的特性更硬、更接近。异步发电机组的控制原理图如图 2-12 所示。

同步发电机组可以用于单独的电网，不需要新的励磁。此种发电机可以工作在起动转矩大、频繁起动及换向的场合，并且通过与电力电子功率变频器连接可以实现变速操作，因此适用于风力发电系统。此种风力发电机组具有很多优点，如噪声低、电网电压闪变小及功率因数高等。同步发电机组的控制原理图如图 2-13 所示。

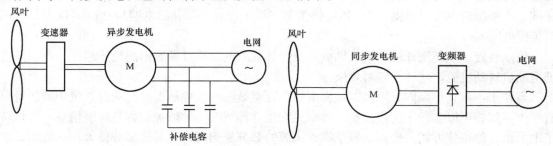

图 2-12　异步发电机控制原理图　　　　　　图 2-13　同步发电机组的控制原理图

由于双馈电机在运行上具有很多优点，展现了其广阔的应用前景。因此，近年来，世界各国对双馈电机无论是作为电动机还是作为发电机运行都进行了大量的研究，并逐步在工业上得到应用。发电机的定子绕组直接与电网相连，其转子与功率变频器相连，而变频器的另一端也是与电网相连。功率绕组、控制绕组以及发电机转子的频率相互依赖，通过使用小功率的变频装置并将转差频率的电流或者电压加到控制绕组中来实现发电机功率的恒频输出；另外可以实现发电机有功、无功功率的独立调节，只要改变励磁电流的幅值和相位即可。双馈风力发电机组控制原理图如图 2-14 所示。

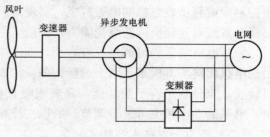

图 2-14　双馈风力发电机组控制原理图

并网型发异步发电机可分为两类：

（1）恒速恒频发电系统。恒速运行的风力发电机转速不变，而风速经常变化，因此叶尖速比不可能经常保持在最佳值，CP 值往往与最大值相差很大，使风力发电机常常运行于低效状态。

（2）变速恒频发电系统。保持一个恒定的最佳叶尖速比，使风力发电机的风能利用系数 CP 保持最大值不变，风力发电机组输出最大的功率，最大限度的利用风能，提高了风力发电机的运行效率。变速恒频双馈风力发电原理图如图 2-15 所示。

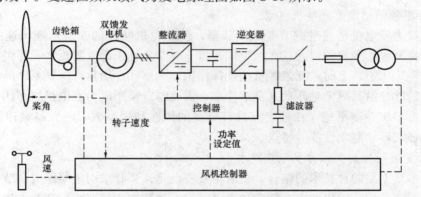

图 2-15　变速恒频双馈风力发电原理图

从理论上讲，该技术是目前最好的调节方式，它能使输出功率在低于额定功率时效率达到最高。这种技术最早出现在 20 世纪 40 年代，但当时受控制技术及电力电子器件水平的限制没能够得到很好的发展，到了 20 世纪 80 年代，苏联和日本已经有该技术的发电机投入运行，由于该技术的相关设备昂贵，很少被采用，只有在德国大量应用。

双馈型异步发电机的交流励磁变速恒频风力发电系统。该系统采用转子交流励磁的双馈型异步发电机，双馈型异步发电机的定子并到电网上，转子通过励磁变换器和进线电抗器与电网相连。双馈型异步发电机对转子侧励磁变换器的主要要求是输入、输出特性好，功率可以双向流动。

自 90 年代开始，国外新建的大型风力发电系统大多采用变速恒频方式，特别是 MW 级以上大容量风电系统，因为此时最大限度捕获风能、提高发电效率的意义十分重要。为了达到变速控制的要求，变速风力发电机组通常包含变速发电机、整流器、逆变器和变桨距机构。变速恒频发电目前主要采用双馈异步发电机。在低于额定风速时，通过整流器及逆变器来控制双馈异步发电机的电磁转矩，实现对风力发电机的转速控制。在高于额定风速时，考虑传动系统对变化负荷的承受能力，一般采用节距调节的方法将多余的能量除去。

同步电机励磁的可调量只有一个，即电流的幅值，一般只能对无功功率进行调节。交流励磁电机比同步电机多了两个调量，即：①改变励磁频率：通过快速控制励磁频率来改变电机转速，充分利用转子的动能，释放或吸收负荷，对电网扰动远比常规电机小。②改变相位：电机的功率角也可进行调节。所以交流励磁不仅可调节无功功率，也可调节有功功率。

（二）风力发电技术和特点

风力发电机控制技术主要有如下几种：

1. 定桨距失速控制型风力发电机技术

它的基本原理是利用桨叶翼型本身的失速特性，即风速高于额定风速时，气流的功角增大到失速条件，使桨叶表面产生涡流，降低效率，从而达到限制功率的目的；其优点是调节可靠，控制简单，缺点是桨叶等主部件受力大，输出功率随风速的变化而变化。难以保证在额定风速之前 CP 最大。通常设计有两个不同功率、不同极对数的异步发电机。大功率高转速的发电机工作于高风速区，小功率低转速的发电机工作于低风速区，由此来调整 λ，追求最佳 CP。实际上难以做到功率恒定，通常有些下降。主要应用在几百千瓦的中小型风力发电机组上。

2. 变桨距控制型风力发电机技术

变桨距风力发电机是通过调节变距调节器，使风轮机叶片的安装角随风速的变化而变化，以达到控制风能吸收的目的；在额定风速以下时功角处于零度附近，可看作等同于定桨距风机。在额定风速以上时，变桨距机构发挥作用，调整叶片功角，保证 CP 最大。变桨距风力发电机的叶片沿其纵向轴转动来调节功率，因此与定桨距风力发电机组相比，具有在额定功率点以上输出功率平稳，在额定点具有较高的风能利用系数，确保高风速段的额定功率，具有更强的转轮制动性能等特点。

3. 主动定桨距控制型风力发电机技术

这种技术是上面两种技术的结合，它的主要特点是：桨叶采用定桨距失调节型，调节系统采用变桨距调节型。输出功率在额定功率以下时，调节方式与变桨距调节方式相同，输出功率在额定功率以上时，调节方式与定桨距调节方式相同。它的主要优点是输出功率变动小且比较平稳。

（三）光伏风力发电系统

1. 光伏风力发电系统的分类

（1）根据提供电力的种类可分为直流供电系统、交流供电系统和交直流供电系统三类。

（2）按照系统组成或能源获得途径来分，可分为光伏供电系统、风力发电供电系统、风光互补供电系统、风光柴蓄系统。

（3）根据系统的运行模式不同，可分为独立运行发电系统（离网系统）和并网发电系统。

2. 光伏风力发电系统的特点

（1）不必拉设电线，不必挖开马路，安装使用方便。

（2）独立系统一次性投资，可保证 20 年不间断供电（蓄电池一般为 5 年需更换）。

（3）免维护，无任何污染。

（4）并网系统可省去蓄电池组，直接并入电网。

三、风力发电的展望

风力发电逐渐走进居民住宅。在英国，迎风缓缓转动叶片的微型风能电机正在成为一种新景观。家庭安装微型风能发电设备，不但可以为生活提供电力，节约开支，还有利于环境保护。

我国位于亚洲大陆东部，濒临太平洋，季风强盛，内陆还有许多山系，地形复杂，加之青藏高原耸立我国西部，改变了海陆影响所引起的气压分布和大气环流，增加了我国季风的复杂性。

我国风能潜力的估算如下：

风能理论可开发总量为 R，全国为 32.26 亿 kW，实际可开发利用量 R'，按总量的 1/10 估计，并考虑到风叶实际扫掠面积为计算气流正方形面积的 0.785 倍（1m 直径风叶面积为 $0.52\pi = 0.785 m^2$），故实际可开发量为：$R' = 0.785R/10 = 2.53$（亿 kW）。

2008 年新增 630 万 kW（6.3GW），较 2007 增长 91%。累计 1221 万 kW。确定六个 10GW 风电基地：新疆、内蒙古、甘肃、河北、江苏、宁夏。2020 年安装容量超过 100GW，年发电量 200TW·h。

第五节　其他形式能源技术

一、生物质能

生物质能即指由太阳能转化并以化学能形式贮藏在生物质中的能量。生物质本质上是由绿色植物和光合细菌等自养生物吸收光能，通过光合作用把水和二氧化碳转化成糖类而形成。一般说，绿色植物只吸收了照射到地球表面的辐射能的 0.5%～3.5%。即使如此，全部绿色植物每年所吸收的二氧化碳约 7×10^{11} t，合成有机物约 5×10^{11} t。因此生物质能是一种极为丰富的能量资源，也是太阳能的最好贮存方式。

按照资源类型，生物质能包括古生物化石能源、现代植物能源和生物有机质废弃物。古生物化石能源主要指煤、石油、天然气等。现代植物能源是指新生代以来进化产生的现代能源植物，通过燃烧，可提供大量的能量。自人类学会用火以来一直作为能源沿用至今。为了进一步提高能源的利用率，尽可能减少环境污染，常采用生物质气化、生物质液化等手段。另外，水生生物质资源比陆生的更为广泛，品种更为繁多，资源量更大。这些能量资源按加工层次又可区分为一次能源（如能源植物、农业废弃物）和二次能源（如生物热解气、沼气、生物炭等）。

生物质能是可再生能源，通常包括以下几个方面：一是木材及森林工业废弃物；二是农业废弃物；三是水生植物；四是油料植物；五是城市和工业有机废弃物；六是动物粪便。在世界能耗中，生物质能约占 14%，在不发达地区占 60% 以上。全世界约 25 亿人的生活能源的 90% 以上是生物质能。生物质能的优点是燃烧容易，污染少，灰分较低；缺点是热值及热效率低，体积大而不易运输。直接燃烧生物质的热效率仅为 10%～30%。

目前世界各国正逐步采用如下方法利用生物质能：

（1）热化学转换法，获得木炭、焦油和可燃气体等品位高的能源产品，该方法又按其热加工的方法不同，分为高温干馏、热解、生物质液化等方法。

（2）生物化学转换法，主要指生物质在微生物的发酵作用下，生成沼气、酒精等能源产品。

（3）利用油料植物所产生的生物油。

（4）把生物质压制成成型状燃料（如块型、棒型燃料），以便集中利用和提高热效率。

生物质能转化利用形式如图 2-16 所示。

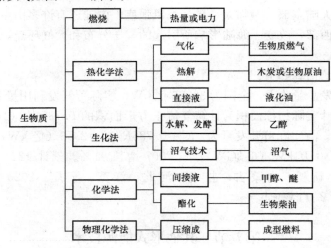

图 2-16　生物质能转化利用形式

生物质燃烧技术是传统的能源转化形式，是人类对能源的最早利用。生物质燃烧所产生的能源可应用于炊事、室内取暖、工业过程、区域供热、发电及热电联产等领域。炊事方式是最原始的利用方式，主要应用于农村地区，效率最低，一般在 15%～20% 左右。人们通过改进现有炉灶，以提高燃烧效率及热利用率。室内取暖主要应用于室内加温，此外还有装饰及调节室内气氛等作用。工业过程和区域供暖主要采用机械燃烧方式，适用于大规模生物质利用，效率较高；配以汽轮机、蒸汽机、燃气轮机或斯特林发动机等设备，可用于发电及热电联产。生物质燃料（秸秆、薪柴等）的燃烧是与空气中氧强烈放热的化学反应。反应总效果是光合总反应的逆过程，同时将化学能（被贮存的太阳能）转换为热能。

农业废弃物有巨大的能源潜力。如蔗渣曾用作制糖的燃料，现又用来发电。巴西的蔗渣发电厂能力达 300MW；夏威夷 15 家糖厂为当地提供了 10% 的电力；再如美国圣地亚哥牛粪发电站装机容量 16MW，燃烧牛粪 40t／h。垃圾中的有机质除分离制复合肥料外，20 世纪 90 年代初用于供热和发电的工厂全球已有 500 余座。生物质燃烧残余物还可进行利用，牛粪灰渣可用作肥料和污水处理剂；稻壳灰渣（含 SiO_2 等）可二次加热制水泥。

压缩成型是利用木质素充当黏合剂将农业和林业生产的废弃物压缩为成型燃料，提高其能源密度，是生物质预处理的一种方式。生物质压缩成型的设备一般分为螺旋挤压式、活塞冲压式和环模滚压成型。将松散的秸秆、树枝和木屑等农林废弃物挤压成固体燃料，能源密度相当于中等烟煤，可明显改善燃烧特性。生物质成型燃料应用在林业资源丰富的地区、木材加工业、农作物秸秆资源量大的区域和生产活性炭行业等。

以美国、瑞典和奥地利等国为例，生物能源的应用规模，分别占该国一次性能源消耗量的 4％、16％和 10％；在美国，生物能源发电的总装机容量已超过 1 万 MW，单机容量达 10～25MW；在欧美，针对一般居民家用的生物质颗粒燃料及配套的高效清洁燃烧取暖炉灶已非常普及。新型木质颗粒制粒生产系统对原料的湿度适应性强，湿度为 10％～35％时就可以成粒，所以大部分原料不需要干燥即可直接用于制粒。使用专用燃烧器燃用生物质颗粒产品可提高热效率 47％左右。

生物质成型是有条件的，它对原料的种类、粒度、含水率都有一定的要求。秸秆、麦秸等需进行适当的粉碎，几乎所有的物料都要进行干燥。为进一步提高成型燃料的使用价值，扩展应用领域，可进行碳化，所以生物质固化成型的工艺过程可表述为：原料 → 预处理 → 干燥→成型→碳化→木炭。成型是生物质固化技术的核心，成型的方式有多种，但目前使用最多的还是以螺杆为输送和压缩物料的连续挤出，其特点是成型燃料的密度大，表面质量好，最主要的是成型燃料碳化后所得木炭的质量好。

生物质气化发电机组规模以 60kW 的居多，现在应用较多的是 160～200kW 内燃机/发电机装置。国外以生物质燃气进行发电和供热有较快的发展，所有的发电机组基本上有三种类型：一是内燃机/发电机机组；二是汽轮机/发电机机组；三是燃气轮机/发电机机组。有的发电厂将前两者结合起来使用，有的则把后两者结合起来使用。比较这两种联合发电方式，后者前景较为广阔，尤其是大规模生产的情况下。

生物质发电包括生物质燃烧蒸汽发电、生物质混烧发电和生物质气化复合发电三种形式。

(1) 生物质燃烧蒸汽发电。生物质燃烧蒸汽发电是利用直接燃烧生物质所得到的蒸汽来进行发电的技术。美国以木材加工的废弃物质为燃料，英国则以养鸡厂的废弃物质（鸡粪和养鸡厂铺设地上的残留物质）为燃料开始了商业化的发电。另外，发达国家还以工厂所产生的甘蔗渣、黑液为燃料开始了蒸汽发电和 CHP（热电同时供给）。

(2) 生物质混烧发电。从短期的角度来看，对煤炭发电进行改良的煤炭、生物质的混烧（co-firing）发电是成本最低的生物质发电。对依靠微小煤炭粉的混烧进行改造的成本（设备费用）主要由燃料的处理、锅炉改造、控制等构成。按照单位生物质发电量进行推定计算，向混烧进行改造的成本（设备费用）大约在 145～190 美元/kW。另外，根据锅炉形式和现有设备的不同，也有报道认为混烧改造的成本大约在 50～700 美元/kW 的范围内。生物质热分解气化、微粉炭火力混烧设备的改造成本（设备费用）推定在 400～650 美元/kW。

(3) 生物质气化复合发电（BGCC）。生物质气化复合发电作为一项可以提高发电效率的新技术被非常看好。在 20 世纪 90 年代，瑞典就开始了气化复合发电实证工厂（5MWe）的建设，并进行了试运转。2002 年，英国的实证工厂（10MWe）也在试运转中。

液化是把固体状态的生物质经过一系列化学加工过程，使其转化成液体燃料（主要是指汽油、柴油、液化石油气等液体烃类产品，有时也包括甲醇、乙醇等醇类燃料）的清洁利用技术。根据化学加工过程的不同技术路线，液化可分为热分解法、直接液化法、水解发酵法和植物油脂化法，统称直接液化和间接液化。直接液化是把固体生物质在高压和一定温度下与氢气发生反应（加氢），直接转化为液体燃料的热化学反应过程。与热解相比，直接液化可以生产出物理稳定性和化学稳定性都更好的液体产品。

间接液化是指将生物质气化得到的合成气（CO＋H₂），经催化合成为液体燃料（甲醇或二甲醚等）。合成气是指由不同比例的 CO 和 H_2，组成的气体混合物。生产合成气的原料包括煤炭、石油、天然气、泥炭、木材、农作物秸秆及城市固体废物等。生物质间接液化主要有两个技术路线，一个是合成气→甲醇→汽油（MTG）的 Mobil 工艺，另一个是合成气费托（Fischer-Tropsch）合成。

生化法是依靠微生物或酶的作用，对生物质能进行生物转化，生产出如乙醇、氢、甲烷等液体或气体燃料。主要针对农业生产和加工过程产生的生物质，如农作物秸秆、畜禽粪便、生活污水、工业有机废水和其他农业废弃物等。酯化是指将植物油与甲醇或乙醇在催化剂和 230～250℃ 温度下进行酯化反应，生成生物柴油，并获得副产品——甘油。生物柴油可单独使用以替代柴油，又可以一定比例（2%～30%）与柴油混合使用。除了为公共交通车、卡车等柴油机车提供替代燃料外，又可为海洋运输业、采矿业、发电厂等具有非移动式内燃机行业提供燃料。

二、潮汐能

海洋，凡在海边上生活过的人都知道，海水时进时退，海面时涨时落。海水的这种自然涨落现象就是人们常说的潮汐。潮汐是海洋水体在太阳、月亮引力的作用下所做的振荡运动。我们把海面周期性的涨落叫潮汐，海水周期性的水平流动称为潮流，潮流与海流不同之处就在于潮流具有严格的周期性。

潮汐是海洋中常见的自然现象之一。在我国，有闻名中外的钱塘江暴涨潮和深入内陆 600 多 km 的长江潮。主要是由于潮流沿着入海河流的河道溯流而上形成的。当潮流涌来时，潮端陡立，水花四溅，像一道高速推进的直立水墙，形成"滔天浊浪排空来，翻江倒海山为摧"的壮观景象。

世界上第一座潮汐电站是法国的郎斯河口电站，其装机容量为 24kW，年均发电量为 5.44 亿 kW·h。世界首台潮汐能发电机 2008 年 3 月 24 日在英国斯特兰福德湾安装就位。这款名为"SeaGen"的新型潮汐能涡轮发电机由英国工程师彼得·弗伦克尔设计，长约 37m，形似倒置的风车。这一海湾的海水流速超过 13km/h。发电机在 500m 宽的入口处安装就位后，将利用进出海湾的潮汐发电，能供 1140 户家庭使用。弗伦克尔说，"SeaGen"的装机容量达到 1.2MW，"是世界上第一个利用洋流发电的商用系统"。

潮汐运动中蕴藏着巨大的能量。潮汐能的大小与水体大小及潮差大小有关。实验表明，潮汐能量和海面的面积及潮差高度的平方成正比。目前，利用潮汐发电是开发利用潮汐的主要方向。潮汐发电是利用潮差来推动水轮机转动，再由水轮机带动发电机发电。潮汐发电必须选择有利的海岸地形，修建潮汐水库，涨潮时蓄水，落潮时利用其势能发电。由于涨潮、落潮的不连续性，生成发电也不连续。据计算，世界海洋潮汐能蕴藏量约为 27 亿 kW，若全部转换成电能，每年发电量大约为 1.2 万亿 kW·h。潮汐发电严格地讲应称为"潮汐能发电"，潮汐能发电仅是海洋能发电的一种，但是它是海洋能利用中发展最早、规模最大、技术较成熟的一种。

潮汐发电与水力发电的原理相似，它是利用潮水涨、落产生的水位差所具有势能来发电的，也就是把海水涨、落潮的能量变为机械能，再把机械能转变为电能（发电）的过程。具体地说，潮汐发电就是在海湾或有潮汐的河口建一拦水堤坝，将海湾或河口与海洋隔开构成水库，再在坝内或坝房安装水轮发电机组，然后利用潮汐涨落时海水位的升降，使海水通过轮机转动水轮发电机组发电。

由于潮水的流动与河水的流动不同，它是不断变换方向的，因此就使得潮汐发电出现了不同的型式，例如：①单库单向型：只能在落潮时发电。②单库双向型：在涨、落潮时都能发电。③双库双向型：可以连续发电，但经济上不合算，未见实际应用。

当潮水流进或流出大坝时，都通过水轮机而发电。由于建造潮汐电站的费用昂贵，所以目前世界上还没有几座大型的潮汐电站。

三、地热能

对地热资源的不断开发与研究，地热能源必将成为继水力、风力和太阳能之后又一种重要的新能源。地热资源是世界上最古老的能源之一。据测算，地球内部的总热能量，约为全球煤炭储量的 1.7 亿倍。每年从地球内部经地表散失的热量，相当于 1000 亿桶石油燃烧产生的热量。地球本身像一个大锅炉，深部蕴藏着巨大的热能。在地质因素的控制下，这些热能会以热蒸汽、热水、干热岩等形式向地壳的某一范围聚集，如果达到可开发利用的条件，便成了具有开发意义的地热资源。

地热能是由地壳抽取的天然热能，这种能量来自地球内部的熔岩，并以热力形式存在，是引致火山爆发及地震的能量。地球内部的温度高达 7000℃，而在 80～100km 的深度处，温度会降至 650～1200℃。透过地下水的流动和熔岩涌至离地面 1～5km 的地壳，热力得以被转送至较接近地面的地方。高温的熔岩将附近的地下水加热，这些加热了的水最终会渗出地面。运用地热能最简单和最合乎成本效益的方法，就是直接取用这些热源，并抽取其能量。

离地球表面 5000m 深，15℃ 以上的岩石和液体的总含热量，据推算约为 14.5×10^{25} J，约相当于 4948 万亿 t 标准煤的热量。地热来源主要是地球内部长寿命放射性同位素热核反应产生的热能。按照其储存形式，地热资源可分为蒸汽型、热水型、地压型、干热岩型和熔岩型 5 大类。

地热资源按温度可分为高温、中温和低温三类。温度大于 150℃ 的地热以蒸汽形式存在，叫高温地热；90～150℃ 的地热以水和蒸汽的混合物等形式存在，叫中温地热；温度大于 25℃、小于 90℃ 的地热以温水（25～40℃）、温热水（40～60℃）、热水（60～90℃）等形式存在，叫低温地热。高温地热一般存在于地质活动性强的全球板块的边界，即火山、地震、岩浆侵入多发地区，著名的冰岛地热田、新西兰地热田、日本地热田以及我国的西藏羊八井地热田、云南腾冲地热田、台湾大屯地热田都属于高温地热田。中低温地热田广泛分布在板块的内部，我国华北、京津地区的地热田多属于中低温地热田。

关于地热的来源，有多种假说。一般认为，地热主要来源于地球内部放射性元素蜕变放热能，其次是地球自转产生的旋转能以及重力分异、化学反应，岩矿结晶释放的热能等。在地球形成过程中，这些热能的总量超过地球散逸的热能，形成巨大的热储量，使地壳局部熔化形成岩浆作用、变质作用。

现已基本测算出，地核的温度达 6000℃，地壳底层的温度达 900～1000℃，地表常温层（距地面约 15m）以下约 15km 范围内，地温随深度增加而增高。地热平均增温率约为 3℃/100m。不同地区地热增温率有差异，接近平均增温率的称正常温区，高于平均增温率的地区称地热异常区。地热异常区是研究、开发地热资源的主要对象。地壳板块边沿，深大断裂及火山分布带等，是明显的地热异常区。

地热资源按温度的划分。一般把高于 150℃ 的称为高温地热，主要用于发电。低于此温度的叫中低温地热，通常直接用于采暖、工农业加温、水产养殖及医疗和洗浴等。截止

1990 年底，世界地热资源开发利用于发电的总装机容量为 588 万 kW，地热水的中低温直接利用约相当于 1137 万 kW。

地热能集中分布在构造板块边缘一带、该区域也是火山和地震多发区。如果热量提取的速度不超过补充的速度，那么地热能便是可再生的。地热能在世界很多地区应用相当广泛。据估计，每年从地球内部传到地面的热能相当于 10^{14} kW·h。不过，地热能的分布相对来说比较分散，开发难度大。

新西兰是世界地热资源最丰富的国家之一，沸泉、喷气孔、沸泥塘、间歇泉地热现象多不胜数，罗托鲁阿-陶波地热地区有"太平洋温泉奇境"之称。冰岛却拥有丰富的地热资源。冰岛位于亚欧板块与美洲板块的交界地带，以及大西洋中脊的顶部，地壳很不稳定，岩浆活动剧烈。岛上有 200 多座火山和几百个温泉，是火山活动和地热活动的中心，既有适于发电的高温地热资源，也有适于取暖和温室使用的低温地热资源，成为世界上地热能利用最广泛的国家。全岛现有的温泉和地热资源几乎都已利用。

地热能的利用可分为地热发电和直接利用两大类，而对于不同温度的地热流体可能利用的范围如下：

（1）200～400℃直接发电及综合利用。

（2）150～200℃双循环发电，制冷，工业干燥，工业热加工。

（3）100～150℃双循环发电，供暖，制冷，工业干燥，脱水加工，回收盐类，罐头食品。

（4）50～100℃供暖，温室，家庭用热水，工业干燥。

（5）20～50℃沐浴，水产养殖，饲养牲畜，土壤加温，脱水加工。

1904 年，意大利在拉德瑞罗地热田建立了世界上第一台地热发电机组。目前，世界上已有 24 个国家利用地热发电，其中以美国、菲律宾、意大利、墨西哥、印度尼西亚、日本、新西兰等国较多。估计全世界尚有地热发电资源潜力 97 061MW，世界最大地热 发电站 CerroPrieto 位于墨西哥的索诺拉雷，产量 720MW。中国于 20 世纪 70 年代后期建造的西藏羊八井地热电站，至 2000 年底共有 9 台机组，总装机容量为 25.18MW，到 2015 年全国地热发电装机容量将达 100MW。

地热发电是地热利用的最重要方式。高温地热流体应首先应用于发电。地热发电和火力发电的原理是一样的，都是利用蒸汽的热能在汽轮机中转变为机械能，然后带动发电机发电。所不同的是，地热发电不像火力发电那样要备有庞大的锅炉，也不需要消耗燃料，它所用的能源就是地热能。地热发电的过程，就是把地下热能首先转变为机械能，然后再把机械能转变为电能的过程。要利用地下热能，首先需要有"载热体"把地下的热能带到地面上来。目前能够被地热电站利用的载热体，主要是地下的天然蒸汽和热水。按照载热体类型、温度、压力和其他特性的不同，可把地热发电的方式划分为蒸汽型地热发电和热水型地热发电两大类。

蒸汽型地热发电是把蒸汽田中的干蒸汽直接引入汽轮发电机组发电，但在引入发电机组前应把蒸汽中所含的岩屑和水滴分离出去。这种发电方式最为简单，但干蒸汽地热资源十分有限，且多存于较深的地层，开采技术难度大，故发展受到限制。主要有背压式和凝汽式两种发电系统。

地热水发电有两种系统：

（1）闪蒸系统（又称减压扩容法），它是根据热水饱和温度与压力有关的原理设计的。当热水进入扩容器减压后，其相应的饱和温度降至热水温度以下，使部闪蒸法系统简单，操作维修容易，但体积大，效率较低。双循环系统设备紧凑，效率高，但系统比较复杂，操作维修水平要求较高，工质费用也较昂贵。因此，地热发电以高温热水为宜。

（2）双循环系统（又称中间介质法）利用地下热水间接加热某些低沸点物质（如氟里昂等），使之变成蒸气，推动汽轮机做功发电。地热水加热低沸点物质在蒸发器中进行，两者只换热不直接接触。低沸点物质被加热后变成蒸气通过低沸点物质汽轮机做功，排汽在冷凝器中冷凝成液体，经工质泵再打回蒸发器加热，重复使用。地热水放热后从蒸发器排出加以综合利用。

我国最大的地热电站——羊八井地热电站已在 1988 年投入运行。位于西藏拉萨市西北 90km 的羊八井地热田是我国第一个进行勘探和开发的中、高温湿蒸汽田。这里有丰富多彩的地热显示，如喷泉、热泉、沸泉、温泉、间歇泉、热水湖，以及喷气孔和冒气地面等，水热活动强烈，规模宏大，有的高温沸泉的温度可达 920℃，号称"地热博物馆"。羊八井地热试验电站利用井口喷出的地下湿热蒸汽，推动汽轮发电机进行发电。1977 年我国在羊八井建成一台 1000kW 的地热蒸汽试验电站；1983 年又有两台 3000kW 的发电机组投入运行。目前羊八井地热电站的装机容量已达 2.5 万 kW，年发电量占拉萨电网的 40％以上。它是我国第一座湿蒸汽型地热电站。

思　考　题

1. 简述水力发电的原理。
2. 简述水电站的基本类型及其特点。
3. 简述核能发电的原理。
4. 反应堆产生核能，需要解决哪几个问题？
5. 第三代核能发电机组设计方案有什么特点？
6. 简述太阳能发电的方法和条件。
7. 太阳能发电系统由几部分组成？
8. 太阳能转换的方式是什么？
9. 简述风力发电的原理。
10. 为什么风力发电机大都采用异步发电机？
11. 风力发电机控制技术主要有哪些？
12. 简述生物质发电的形式。
13. 简述地热发电的原理。

第三章 电能转换技术

第一节 概 述

电能的生产、转换、传输、分配、使用与控制等，都必须通过能够进行能量传递与变换的电磁机械来实现，这些电磁机械称为电机。

电机的分类方法很多，按其功能可分为：

（1）发电机：它把机械能转换成电能。

（2）电动机：它把电能转换成机械能。

（3）变压器、变频机、变流机、移相器：它分别用于改变电压、频率、电流及相位。

（4）微特电机：用作各类自动控制系统的控制元件。

电机的分类如图 3-1 所示。电动机的分类如图 3-2 所示。

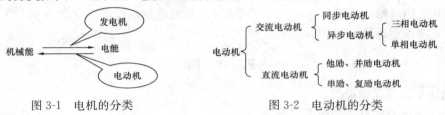

图 3-1 电机的分类　　　　　　　　图 3-2 电动机的分类

值得指出的是，从基本原理看，发电机与电动机仅是电机的两种不同运行方式；从能量转换角度看，两者是可逆的。即：

一台直流电机原则上既可以作为电动机运行，也可以作为发电机运行，只是外界条件不同而已。如果用原动机拖动电枢恒速旋转，就可以从电刷端引出直流电动势而作为直流电源对负载供电；如果在电刷端外加直流电压，则电动机就可以带动轴上的机械负载旋转，从而把电能转变成机械能。这种同一台电机能作电动机或作发电机运行的原理，在电机理论中称为可逆原理。

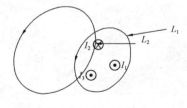

图 3-3 全电流定律

一、全电流定律

首先规定方向：当导体电流的方向与积分路径的方向符合右螺旋关系时为正，反之为负，如图 3-3 所示。

结论：磁场中沿任一闭合回路的磁场强度 H 的线积分等于该闭合回路所包围的所有导体电流的代数和。

二、电磁力定律

载流导体在磁场中要受到电磁力的作用，三方向互相垂直时，其大小为 $F = BlI$，方向由左手定则确定，如图 3-4 所示。

三、电磁感应定律

（一）变压器电动势

线圈与磁通之间没有相对切割关系，仅由线圈交链的磁通发生变化而引起的感应电动势称为变压器电动势，如自感电动势、互感电动势。

$$e = -\frac{d\varphi}{dt} = -N\frac{d\phi}{dt}$$

（二）运动电动势（速率电动势）

若磁场恒定，构成线圈的导体切割磁力线，使线圈交链的磁通发生变化，导体中感应的电动势称为运动电动势，三方向互相垂直时，其大小 $e = Blv$，电动势方向由右手定则确定，如图 3-5 所示。

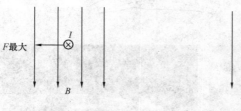

图 3-4　电磁力定律　　　　　　图 3-5　运动电动势

第二节 直 流 电 机

直流电机。能输出直流电流的发电机，或通入直流电流而产生机械运动的电动机，用途相当广泛。

一、直流电机的结构

直流电机由定子和转子组成，定子部分包括主磁极、换向磁极、电刷装置、机座和端盖；转子部分包括电枢铁心、电枢绕组、换向器、转轴和轴承，直流电机的主要结构如图 3-6 所示。

1. 定子部分

定子部分包括机座、主磁极、换向极和电刷装置等。

（1）主磁极。在大多数直流电机中，主磁极是电磁铁，主磁极铁心用 $1\sim1.5\,\mathrm{mm}$ 厚的低碳钢板叠压而成。整个磁极用螺钉固定在机座上。为了使主磁通在气隙中分布更合理，铁心的下部（称为极靴）比套绕组的部分（称为极身）要宽些，如图 3-7 所示。

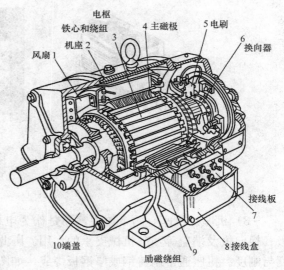

图 3-6　直流电机的主要结构

主磁极的作用是在定转子之间的气隙中建立磁场，使电枢绕组在此磁场的作用下感应电动势和产生电磁转矩。

（2）换向极。换向极又称附加极或向极，其作用是用以改善换向。换向极装在相邻两主极之间。它也是由铁心和绕组构成，如图 3-8 所示。铁心一般用整块钢或钢板加工而成。换向极绕组与电枢绕组串联。

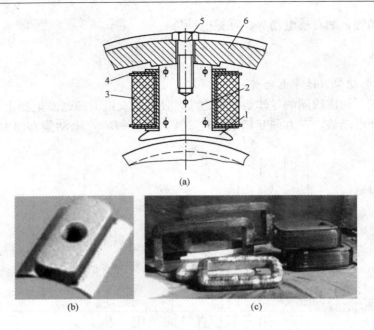

（a）

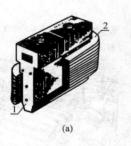

（b）

（c）

图 3-7　主磁极

（a）主磁极示意图；（b）主磁极铁心；（c）励磁绕组

1—极靴；2—主磁极铁心；3—励磁绕组；4—绕组绝缘；5—螺杆；6—机座

（a）

（b）

图 3-8　换向极

（a）换向极；（b）换向极绕组

1—换向铁心；2—换向极绕组

（3）机座。机座有两个作用，一是作为电机磁路系统中的一部分，二是用来固定主磁极、换向极及端盖等，起机械支承的作用。因此要求机座有良好的导磁性能及足够的机械强度与刚度。机座通常用铸钢或厚钢板焊成，如图 3-9 所示。

图 3-9　机座及端盖

（4）电刷。电刷的作用是把转动的电枢绕组与静止的外电路相连接，并与换向器相配合，起到整流或逆变器的作用。电刷装置由电刷、刷握、刷杆座和铜丝辫组成，如图 3-10 所示。电刷放在刷握内，用弹簧压紧在换向器上，刷握固定在刷杆上，刷杆装在刷杆座上。刷杆是绝缘体，刷杆座则装在端盖或轴承内盖上。各刷杆沿换向器表面均匀分布，并且有一个正确的位置，若偏离此位置，则将影响电机的性能。

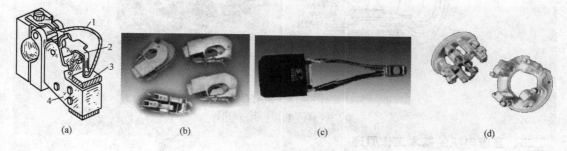

图 3-10 电刷
(a) 电刷装置；(b) 刷握；(c) 电刷；(d) 电刷环
1—钢丝辫；2—压紧弹簧；3—电刷；4—刷握

2. 转子部分

直流电机的转子称为电枢，包括电枢铁心、电枢绕组换向器、风扇、轴和轴承等。

（1）电枢铁心。电枢铁心是电机主磁路的一部分，且用来嵌放电枢组。为了减少电枢旋转时电枢铁心中因磁通变化而引起的磁滞及涡流损耗，电枢铁心通常用 0.5mm 厚的两面涂有绝缘漆的硅钢片叠压而成，如图 3-11 所示。

图 3-11 电枢铁心

（2）电枢绕组。电枢绕组是由许多按一定规律连接的线圈组成，它是直流电机的主要电路部分，也是通过电流和感应电动势，从而实现机电能量转换的关键性部件。线圈用包有绝缘的导线绕制而成，嵌放在电枢槽内。每个线圈（也称元件）有两个出线端，分别接到换向器的两个换向片上，如图 3-12 所示。所有线圈按一定规律连接成一闭合回路。

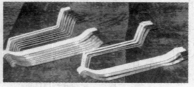

图 3-12 电枢绕组

（3）换向器。换向器也是直流电机的重要部件。在直流电动机中，它将电刷上的直流电流转换为绕组内的交流电流；在直流发电机中，它将绕组内的交流电动势转换为电刷端上的直流电动势。换向器由许多换向片组成，每片之间相互绝缘。换向片数与线圈元件数相同，换向器结构如图 3-13 所示。

(a)　　　　　　　　　　(b)

图 3-13　换向器

(a) 换向器结构图；(b) 换向器

二、直流电机的基本工作原理

直流电从两电刷之间通入电枢绕组，电枢电流方向如图 3-14（a）所示。由于换向片和电源固定连接，无论线圈怎样转动，总是 S 极有效边的电流方向向里，N 极有效边的电流方向向外。电动机电枢绕组通电后受力（左手定则）按顺时针方向旋转。换向器作用：将外部直流电转换成内部的直流电，以保持转矩方向不变。

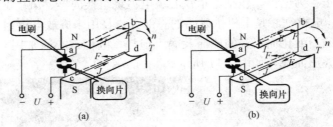

图 3-14　直流电机的工作原理图

线圈在磁场中旋转，将在线圈中产生感应电动势。由右手定则，感应电动势的方向与电流的方向相反，如图 3-14（b）所示。由于电枢感应电动势 E 与电枢电流或外加电压方向总是相反，所以称反电动势。

1. 电枢感应电动势

$$E_a = C_e \Phi n$$

式中　C_e：与电机结构有关的常数；

　　　n：电动机转速；

　　　Φ：磁通。

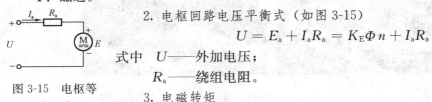

图 3-15　电枢等效回路

2. 电枢回路电压平衡式（如图 3-15）

$$U = E_a + I_a R_a = K_E \Phi n + I_a R_a$$

式中　U——外加电压；

　　　R_a——绕组电阻。

3. 电磁转矩

直流电动机电枢绕组中的电流（电枢电流 I_a）与磁通 φ 相互作用，产生电磁力和电磁转矩，直流电机的电磁转矩公式为 $T_{em} = C_T \Phi I_a$，C_T：与电机结构有关的常数；Φ：线圈所处位置的磁通；I_a：电枢绕组中的电流，单位：Φ（Wb），I_a（A），T（N·m）。

4. 转矩平衡关系

电动机的电磁转矩 T_{em} 为驱动转矩，它使电枢转动。在电机运行时，电磁转矩必须和机械负载转矩及空载损耗转矩相平衡。

5. 直流电机励磁方式

直流发电机和直流电动机的励磁方式分别如图 3-16 和图 3-17 所示。

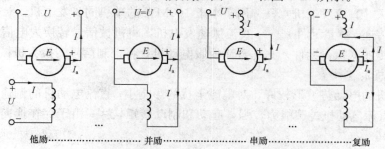

图 3-16　直流发电机的励磁方式

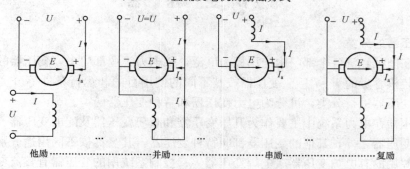

图 3-17　直流电动机的励磁方式

三、直流电机的用途和优缺点

1. 直流电机的铭牌数据

直流电机的铭牌数据有：电机型号、额定功率 P_N、额定电压 U_N、额定电流 I_N、额定转速 n_N、电动机额定效率 η_N。

额定值是制造厂对各种电气设备（本章指直流电机）在指定工作条件下运行时所规定的一些量值。在额定状态下运行时，可以保证各电气设备长期可靠地工作，并具有优良的性能。额定值也是制造厂和用户进行产品设计或试验的依据。额定值通常标在各电气的铭牌上，故又叫铭牌值。

额定功率 P_N 指电机在铭牌规定的额定状态下运行时，电机的输出功率，以"W"为量纲单位。

对于直流发电机，P_N 是指输出的电功率，它等于额定电压和额定电流的乘积，即 $P_N = U_N I_N$。对于直流电动机，P_N 是指输出的机械功率，所以公式中还应有效率 η_N 存在，即 $P_N = U_N I_N \eta_N$。

2. 直流电机主要系列

Z4 系列：一般用途的小型直流电动机。

ZT 系列：广调速直流电动机。

ZJ 系列：精密机床用直流电动机。

3. 直流电机的用途

直流电机的主要用途有：

（1）动力——直流电动机，直流电能转化为机械能。

（2）电源——直流发电机，将机械能转化为直流电能。

（3）励磁机（直流发电机）——用于小于 100MW 的单机同步发电机。

（4）信号传递（测量元件）——直流测速发电机，将机械信号转换为电信号。

（5）信号传递（执行元件）——直流伺服电动机，将控制信号转换为机械信号。

4. 直流电机的优缺点

直流发电机的电动势波形较好，对电磁干扰的影响小；直流电动机的调速范围宽广，调速特性平滑；直流电动机过载能力较强，起动和制动转矩较大；由于存在换向器，故其制造复杂，价格较高。

第三节 变 压 器

一、变压器的分类

变压器在国民经济各个部门中应用极为广泛，仅电力工业部门中，变压器的安装容量就约为发电机装机容量的 5～7 倍。变压器按其不同的使用目的和运行条件等分类繁多。通常按照用途对变压器进行分类，可分为电力变压器和特种变压器两类。

电力变压器在电力系统中主要作为升压变压器和减压变压器及配电变压器。

除电力变压器之外，其他的变压器都叫特种变压器，其名称依不同用途分别命名之。如作为特殊电源用的有电炉变压器、电焊变压器等；控制系统用的变压器有整流变压器、同步变压器、脉冲变压器等；作为测量仪表用的有电压互感器、电流互感器等；船上用的称为船用变压器。

二、变压器的基本工作原理

变压器是一种通过电磁感应关系从一个电路向另一个电路传送电能或信号的电气设备。在一个铁心上绕制两个匝数不同的线圈，就构成一台简单的单相变压器，如图 3-18 所示。两个线圈没有电的直接联系，只有磁的耦合，即两个线圈的磁场作为耦合场。

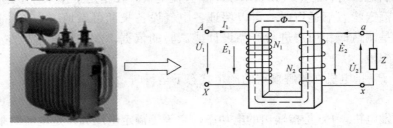

图 3-18 单相变压器工作原理示意图

通常两个线圈中的一个接交流电源，称为一次绕组，另一个线圈接到用电设备上，称为二次绕组。

一次绕组接上交流电源时，即有交流电流通过，铁心中即有交变磁通产生，其变化频率与电源的交流电流变化频率相同。铁心中的磁场同时与一、二次绕组相交链，并在一、二次绕组内感应电动势。

对于一般的变压器，一次绕组感应电动势的大小接近于外加电源电压，二次绕组感应电动势接近于其端电压。

变压器一、二次电动势之比及电压之比等于一、二次绕组匝数之比，只要改变一、二次绕组的匝数，便可达到改变二次边输出电压和输出电流的目的。但是一、二次侧电动势的频率仍等于磁通的交变频率，即等于外施电压的频率。

三、变压器的基本结构

变压器的主要结构是铁心和绕组。铁心是变压器的磁路部分，绕组是变压器的电路部分。电力变压器还有一些其他附加部件，其主要结构部件如图 3-19 所示。

1. 铁心

铁心通常用 0.35mm 厚表面涂有绝缘漆的硅钢片冲成一定的形状叠制而成。铁心分为铁心柱和铁轭两部分，铁心柱上绕有线圈，铁轭则将铁心柱连接起来形成闭合磁路。

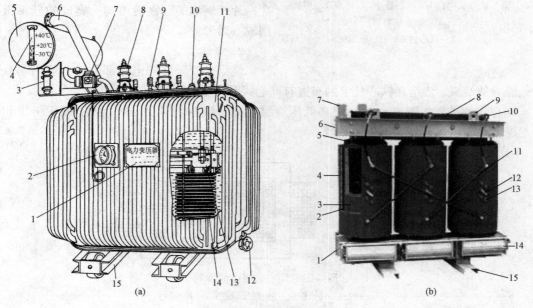

图 3-19 变压器的基本结构

(a) 油浸式电力变压器的结构图：1—铭牌；2—信号式温度计；3—吸湿器；4—油表；5—储油柜；6—安全气道；7—气体继电器；8—高压套管；9—低压套管；10—分接开关；11—油箱；12—放油阀门；13—铁心；14—线圈；15—小车。(b) 干式变压器的结构图：1—垫块；2—冷却气道；3—低压线圈；4—高压线圈；5—铁心；6—夹件；7—低压出线铜排；8—吊环；9—上铁轭；10—高压端子；11—高压连接杆；12—高压连接片；13—高压分接头；14—风机；15—底座

铁心的结构有心式、壳式和渐开线式等形式。心式结构的特点是铁轭靠着线圈的顶面和底面，不包围线圈的侧面，散热条件较好。它的结构较为简单，线圈的装配及绝缘也较容易，国产变压器绝大部分采用心式结构。

壳式变压器的铁心结构的特点是铁轭不仅包围线圈的顶面和底面，还包围线圈的侧面，散热条件较差。其制造工艺比较复杂，使用材料较多，采用这种结构形式的只有一些特殊变压器（如小容量电源变压器、电炉变压器）。

　　铁心叠片的装配方法一般采用交错式，装配时把铁心柱和铁轭的硅钢片一层一层的交错叠装，相邻两层叠片的接缝要互相错开，以减少接缝处气隙，从而减少励磁电流。

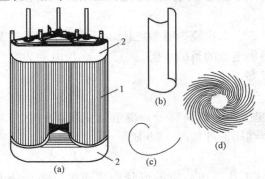

　　对于三相变压器来说，渐开线式铁心与叠片式铁心相比，其优点在于三相磁路是完全对称的，因此，当外加三相对称电压时，三个铁心柱中的磁通是对称的，三段铁轭中的磁通也是对称的。渐开线式铁心仍由铁心柱和铁轭两部分组成，如图 3-20 所示。铁心柱是由一种规格的渐开线形状的硅钢片，一片一片插装而成的圆柱。

图 3-20　渐开线式铁心
（a）渐开铁心结构；（b）铁心叠片；（c）渐开线形状；
（d）铁心柱断面
1—铁心柱；2—铁轭

　　这种渐开线形状的硅钢片是在专门的成形机（或成形模）上采用冷挤压塑性变形原理一片一片轧制成的。铁轭由同一宽度的硅钢带卷制成三角形。

　　2. 绕组

　　绕组是变压器的电路部分，一般用铜或铝的绝缘导线绕成。绕组在铁心柱上的布置有同心式和交叠式两种。

　　同心式的排列如图 3-21 所示，高低压绕组在同一铁心上同心排列。为了便于绕组和铁心绝缘，通常将低压绕组靠铁心放置。

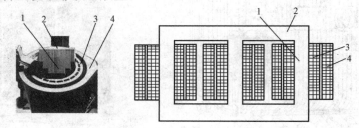

图 3-21　同心式绕组的排列
1—铁心柱；2—铁轭；3—低压线圈；4—高压线圈

　　交叠式绕组的排列如图 3-22 所示，高低压绕组沿铁心柱高度方向，交叠排列。为了减少绝缘层的厚度，通常是低压绕组靠近铁轭。这种结构较多用在壳式变压器中。

　　3. 其他附件

　　（1）油箱和变压器油。电力变压器的油箱是用钢板焊接而成，通常做成椭圆形。变压器身（带线圈的变压器铁心等）置于箱内，其余空间充满变压器油。主要用于绝缘和帮助散热。线圈和铁心产生的热量通过变压器油传给油箱壁或散热器，再由油箱表面散于四周，以冷却变压器。为了增加油箱外表面的散热面积，常在油箱的侧面装 1～3 排扁形

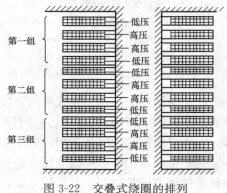

图 3-22　交叠式绕圈的排列

钢管。

（2）套管。变压器的引线从油箱内穿过油箱盖时，必须经过绝缘套管，以使带电的引线与接地的油箱绝缘。绝缘套管一般是瓷质的，它的结构取决于电压等级，电压越高，套管的结构就越复杂。为了增加表面放电距离，套管外形做成多级伞形，电压越高级数越多。

四、超导变压器

一般都采用与常规变压器一样的铁心结构，仅高、低压绕组采用超导绕组。超导绕组置于非金属低温容器中，以减少涡流损耗。变压器铁心一般仍处在室温条件下。

超导变压器的优点是体积小、重量轻、效率高、同时由于采用高阻值的基底材料，因此具有一定的限制故障电流作用。一般而言，超导变压器的重量（铁心和导线）仅为常规变压器的 40%，甚至更轻，特别是当变压器的容量超过 300MV·A 时，这种优越性将更为明显。

超导变压器的内阻极小，能够增大电压的可调节范围。专家预计，随着实用化高温超导材料性能的提高，超导变压器可望在 5～10 年内实现产业化。

第四节　交　流　电　机

交流电机指能输出交流电流的发电机，或通入交流电流而产生机械运动的电动机。

交流电机的分类。交流电机分为异步电机和同步电机两大类，异步电机又可分为笼型异步电动机和绕线式异步电动机；同步电机又可分为隐极式同步电动机和凸极式同步电动机。

一、三相异步电动机

（一）三相异步电动机的结构

异步电动机主要由静止的定子和转动的转子两大部分组成，定子和转子之间有一个很小的气隙，此外还有端盖、轴承和通风装置等。如图 3-23 所示，给出了绕线转子异步电动机剖面图。

图 3-23　异步电动机剖面图
1—转子铁心和绕组；2—轴承；3—风罩；4—风叶；5—吊环；6—机座；7—定子铁心；8—定子绕组；9—端盖；10—轴；11—底座

1. 定子

定子部分包括铁心、三相绕组和机座。

（1）定子铁心。定子铁心是异步电动机主磁通磁路的一部分，装在机座里。由于通过定子铁心的磁通大小和方向都是交变的，为了降低定子铁心里的铁损耗，定子铁心用 0.5mm 厚、表面涂绝缘漆的硅钢片叠装而成，如图 3-24 所示。

图 3-24　定子铁心
1—扣片；2—定子叠片；3—压圈

（2）定子绕组。定子绕组是异步电动机定子部分的电路，它由许多线圈按一定规律连接而成。对于容量较小的电动机，绕组由高强度漆包圆铜线（或铝线）绕成，如图 3-25 所示。而中、大容量异步电动机绕组可用玻璃丝包扁铜线绕制。线圈放入槽内必须与槽壁之间隔有"槽绝缘"。槽内定子绕组的导线用槽楔紧固，槽楔采用竹、胶木板或环氧玻璃布板等非磁性材料。定子三相绕组的连接方法：当电机容量小于 3kW 时，采用 Y 联结 [图 3-26 (a)]；当电机容量大于 4kW 时，采用 △ 联结 [图 3-26 (b)]。

（3）机座。机座的作用主要是为了固定和支撑定子铁心。如果是端盖轴承电动机，还要支撑电动机的转子。所以机座应有足够的机械强度和刚度。对中、小型异步电动机，常用铸铁机座。大型电动机一般采用钢板焊接的机座，整个机座和座式轴承都固定在同一底板上。

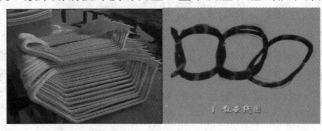

图 3-25　定子绕组

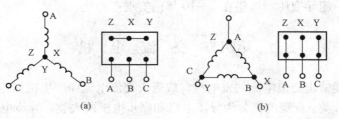

(a)　　　　　　　　　　　　　(b)

图 3-26　定子三相绕组的连接方法
(a) Y 联结；(b) △ 联结

2. 转子

转子部分包括转轴、转子铁心和转子绕组。转子铁心也是电动机主磁路的一部分，它用 0.5mm 厚、冲有槽的硅钢片叠成。铁心固定在转轴或转子支架上。整个转子铁心的外表面呈圆柱形；转子绕组分为笼型和绕线式两类。

转子的作用：在旋转磁场作用下，产生感应电动势或电流，产生旋转转矩。

（1）笼型转子。笼型绕组是一个自行短路的绕组。如图 3-27 所示，在转子每个槽里安放一根比铁心稍长的导体，在铁心两端各用一个端环把所有导条都连接起来，形成一个自己短路的绕组。如去掉铁心，剩下来的绕组形状像个松鼠笼子，故称笼型转子。笼型转子导条可以是铜条，也可用铸铝方法将导条、端环与风扇同时铸成，大中型异步电动机采用铜条与端环焊接构成笼型转子绕组，小型异步电动机采用铸铝转子绕组，笼型转子上无集电环，导条与转子槽间不需绝缘，所以结构简单、制造方便、运行可靠。

（2）绕线转子。同定子绕组一样，也分为三相，并且接成星形，嵌于转子铁心槽内，如图 3-28 所示。转子绕组的三条引出线分别接到与转轴绝缘的三个集电环上（集电环与轴绝缘且集电环间相互绝缘），通过三个电刷使转子绕组与外电路接通。因而转

图 3-27　笼型绕组
1—风叶；2—端环；3—导条

子绕组既能自身短路，又能把外加电阻或电抗引入转子电路以改善电动机的起动和调速性能，如图 3-29 所示。

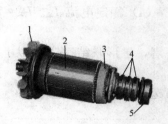

图 3-28　绕线转子异步电动机转子
1—风叶；2—铁心；3—绕组；
4—集电环；5—轴承

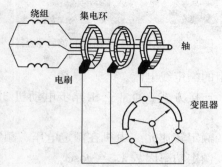

图 3-29　绕线转子绕组与外接
变阻器的连接

（二）三相异步电动机的工作原理

从结构上看，异步电动机与同步电动机的定子是一样的，只是转子结构不同而已。图 3-30 是笼型异步电动机的工作原理图。转子槽内有导体，导体两端用短路环连接起来，形成一个闭合绕组。当定子绕组外加三相对称交流电压时，定子绕组中便有三相对称电流通过。于是在定子与转子之间的气隙建立起以同步转速 n 旋转的旋转磁场。

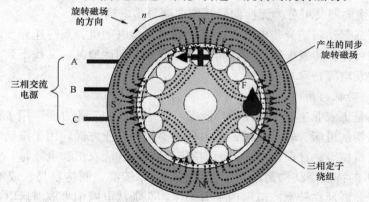

图 3-30　异步电动机的工作原理图

设磁场逆时针方向旋转，磁力线切割转子导体并在其中产生感应电动势，其方向由右手定则确定，在该电动势作用下，转子导体内流过电流，电流的有功分量与电动势同相位。由电磁定律可知，转子导体电流与旋转磁场相互作用，使转子导体受电磁力的作用，作用力的方向由左手定则决定，转子上所有导条受到的电磁力形成一个逆时针方向的电磁转矩 T，使转子跟着旋转磁场逆时针旋转。如转子轴上加上机械负载，转子的电磁转矩将克服负载转矩而做功，输出机械功率，实现电能到机械能的转换。

（三）三相异步电动机的铭牌数据（图 3-31）

（1）型号 Y132S-6，$2p=6$，$n_0=1000r/min$。"Y"表示 Y 系列异步电动机；"2"表示机座中心高度；"S"指机座长度代号；"6"表示磁极数。

三相异步电动机					
型号	Y132S-6	功　率	3kW	频　率	50Hz
电压	380V	电　流	7.2A	联　结	Y
转速	960r/min	功率因数	0.76	绝缘等级	B

图 3-31　三相异步电动机的铭牌数据

（2）额定功率 P_N。$P_N = 3kW$，轴上输出机械功率的额定值。

（3）额定电压 U_N。$U_N = 380V$，定子三相绕组应施加的线电压。

（4）额定电流 I_N。$I_N = 7.2A$，定子三相绕组的额定线电流。

（5）连接方式。通常三相异步电动机 3kW 以下者，星形联结；4kW 以上者，三角形联结。

（6）额定转速 n_N。电机在额定电压、额定负载下运行时的转子转速。

（7）额定功率因数 $\lambda_N = \cos\varphi_N$。

$$P_{1N} = \sqrt{3}U_N I_N \cos\varphi_N。$$

$$P_N = \eta_N P_{1N} = \sqrt{3}U_N I_N \cos\varphi_N \eta_N。$$

（8）绝缘等级。指电机绝缘材料能够承受的极限温度等级，分为 A、E、B、F、H 五级，A 级最低（105℃），H 级最高（180℃）。

（四）异步电动机的分类

异步电动机的种类繁多，通常可分为下列几类：

（1）按定子相数分有单相、两相及三相三种。

（2）按转子结构分有绕线型及笼型两种。后者又包括单笼、双笼及深槽型三类。

（3）按有无换向器又可分为无换向器及换向器异步电动机。

此外，还有高起动转矩异步电动机、高转差率异步电动机、高转速异步电动机等。

异步电机也可作异步发电机使用，常用于电网尚未到达地区，又找不到同步发电机的情况，或用于风力发电等特殊场合。

（五）异步电动机的用途

异步电动机是工农业生产中应用最广泛的一种电机。在工业方面，用于拖动中小型轧钢设备、各种金属切削机床、轻工机械、矿山机械等；在农业方面，用于拖动水泵、粉碎机及其他农副业加工机械等；在民用电器方面则用于电风扇、洗衣机、电冰箱、空调机等。

异步电动机的特点是结构简单、运行可靠、效率较高、制造容易、成本较低且坚固耐用。缺点是不能经济地在较宽广范围内平滑调速，必须从电网中吸取滞后电流，使电网功率因数降低。所以，在一些要求调速范围较宽的生产机械中，可采用直流电动机；而在单机容量较大，需要恒速运行的场合，多采用功率因数可调的同步电动机。

二、同步发电机

（一）同步发电机的结构

同步发电机与其他旋转电机一样，主要由定子（静止）部分和转子（旋转）部分构成，其结构如图 3-32 所示。

1. 定子

定子主要由定子铁心、定子绕组、机座和端盖等构成。

（1）定子铁心。定子铁心用厚度为 0.5mm 的硅钢片冲片叠装而成。为减少铁心损耗，硅钢片上涂有绝缘漆。冲片内

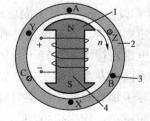

图 3-32　同步发电机定子和转子的结构

1—磁极；2—定子铁心；

3—定子绕组；4—励磁绕组

圆均匀地冲出一定形状的槽，用于嵌放定子绕组。定子铁心叠片时，一般每叠厚 3～5cm，留 1cm 作为通风槽用。

（2）定子绕组。定子绕组的作用、要求、结构形式与三相异步电动机定子绕组相似，一般采用三相双层短距绕组。

（3）机座。机座用厚钢板焊接结构，用于固定定子铁心。要求有足够的强度和刚度。

2. 转子

（1）隐极式转子。

1）转子铁心。转子铁心是同步发电机最关键的部件之一，也是电机磁路的主要组成部分。高速旋转时承受着很大的机械应力，故一般采用整块具有高机械强度和良好导磁性能的合金钢锻体。

2）励磁绕组。励磁绕组用矩形的扁铜线绕制成同心式线圈。各匝之间及线圈与铁心间均有绝缘。

3）其他部件。护环、中心环、集电环和风扇。护环是一个厚壁金属圆筒，用于保护励磁绕组的端部使之不因离心力而甩出。中心环用于支撑护环并阻止励磁绕组端部轴向移动。护环、中心环、励磁绕组端部排列如图 3-33 所示。集电环装在转子轴上，通过电刷将励磁电流引进励磁绕组。

（2）凸极式转子。凸极式转子有明显的磁极。主要由转轴、磁极、磁轭、励磁绕组、集电环和阻尼绕组等组成。

（二）同步发电机的工作原理

同步发电机由定子和转子两部分组成，定、转子之间有气隙。定子上有 AX、BY、CZ 三相绕组，它们在空间上彼此相差 120°电角度。每相绕组的匝数相等。转子磁极上装有励磁绕组。由直流励磁，其磁通由 N 极出来，经过气隙、定子铁心、气隙，进入转子 S 极构成闭合回路。

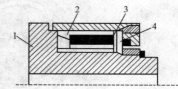

图 3-33 护环剖面图
1—转子本体；2—护环；3—绕组
端接部分；4—中心环

如果原动机拖发电机反时针方向恒速旋转，则磁极的磁力线切割定子绕组的导体，在定子绕组就会产生感应电动势。设气隙磁通密度按正弦规律分布，则导体电动势也随时间做正弦规律变化。

主磁场的建立：励磁绕组通以直流励磁电流，建立极性相间的励磁磁场，即建立起主磁场。

载流导体：三相对称的电枢绕组充当功率绕组，成为感应电动势或者感应电流的载体。

切割运动：原动机拖动转子旋转（给电机输入机械能），极性相间的励磁磁场随轴一起旋转并顺次切割定子各相绕组（相当于绕组的导体反向切割励磁磁场）。

交变电动势（有效值，频率）的产生：由于电枢绕组与主磁场之间的相对切割运动，电枢绕组中将会感应出大小和方向按周期性变化的三相对称交变电动势。通过引出线，即可提供交流电源。

交变性与对称性：由于旋转磁场极性相间，使得感应电动势的极性交变；由于电枢绕组的对称性，保证了感应电动势的三相对称性。

（三）同步电机的应用

1. 凸极式转子与水轮发电机

凸极式转子（图 3-34）常用在水轮发电机上。由于水轮机的转速较低，要发出工频电能，发电机的极数就比较多，做成凸极式结构工艺上较为简单。另外，中小型同步电机多半也做成凸极式。

2. 隐极式转子与汽轮发电机

隐极式转子（图 3-35）常用在汽轮发电机上。在大容量高转速汽轮发电机中，转子圆周线速度极高，最大可达 170m/s。细长的隐极式圆柱体转子能减小转子本体及转子上的各部件所承受的巨大离心力。但是，考虑到转子冷却和强度方面的要求，隐极式转子的结构和加工工艺较为复杂。

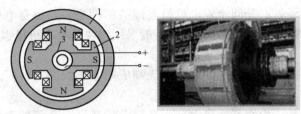

图 3-34　凸极式同步电机
1—定子；2—转子；3—集电环

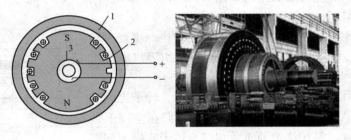

图 3-35　隐极式同步电机
1—定子；2—转子；3—集电环

第五节　微 控 电 机

一、微控电机概述

微控电机在本质上和我们以前所讲的普通电机并没有区别，只是它们的侧重点不同而已。普通旋转电机主要是进行能量变换，要求有较高的力能指标；而控制电机主要是对控制信号进行传递和变换，要求有较高的控制性能，如要求反应快、精度高、运行可靠等。控制电机因其各种特殊的控制性能而常在自动控制系统中作为执行元件、检测元件和解算元件。

驱动微电机和控制电机简称为微控电机。

驱动微电机：用来拖动各种小型负载，功率一般都在 750W 以下，最小的不到 1W，因此外形尺寸较小，相应的功率也小。

控制电机：在自动控制系统中对信号进行传递和变换，用作执行元件或信号元件。要求有较高的控制性能，如反应快，精度高，运行可靠等。

二、几种微控电机简介

微控电机的种类繁多、用途广泛，用得最为广泛的微控电机有伺服电动机、测速发电机、自整角机、旋转变压器、步进电动机、微型同步电动机和感应同步器等。

（一）伺服电动机

伺服电动机（执行电动机），它将输入的电压信号转变为转轴的角位移或角速度输出，改变输入信号的大小和极性可以改变伺服电动机的转速与转向，故输入的电压信号又称为控制信号或控制电压。

根据使用电源的不同，伺服电动机分为直流伺服电动机和交流伺服电动机两大类。直流伺服电动机输出功率较大，功率范围为 $1\sim600\mathrm{W}$，有的甚至可达上千瓦；而交流伺服电动机输出功率较小，功率范围一般为 $0.1\sim100\mathrm{W}$。

1. 直流伺服电动机

直流伺服电动机实际上就是他励直流电动机，只不过直流伺服电动机输出功率较小而已。

输入的控制信号，既可加到励磁绕组上，也可加到电枢绕组上；若把控制信号加到电枢绕组上，通过改变控制信号的大小和极性来控制转子转速的大小和方向，这种方式叫电枢控制；若把控制信号加到励磁绕组上进行控制，这种方式叫磁场控制。

2. 交流伺服电动机

交流伺服电动机就是两相异步电动机，定子侧绕组在空间相差 90°摆放，转子是笼型的，如图 3-36 所示。

自转现象：如果电机参数与一般的单相异步电动机一样，那么，当控制信号消失时，电机转速虽会下降些，但仍会继续不停地转动。伺服电动机在控制信号消失后仍继续旋转的失控现象称为"自转"。

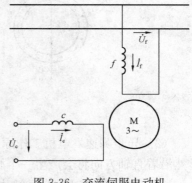

图 3-36 交流伺服电动机

如何克服：显然，我们需要的是当控制信号为零时，转子的转速也为零，从机械特性图上我们可以看出，只要转子旋转的方向和电磁转矩的方向相反，就可以实现此目的。由于 $s_{m+}\approx\dfrac{r_2'}{x_1+x_2'}$。为使电机制动到停止，从而消除"自转"，所以只有增加转子电阻，使正向磁场产生最大转矩时的 $s_{m+}\geqslant1$，使正向旋转的电机在控制电压消失后的电磁转矩为负值，即为制动转矩，使电机制动到停止；若电机反向旋转，则在控制电压消失后的电磁转矩为正值，也为制动转矩。

（二）测速发电机

测速发电机是一种测量转速的微型发电机，它把输入的机械转速变换为电压信号输出，并要求输出的电压信号与转速成正比：$U_2=C_n$。

测速发电机分为交流测速发电机和直流测速发电机两大类。

1. 直流测速发电机

直流测速发电机分为电磁式直流测速发电机（微型他励直流发电机）和永磁式直流测速发电机（微型直流发电机）两大类。

直流测速发电机的结构和工作原理与前面所讲的直流发电机是一样的，因此：当磁通 $\Phi=$ 常数时，发电机的电动势为 $E_0=C_e\Phi_0 n$。

（1）在空载时，直流测速发电机的输出电压就是电枢感应电动势：$U_0=E_0$，显然输出

电压 U_0 与 n 成正比。

（2）有负载时，若电枢电阻为 R_a，负载电阻为 R_L，不计电刷与换向器间的接触电阻，则直流测速发电机的输出电压为

$$U_0 = E_0/[1+(R_a/R_L)] = C_e\Phi_0 n/[1+(R_a/R_L)] = Kn；其中 K = C_e\Phi_0/[1+(R_a/R_L)]$$

2．交流测速发电机

交流测速发电机分为同步测速发电机和异步测速发电机。以下仅介绍交流异步测速发电机。

（1）异步测速发电机结构。在自动控制系统中多用空心杯转子异步测速发电机。空心杯转子异步测速发电机定子上有两个在空间上互差 90°电角度的绕组，一为励磁绕组，另一为输出绕组，如图 3-37 所示。

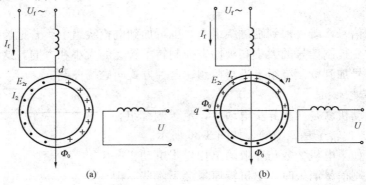

图 3-37　异步测速发电机结构

（2）异步测速发电机工作原理。工作时，励磁绕组接频率为 f 的单相交流电源，此时显然沿着直轴方向将会产生一个脉振磁动势 Φ_D。

1）当转子不动时，脉振磁动势 Φ_D 在空心杯转子中感应出变压器电动势，产生的磁场与励磁电源同频率的脉振磁场 Φ_D，也为 d 轴，都与处于 q 轴的输出绕组无磁通交链。

2）当转子运动时，转子切割直轴磁通 Φ_D。

在杯型转子中感应产生旋转电动势 E_r，其大小正比于转子转速 n，并以励磁磁场 Φ_D 的脉振频率 f 交变，又因空心杯转子相当于短路绕组，故旋转电动势 E_r 在杯型转子中产生交流短路电流 I_r，其大小正比于 E_r，其频率为 E_r 的交变频率 f，若忽视杯型转子漏抗的影响，那么电流 I_r 所产生的脉振磁通 Φ_q 的大小正比于 E_r，在空间位置上与输出绕组的轴线（q 轴）一致，因此转子脉振磁场 Φ_q 与输出绕组相交链而产生感应电动势 E，由此感应电动势产生测速发电机输出电压 U。

据上分析有：$U\propto\Phi_q$，即 $U\propto\Phi_D n$，从而可知 $U\propto U_f n$。

（三）自整角机

自整角机运行方式分为转矩式和控制式两种。转矩式自整角机输出转矩比较小，多用于指示系统，如角度指示器等。控制式自整角机的输出电压经放大后作为伺服电动机的控制信号电压，使伺服电动机转动并带负载同步运行。

1．自整角机定义

在自动控制系统中，常常需要指示位置和角度的数值，或者需要远距离调节执行机构的

速度，或者需要某一根或多根轴随着另外的与其无机械连接的轴同步转动，这样，就出现了自整角机，即用来实现自动指示角度和同步传输角度的一类控制电机。

2. 自整角机结构

自整角机通常是两台或两台以上组合使用，产生信号的自整角机称为发送机，它将轴上的转角变换为电信号，接收信号的自整角机称为接收机，它将发送机发送的电信号变换为转轴的转角，从而实现角度的传输、变换和接收。

在随动系统中主令轴只有一根，而从动轴可以是一根，也可以是多根，主令轴安装发送机，从动轴安装接收机，故而一台发送机带一台或多台接收机。主令轴与从动轴之间的角位差，称为失调角。

自整角机通常做成两极电机。自整角机的定子铁心嵌有三相对称分布绕组，称为整步绕组，也叫同步绕组，为星形联结，转子上放置单相励磁绕组，可以做成凸极结构，也可做成隐极结构，这两种方式都是励磁绕组经集电环和电刷后接励磁电源（图 3-38）。另外，也可把定子做成凸极式，转子做成隐极式，三相整步绕组嵌入转子铁心槽内，并经集电环和电刷引出，而单相励磁绕组安装在定子凸极上。

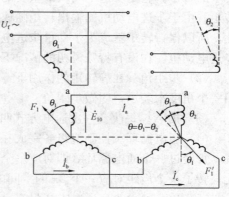

图 3-38　自整角机接线图

自整角机工作时，发送机的励磁绕组接在单相交流电源上，发送机和接收机的三相整步绕组中，同样相号的引出线接在一起，在这里，为了表示清楚，我们把励磁绕组与整步绕组分开画，习惯上，励磁绕组画在上边，整步绕组画在下边，图 3-37 中，下标为 F 的是发送机，画在左边，下标为 J 的是接收机，画在右边，我们先分析只有发送机励磁绕组接电源时的电磁关系，暂不考虑接收机励磁绕组的情况。

3. 自整角机的应用

自整角机的应用越来越广泛，常用于位置和角度的远距离指示，如在飞机、舰船之中常用于角度位置、高度的指示，雷达系统中用于无线定位等等；另一方面常用于远距离控制系统中，如轧钢机轧辊控制和指示系统、核反应堆的控制棒指示等。

（四）旋转变压器

旋转变压器主要有 2532 旋转变压器（高频）、2595 旋转变压器（高频）和 2914 旋转差动变压器如图 3-39 所示。

图 3-39　旋转变压器

旋转变压器主要用在随动系统中提供位置反馈或解算信号。

（五）步进电动机

步进电动机是数字控制系统中一种执行元件，其工作原理与凸极式同步电动机相似。

1. 步进电动机定义

步进电动机是一种把电脉冲信号转换为角位移的电动机。简单的理解：给一个电脉冲信号，电机前进一步，因此被称之为步进电动机。相对与模拟的电压信号，步进电机的控制信号是数字量，因此，更广泛地应用在数字控制场合，例如，计算机的外围控制系统等。

2. 步进电动机相关概念

（1）静转矩 T。静转矩或者叫保持转矩，是指步进电动机通电但没有转动时，定子锁住转子的转矩。它是步进电动机最重要的参数之一。通常步进电动机在低速时的转矩接近保持转矩。由于步进电动机的输出转矩随速度的增大而不断衰减，输出功率也随速度的增大而变化，所以保持转矩就成为了衡量步进电动机最重要的参数之一。比如，当人们说 2N·m 的步进电动机，在没有特殊说明的情况下是指保持转矩为 2N·m 的步进电机。

（2）步距角。在静转矩的作用下，转子齿每前进一步在电机圆周上所跨过的距离，可以用一个角度来表示，叫做步距角。

（3）拍 N。每改变一次通电方式叫做一拍，常用为三拍。

（4）通电循环。控制绕组各完成一次通电形成一个通电循环，通过后面的分析，可以发现，每经过一个通电循环（即对应一个 2π 的空间电角度），转子齿前进一个齿距的距离，因此，转子一个齿距对应一个 2π 的空间电角度。

（5）单。每次改变通电方式只有一个绕组通电。

3. 步进电动机工作原理

步进电动机是数字控制系统中一种执行元件。步进电动机工作原理与凸极式同步电动机相似，依据磁力线力图经过磁阻最小路径的原理而产生磁阻转矩，使电动机转动，如图3-40所示。

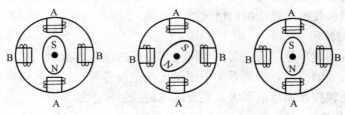

图 3-40　步进电机工作原理图

4. 步进电动机的应用

步进电动机的应用非常广泛，如各种数控机床、自动绘图仪、机器人等。

（六）微型同步电动机

微型同步电动机是一种在电源电压波动或负载转矩变化时仍能保持转速恒定不变的电动机。在某些自动装置中作驱动电动机用。

微型同步电动机的定子结构与一般的同步电动机相同，可以是三相的也可是单相的，但转子结构不同。根据转子结构的不同，微型同步电动机主要分为永磁式、反应式、磁滞式等，另外为了提高力能指标，还将磁滞式与其他形式结合起来。下面主要介绍永磁式和磁滞式微型同步电动机。

1. 永磁式微型同步电动机

当电动机正常运行时，定子绕组产生的旋转磁场以同步转速 n_1 旋转，转子也以同步转速 n_1 旋转。与普通同步电机一样，永磁式微型同步电动机采用异步起动法：在起动过程中，转子上的笼型起动绕组在定子绕组产生的旋转磁场下产生异步转矩，使电动机起动。当电机转子转速接近同步转速 n_1 时，转子被"牵入同步"，永磁式微型同步电动机结构如图 3-41 所示。

永磁式同步电动机功率小，结构简单，在电气仪表中应用较多。

2. 反应式微型同步电动机

反应式微型同步电动机的转子用磁极材料和非磁极材料拼镶而成，使其直轴方向的磁阻小而交轴方向的磁阻大。当反应式同步电动机定子绕组接交流电源，由于直轴和交轴的磁阻不同，从而形成磁阻转矩（也叫反应转矩），拖动负载同步运行。

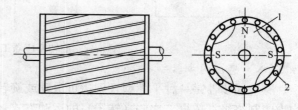

图 3-41　永磁式微型同步电动机结构
1—永久磁铁；2—笼型起动绕组

3. 磁滞式微型同步电动机

转子磁滞材料层用硬磁材料制成，硬磁材料的磁滞现象十分突出，具有较宽的磁滞回线，其剩磁和矫顽力都很大，换句话说，既是当外加的磁场发生变化时，磁滞现象明显的材料不会轻易就随之发生相应的改变，它会有一个时间上的落后，这样，在外加磁场和转子之间就会产生一个磁滞转矩，在这个转矩的作用下，转子开始旋转。

磁滞同步电动机凭借磁滞转矩而能自行起动，在起动过程中，磁滞角 θ 的大小仅仅取决于硬磁材料的磁化特性，而与旋转磁通势和转子转速无关，转子的硬磁材料在旋转磁化下，磁滞角 θ 是恒定的。

（七）旋转变压器

1. 旋转变压器的定义

当旋转变压器的定子绕组施加单相交流电时，其转子绕组输出的电压与转子转角成正弦余弦关系或线性关系等函数关系。

2. 旋转变压器的分类

根据输出的函数关系的不同，旋转变压器可分为很多类，其中正余弦旋转变压器，线性旋转变压器较为常用。

3. 旋转变压器的工作原理

空载运行时：旋转变压器的定子铁心槽中装有两套完全相同的绕组 $D_1 D_2$ 和 $D_3 D_4$，但在空间上相差 $90°$。每套绕组的有效匝数为 N_D，其中 $D_1 D_2$ 绕组为直轴绕组，$D_3 D_4$ 绕组为交轴绕组。转子铁心槽中也装有两套完全相同的绕组 $Z_1 Z_2$ 和 $Z_3 Z_4$，在空间上也相差 $90°$，每套绕组的有效匝数为 N_Z，如图 3-42 所示。

转角：转子上的输出绕组 $Z_1 Z_2$ 的轴线与定子的直轴之间的角度叫作转子的转角。

4. 旋转变压器的应用

旋转变压器常在自动控制系统中作解算元件，可进行矢量求解、坐标变换、加减乘除运算、微分积分运算，也可在角度传输系统中作自整角机使用。

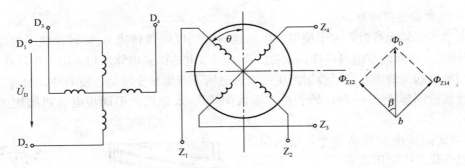

图 3-42　旋转变压器工作原理示意图

（八）感应同步器

感应同步器是一种平面型且副边可滑动或旋转的变压器，但一、二次侧均无铁心，绕组均为印制绕组。依据二次侧（转子）的运动方式，感应同步器可分为旋转式（圆盘式）和直线式（滑动式）两种。感应同步器励磁电源的频率一般都在 10kHz 左右，而输出电压为毫伏级。感应同步器具有成本低、精度高、可靠性好、体积小、重量轻等特点，故它广泛用于高精度的定位和定角系统中，如图 3-43 所示。

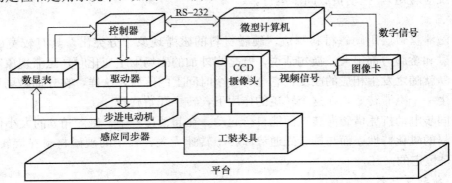

图 3-43　感应同步器用于精确定位系统中

第六节　电动机的新技术与应用

一、超微型电机

（一）概念

微型机械不仅缩小了机器尺寸、节约材料与能源，而且它是人类探索微观科学技术的一种重要工具；作为微型机械的动力构件，超微型电机的研制已成为国内外的科研重点。一般分为电磁型和静电型两类。

（二）超微型电机的制造技术

除了微细加工、光刻技术和光刻电铸（LIGA）技术以外，微型电机构件的制造技术还涉及控制技术、能源技术、装配技术等多种技术。

二、超声波电机（USM）

（一）超声波电机的工作原理

超声波电机的工作原理完全不同于传统的电磁电机。它将电致伸缩、超声振动、波动原理这些似乎毫不相干的概念与电机联系在一起，创造出一种完全新型的电动机。

超声波电机一般由振动体（定子）和移动体（转子）组成，在压电陶瓷振子（振动体的一部分）上加频率为几十千赫的交流电压，利用逆压电效应即电致伸缩效应产生几十千赫的超声波振动。然后，将这种振动通过振动体和移动体之间的摩擦力变换成旋转或直线运动，或者直接用压电振子产生弯曲振动驱动移动体转动。

超声波电机的工作原理如图 3-44 所示，媒体 2 是一圆盘形可转动体，当媒体 1 振动产生力 F 及位移 s，并从侧向作用到媒体 2 上时，就会使其旋转，这就是超声波电机的基本原理。

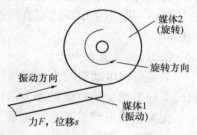

图 3-44 超声波电机的工作原理示意图

（二）超声波电机的特点和应用

超声波电机与传统的利用电磁效应工作的电机相比，具有体积小、重量轻、速度慢、转矩大、响应速度快、控制精度高、运行无噪声、静态（断电时）有保持转矩、不受磁场干扰、也不对周围环境产生磁干扰等优点。但也存在摩耗大、寿命短、价格高、需高频电源驱动等缺点。超声波电机从诞生至今，日本对它的研究最为活跃，并取得了一批实用化的成果。比如日本的 Canon 公司将 USM 用于 EOS 型单镜头反光式照相机的自动对焦就是十分成功的一例。除此之外，在机器人、小汽车、医疗仪器、磁卡机、送纸器、X-Y 平台、磁盘驱动器、控制阀、钟表、家用电器等许多领域，USM 都已经或有可能获得广泛的应用。

（三）超声波电机的性能特点

优点：①低速大转矩；②体积小、重量轻；③反应速度快，控制特性好；④微位移性；⑤无电磁感应影响；⑥停止时具有保持转矩；⑦运行无噪声；⑧形式灵活，设计自由度大。

缺点：①寿命短；②热稳定性差；③需要高频电源驱动；④价格高；⑤存在振动的影响。

（四）超声波电机的应用前景

根据超声波电机本身的特点和近几年的专利申请情况，是在以下几个方面很可能获得大量的采用：①工业控制领域；②对磁干扰敏感的设备；③直接驱动装置；④平面送纸机构；⑤微动装置；⑥照相机、摄像机。

鉴于压电超声波电机独特的运行机理与卓越的特性，在很多特殊应用领域可取代传统的电磁型电机，其使用寿命及精确控制等问题的成功解决将使其在仪器仪表、办公设备、机器人、航空航天等领域得到广泛的应用。

三、直线电机

（一）定义

直线电机是一种能够直接产生直线运动的电气装置，可分为直流直线电动机和交流直线电动机。

（二）直流直线电动机

直流直线电动机实际上就是直流旋转电机的另一种结构形式。我们知道直流旋转电机电枢是环行的，如果沿着径向切开，然后拉开展平，就构成了一台直流直线电动机。

在直流旋转电机中，电枢绕组通过电刷接直流电源，进而产生电枢电流，带电导体在磁场中会受到一个切向的安培力的作用，大小相等，方向相反，从而产生电磁转矩使电机转动起来。而在直流直线电机中，我们可以发现，原先上下大小相等，方向相反的两个力，现在变成了大小相等，方向相同的水平磁拉力，从而使电枢产生直线运动。

由于电枢产生的直线运动，或左或右，但随着运动区间磁场的减小，磁拉力也在慢慢减小，直至为零，所以直线电机的运动范围很小。基于这种现象，改进的方法有：①增加电枢的长度，一般不采用单边型直线电动机，在实际中我们都采用的是双边型结构；②增加磁极的长度。

（三）交流直线电动机

交流直线电动机与直流直线电动机类似，把旋转式交流伺服电动机沿径向剖开拉平展开就成了扁平型交流直线伺服电动机。

交流直线电动机工作原理和直流直线电动机相类似，把原来的圆周磁场变成了平移磁场，相应的，旋转运动变成了直线运动。

（四）直线电动机的应用

直线电动机结构简单，反应速度快，灵敏度高，随动性好，但是在实际运用中，由于相应的理论还不够成熟，所以技术上也不够完善。

思　考　题

1. 简述电能转换的理论基础。
2. 简述直流电动机工作原理。
3. 简述发电机发电原理。
4. 旋转直流电动机的结构包括哪几部分？
5. 简述变压器的基本工作原理。
6. 变压器的主要结构是什么？
7. 什么叫超导变压器？
8. 简述同步发电机的基本工作原理。
9. 简述异步电动机的基本工作原理。
10. 异步电动机的基本结构是什么？
11. 异步电动机有哪三种分类？
12. 简述微控电机的分类及功能。
13. 简述超声波电机的工作原理。

第四章　低压电器与电气控制

第一节　常用低压电器

一、低压电器的基础

低压电器是指用在交流 50Hz、额定电压 1200V 以下及直流额定电压 1500V 以下的电路中，能根据外界的信号和要求，手动或自动地接通、断开电路，以实现对电路或电气设备的切换、控制、保护、检测和调节的工业电器。低压电器作为基本控制电器，广泛应用于输配电系统和自动控制系统，在工农业生产、交通运输和国防工业中起着极其重要的作用。目前，低压电器正朝着小型化、模块化、组合化和高性能化方向发展。

（一）低压电器的分类

1. 按动作原理分为手动电器和自动电器

（1）手动电器。这类电器的动作是由工作人员手动操纵的，如刀开关、组合开关及按钮等。

（2）自动电器。这类电器是按照操作指令或参量变化自动动作的，如接触器、继电器、熔断器和行程开关等。

2. 按用途和所控制的对象分类

（1）低压控制电器。主要用于设备电气控制系统，用于各种控制电路和控制系统的电器，如接触器、继电器、电动机起动器等。

（2）低压配电电器。主要用于低压配电系统中，用于电能的输送和分配的电器，如刀开关、转换开关、熔断器和自动开关、低压断路器等。

（3）低压主令电器。主要用于自动控制系统中发送动作指令的电器，如按钮、转换开关等。

（4）低压保护电器。主要用于保护电源、电路及用电设备，使它们不致在短路、过载等状态下运行遭到损坏的电器，如熔断器、热继电器等。

（5）低压执行电器。主要用于完成某种动作或传送功能的电器，如电磁铁、电磁离合器等。

3. 按工作环境分类

（1）一般用途低压电器是指用于海拔不超过 2000m，周围环境温度在 $-25 \sim +40℃$ 之间，空气相对湿度不高于 90%，安装倾斜度不大于 5°，无爆炸危险的介质及无显著摇动和冲击振动的场合的电器。

（2）特殊用途电器是指在特殊环境和工作条件下使用的各类低压电器，通常是在一般用途低压电器的基础上派生而成的，如防爆电器、船舶电器、化工电器、热带电器、高原电器以及牵引电器等。

按动作方式分为如下两类型：自动切换电器、非自动切换电器。

4. 按用途分类

按用途可分为控制器、保护电器、执行电器和主令电器。

（二）低压电器的组成

一般由感受部分和执行部分两部分组成，感受部分感受外界的信号并做出有规律的反应。在自动切换电器中，感受部分大多由电磁机构组成，如交流接触器的线圈、铁心和衔铁构成电磁机构；在手动电器中，感受部分通常为操作手柄，如主令控制器由手柄和凸轮块组成感受部分。执行部分根据指令要求，执行电路接通、断开等任务，如交流接触器的触点连同灭弧装置。对自动开关类的低压电器，还具有中间（传递）部分，它的任务是把感受和执行两部分联系起来，使它们协同一致，按一定的规律动作。

（三）低压电器的性能参数

主要包括额定电压、额定电流、通断能力、电气寿命和机械寿命等。

（1）额定电压是低压电器在规定条件下长期工作时，能保证电器正常工作的电压值，通常是指主触点的额定电压。有电磁机构的控制电器还规定了吸引线圈的额定电压。

（2）额定电流是保证电器能正常工作的电流值。同一电器在不同的使用条件下，有不同的额定电流等级。

（3）通断能力是低压电器在规定的条件下，能可靠接通和分断的最大电流。通断能力与电器的额定电压、负载性质、灭弧方法等有很大关系。

（4）电气寿命是低压电器在规定条件下，在不需修理或更换零件时的负载操作循环次数。

（5）机械寿命是低压电器在需要修理或更换机械零件前所能承受的负载操作次数。

二、低压器件

（一）低压开关

（1）按钮开关属于主令电器，是一种短时接通或断开小电流电路的手动低压控制电器，常用于控制电路中发出起动、停止、正转或反转等指令，通过控制继电器、接触器等动作，从而控制主电路的通断。按下按钮帽，其常开触点闭合，常闭触点断开，松开按钮帽，在复位弹簧的作用下，触点复位。按钮触点允许通过的电流很小，一般不超过 5A，不能直接控制主电路的通断。按钮通常有常开按钮、常闭按钮、复合按钮和带灯按钮等。选用按钮应根据它的作用，从触点数、颜色和形状等方面考虑，安装时要根据控制工艺要求，合理布局，整齐排列。按钮开关外形和结构如图 4-1 所示，主要由按钮帽、复位弹簧、常开触头、常闭触头、接线桩、外壳等组成。图 4-1 为 LA19 系列按钮开关外形图、结构及符号。

（2）行程开关又称限位开关或位置开关，其作用和原理与按钮相同，只是其触头的动

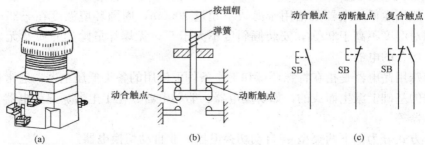

图 4-1　LA19 系列按钮开关外形图、结构及符号

作不是靠手动操作，而是利用生产机械某些运动部件的碰撞使其触头动作。行程开关触点通过的电流一般也不超过5A。行程开关有多种构造形式，常用的有按钮式（直动式）、滚轮式（旋转式）。其中滚轮式又有单滚轮式和双滚轮式两种。

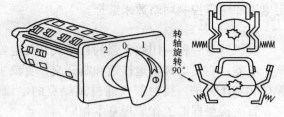

图 4-2 外形及凸轮通断触头示意图

（3）万能转换开关是一种用于控制多回路的主令电器，由多组相同结构的开关元件叠装而成。外形及凸轮通断触头情况如图 4-2 所示。

万能转换开关在电气原理图中的图形符号以及各位置的触头通断表如图所示。图中每根竖的点划线表示手柄位置，点划线上的黑点"●"表示手柄在该位置时，上面这一路触头接通。万能转换开关符号及触头通断表如图 4-3 所示。

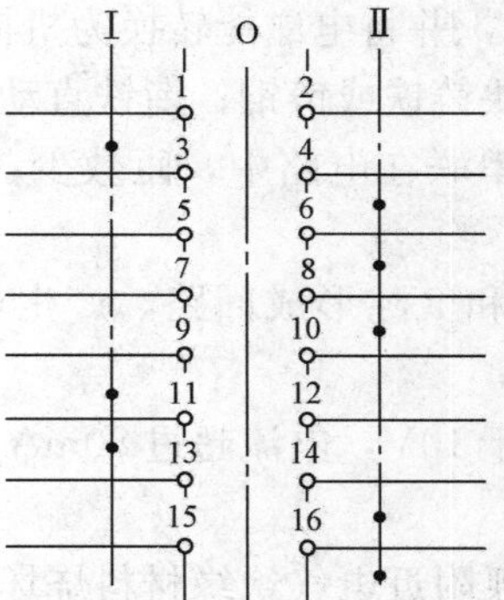

触头标号	I	O	II
1—2	+		
3—4			+
5—6			+
7—8			+
9—10	+		
11—12	+		
13—14			+
15—16			+

图 4-3 万能转换开关符号及触头通断表

（4）主令控制器是用来频繁地按顺序操作多个控制回路的主令电器，用它在控制系统中发布命令，通过接触器来实现对电动机的起动、制动、调速和反转等，其外形及结构如图 4-4 所示，由铸铁的底座和支架、支架上安装的动、静触头及凸轮盘所组成的接触系统等构成。图中1与7表示固定于方形转轴上的凸轮块；2是固定触头的接线柱，由它连接操作回路；3是固定触头，由桥式动触头4来闭合与分断；动触头4固定于能绕轴6转动的支杆5上。

主令控制器的动作原理：当转动手柄10使凸轮块7转动时，推压小轮8，使支杆5绕轴6转动，动触头4与静触头3分断，将被操作回路断开。相反，当转动手柄10使小轮8位于凸轮块7的凹槽处，由于弹簧9的作用，使动触头4与静触头3闭合，接通被操作回路。触头闭合与分断的顺序由凸轮块的形状所决定的。主令控制器的选用主要根据额

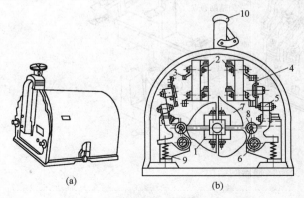

图 4-4 主令控制器外形及结构

1—凸轮块；2—接线柱；3—静触头；4—动触头；5—支杆；
6—转动轴；7—凸轮块；8—小轮；9—弹簧；10—手柄

定电流和所需控制回路数来选择。

（二）接触器

接触器是一种通用性很强的自动式开关电器，是电力拖动和自动控制系统中一种重要的低压电器。它可以频繁地接通和断开交、直流主电路和大容量控制电路。它具有欠电压释放保护和零压保护。接触器按通过其触点的电流种类不同可分为交流接触器和直流接触器。交、直流接触器的工作原理基本相同。

1. 交流接触器的结构

触头系统：主触头、辅助触头、常开触头（动合触头）、常闭触头（动断触头）。通过触头的开合控制电路通、断。材料一般采用铜材料制成；对于小容量电器常用银质材料制成。

电磁系统：动、静铁心，吸引线圈和反作用弹簧。

灭弧系统：灭弧罩及灭弧栅片灭弧。

交流接触器的结构如图 4-5 所示。

电磁机构感受外界信号（如电压、电流等），并将电磁能转换为机械能，带动触头动作。

组成：铁心交流为硅钢片叠加，直流为整块铸铁或铸钢；衔铁直动式、转动式；电压线圈并联在电路中，匝数多、导线细，电流线圈串联在电路中，匝数少、导线粗。交流线圈：短而粗，有骨架；直流线圈：细而长，无骨架。

线圈通入电流，产生磁场，经铁心、衔铁和气隙形成回路，产生电磁力，将衔铁吸向铁心。

开关电器切断电流电路时，触头间电压大于 10V，电流超过 80mA 时，触头间会产生蓝色的光柱，即电弧。

电弧延长了切断故障的时间；高温引起电弧附近电气绝缘材料烧坏；形成飞弧造成电源短路事故。

灭弧措施：吹弧、拉弧、长弧割短弧、多断口灭弧、利用介质灭弧、改善触头表面材料。

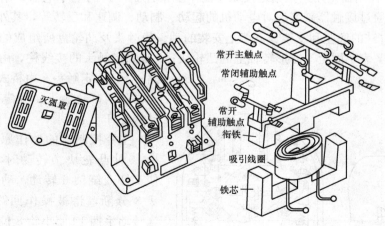

常开主触点
常闭辅助触点
常开辅助触点
衔铁
吸引线圈
铁芯
灭弧罩

图 4-5 交流接触器的结构

2. 交流接触器的工作原理

当交流接触器的电磁线圈接通电源时，线圈电流产生磁场，使静铁心产生足以克服弹簧反作用力的吸力，将动铁心向下吸合，使常开主触头和常开辅助触头闭合，常闭辅助触头断开。主触头将主电路接通，辅助触头则接通或分断与之相连的控制电路。当接触器线圈断电时，静铁心吸力消失，动铁心在反作用弹簧力的作用下复位，各触头也随之复位。

交流接触器的铁心和衔铁如图 4-6 所示。由 E 型硅钢片叠压而成，防止涡流和过热，铁心上还装有短路环防止振动和噪声。接触器的触点分主触点和辅助触点，主触点通常有三对，用于通断主电路，辅助触点通常有两开两闭，用在控制电路中起电气自锁和互锁等作用。当接触器的动静触点分开时，会产生空气放电，即"电弧"，由于电弧的温度高达 3000℃或更高，会导致触点被严重烧灼，缩短了电器的寿命，给电气设备的运行安全和人身安全等都造成了极大的威胁，因此，我们必须采取有效方法，尽可能消灭电弧。

3. 接触器的符号如图 4-7 所示

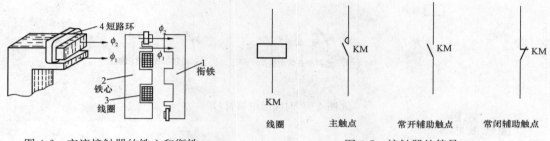

图 4-6 交流接触器的铁心和衔铁   图 4-7 接触器的符号

4. 接触器的主要技术指标

额定电压：交流接触器 127V、220V、380V、500V；直流接触器 110V、220V、440V。

额定电流：交流接触器 5V、10V、20V、40V、60V、100V、150V、250V、400V、600A；直流接触器 40V、80V、100V、150V、250V、400V、600A。

吸引线圈额定电压：交流接触器 36V、110（127）V、220V、380V；直流接触器 24V、48V、220V、440V。

5. 接触器的使用选择原则

根据电路中负载电流的种类选择接触器的类型；接触器的额定电压应大于或等于负载回路的额定电压；吸引线圈的额定电压应与所接控制电路的额定电压等级一致；额定电流应大于或等于被控主回路的额定电流。

（三）继电器

继电器主要用于控制与保护电路中进行信号转换。继电器具有输入电路（又称感应元件）和输出电路（又称执行元件），当感应元件中的输入量（如电流、电压、温度、压力等）变化到某一定值时继电器动作，执行元件便接通和断开控制回路。控制继电器种类繁多，常用的有电流继电器、电压继电器、中间继电器、时间继电器、热继电器，以及温度、压力、计数、频率继电器等。电压、电流继电器和中间继电器属于电磁式继电器。其结构、工作原理与接触器相似，由电磁系统、触头系统和释放弹簧等组成。由于继电器用于控制电路，流过触头的电流小，故不需要灭弧装置。电磁式继电器的图形和文字符号如图 4-8 所示。

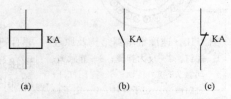

图 4-8 电磁式继电器的图形和文字符号

1. 时间继电器

时间继电器的分类。按构成原理分为电磁式、电动式、空气阻尼式、晶体管式、数字式;按延时方式分为通电延时型、断电延时型。

时间继电器符号如图 4-9 所示。

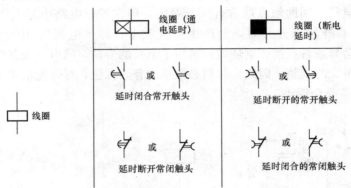

图 4-9　时间继电器符号

2. 电流继电器

电流继电器分为电磁式电流继电器、静态电流继电器。

电磁继电器的工作原理和特性:电磁式继电器一般由铁心、线圈、衔铁、触点簧片等组成的。只要在线圈两端加上一定的电压,线圈中就会流过一定的电流,从而产生电磁效应,衔铁就会在电磁力吸引的作用下克服返回弹簧的拉力吸向铁心,从而带动衔铁的动触点与常触点(常开触点)吸合。当线圈断电后,电磁的吸力也随之消失,衔铁就会在弹簧的反作用力返回原来的位置,使动触点与原来的静触点(常闭触点)吸合。这样吸合、释放,从而达到了在电路中的导通、切断的目的。对于继电器的"常开、常闭"触点,可以这样来区分:继电器线圈未通电时处于断开状态的静触点,称为"常开触点";处于接通状态的静触点称为"常闭触点"。

静态电流继电器,采用进口集成电路构成。被测量的交流电流 I 经隔离变流器后,在其次级得到与被测电流成正比的电压 U_i。经定值整定后进行整流,整流后的脉冲电压经滤波器滤波,得到与 U_i 成正比的直流电压 U_o。在电平检测中 U_o 与直流参考电压 U_e 进行比较,若直流电压 U_o 低于参考电压,电平检测器输出正信号,驱动出口继电器,继电器处于动作状态,反之,若直流电压 U_o 高于参考电压 U_e,电平检测器输出负信号,继电器处于不动作状态。

3. 速度继电器

速度继电器是当转速达到规定值时动作的继电器。主要用于电动机反接制动控制电路中,当反接动的转速下降到接近零时能自动地及时切断电源。速度继电器结构及原理如图 4-10 所示。

速度继电器由转子、定子和触头三部分组成,如图 4-

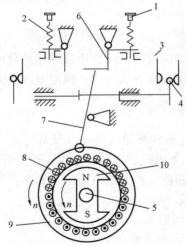

图 4-10　速度继电器结构及原理
1—螺钉;2—反力弹簧;3—静触头;
4—动触头;5—转轴;6—返回杠杆;
7—杠杆;8—定子导体;9—定子;
10—转子

10 所示。转子由永久磁铁制成，固定在轴上。浮动定子与轴同心，而且能独立摆动。定子由硅钢片叠成，并装有笼型绕组。

速度继电器与电动机轴相连，当电动机旋转时，转子 11 随之转动，形成旋转磁场。笼型定子绕组切割磁力线而产生感应电流，此电流与旋转磁场作用产生电磁转矩，使定子随转子的转动方向偏动，带动杠杆 7 推动相对应触点动作。在杠杆推动触点的同时也压缩反力弹簧 2，其反作用力阻止定子继续转动，处于相对稳定状态。

4. 热继电器

热继电器是一种利用电流的热效应原理来进行工作的保护电器。主要用于电机的过载保护，其结构如图 4-11 所示。

5. 小型继电器

小型通用继电器适用于电气电子控制设备，家用电器、办公、自动化、试验、测试、保安（密）、通信设备、机床、建筑设备、仪器仪表、可作为遥控、中间转换或放大元件，其引出端子适用于印制板（PCB）线路安装使用，端子间距和外形尺寸已标准化、系列化、国内、外通用。

JQX-13 系列继电器具有体积小、通断负载电流大，寿命长等特点，可供各种控制通信设备及继电器保护设备中作切换交、直流电路信号用。HH5 系列小型通用继电器，适用于电子设备、通信设备、电子计算机控制设备中，作切换电路及扩大控制范围之用。

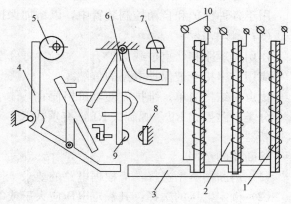

图 4-11　热继电器结构

1—双多属片；2—线圈；3—导板；4—推杆；5—凸轮；
6—弹簧；7—复位按钮；8—静触头；9—动触头；
10—接线端

6. DX-系列信号继电器

DX-系列信号继电器使用于电力系统二次回路的继电保护线路中作为动作指示信号用。功耗小于或等于 2W；动作时间为 0.05s；触点容量为 50W；环境温度为 −20℃～+50℃。

7. 闪烁继电器

JSZ-2 型晶体管闪烁继电器为一般科学实验及工业生产之电器故障指示基本元件，是广泛应用于石油、化工、机电等故障报警闪烁指示中的自动控制元件。

主要技术参数：按电源电压分有交流 30V、220V、380V 三种继电器，继电器有三组转换接点，其控制容量当电流电压 220V 时，对阻性负载为 5A，对感性负载为 3A；当交流电压为 380V，对阻性负载为 3A，对感性负载为 1.5A。适用于环境温度 −20～+45℃，相对湿度小于 98%。

8. 中间继电器

适用于交流 50Hz、或 60Hz、额定电压至 380V 或直流额定电压至 220V 的控制电路中，用来控制各种电磁线圈，以使信号扩大或将信号同时传送给有关控制元件。

中间继电器 JZ8 系列技术数据：

(1) 继电器触头额定电流为 5A。额定容量等级为 JF2 和 ZF2。

（2）继电器的工作制为：间断长期工作制和反复短时工作制，反复短时工作制额定操作频率 2000 次/h，通电持续率为 40%。注：继电器如用于长期工作制时，其线圈温升按间断或反复短时工作制允许温升值考核。

（3）继电器的机械寿命应不低于 1000 万次。

（4）继电器触头在额定操作频率和一定工作条件下的电寿命应不低于 100 万次。

（5）继电器的热态吸合电压不大于 85% 额定工作电压；冷态释放电压应大于 5% 额定工作电压。

（6）继电器的吸合和释放的固有动作时间不大于 0.05s。

（7）继电器线圈的消耗功率：直流为 7W，交流约 10V·A。

用于各种保护和自动控制装置中，以增加保护的控制回路的触点数量和触点容量。

（四）熔断器

作用：短路和严重过载保护。

应用：串接于被保护电路的首端。

优点：结构简单，维护方便，价格便宜，体小量轻。

分类：磁插式 RC，螺旋式 RL，有填式 RT，无填料密封式 RM，快速熔断器 RS，自恢复熔断器。

熔断器的选用：

（1）熔断器类型选择：应根据电路的要求、使用场合和安装条件选择。

（2）额定电压的选择：其额定电压应大于或等于线路的工作电压。

（3）熔断器额定电流的选择：其额定电流必须大于或等于熔体的额定电流。

（4）熔体额定电流选择：对电炉、照明等电阻性负载的保护，应等于或稍大于电路的工作电流；保护单台电动机时，考虑到起动冲击，熔体额定电流应按下式计算：$I_{RN} \geqslant (1.5 \sim 2.5)I_N$。

（五）低压断路器与其他开关

1. 组合开关

组合开关在机床电气控制中用作电源引入开关，也可用来直接控制小容量三相异步电动机非频率正反转。组合开关由动触头、静触头、方开转轴、手柄、定位机构及外壳组成。动、静触头分别叠装在数层绝缘座内。转动手柄，每层的动触片随着方形手柄转动，并使静触片插入对应的动触片内，接通电路。

HZ3 系列组合开关适用于交流 50Hz 或 60Hz，电压至 500V 的电路中，作为电源引入开关，或作为控制操作频率每小时不大于 300 次的三相笼型感应电动机用，特殊结构的组合开关，运用于电压至 220V 的直流电路中，控制电磁吸盘用。HZ3 系列组合开关是由鼓形动触头和直立式静触头及一组定位机构组式。防护型式有薄钢板外壳防护式和开启式两种。安装方式有无面板式和有面板式两种，由中间鼓形动触头旋转作其分断和闭合，定位机构能使触头迅速、正确动作，不致停留在任何中间位置。

HZ5B 型组合开关适用于交流 50Hz，电压至 380V 的电路中作电动机、停止、换向、变速之用。海拔不超过 2000m；周围空气温度不高于 +40℃，不低于 −25℃，24h 内的平均温度不超过 +35℃；安装地点空气清洁，大气相对湿度在周围最高温度为 40℃时不超过 50%，最湿月的平均温度 25℃时月平均最大湿度为 90%，并考虑到由于温度变化发生在产品表面上的凝露。

HZ10 系列组合开关（以下称开关）适用于交流 50Hz、380V 及以下，直流 220V 及以下的电气线路中，供手动作不频繁地接通或分断电路、换接电源或负载、测量电路之用，也可控制小容量电动机。

2. 主令开关

主令开关常用的按钮按用途和结构的不同，可分为起动按钮、停止按钮和复合按钮等。起动按钮采用绿色钮帽，带有常开触头。当按下按钮帽，常开触头闭合，接通起动控制回路；手指松开，常闭触头断开。停止按钮采用红色钮帽，带有常闭触头，按下断开，松开时闭合。

复合按钮带有联动的常开和常闭触头，手指按下钮帽时，先断开常闭触头，再闭合常开触头；手指松开，则常开触头和常闭触头先后复位。

3. 低压断路器

低压断路器又称空气开关，多用于不频率地转换及起动电动机，对线路、电器设备及电动机实行保护，当发生严重过载、短路及欠电压时能自动切断电源，起到保护作用，其结构如图 4-12 所示。

低压断路器的主触头是靠手动操作或电动合闸，过电流脱扣器线圈与主电路串联。当电路发生短路，过电流继电器脱扣器的衔铁吸合，使自由脱扣器机构动作，使主触头断开主电路。当电路过载时，热脱扣器的热元件发热使双金属片向上弯曲，推动自由脱扣器机构动作，主触头断开主电路。正常工作电压情况下，欠电压脱扣器衔铁被吸下，保持主触头闭合，当电路欠电压时，欠电压继电器衔铁被释放，使自由脱扣器动作（被顶开），主电路断开，起到保护作用，分励脱扣器则作为远距离控制用，在正常工作时，其线圈是断电的，在需要远距离控制时，按下起动按扭，使线圈通电衔铁带动自由脱扣器机构动作，使主触头断开。

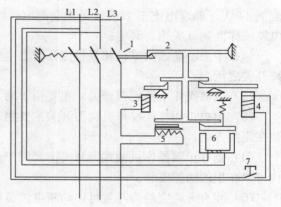

图 4-12　低压断路器结构
1—手动或电动手柄；2—主触头；3—过电流脱扣器；
4—分励脱扣器；5—热脱扣器；6—欠电压脱扣器；
7—分励脱扣器远距离控制按钮

DW15 系列万能式断路器（以下简称断路器）的额定电流为 100～4000A，限流断路器至 630A，额定电压交流 50Hz，400～1140V。该断路器主要在配电网络中用作分配电能和保护线路及电源设备的过载、欠电压和短路。DW15-200、400、630 也能在交流 50Hz、400V 电网中用来保护电动机的过载、欠电压和短路。在正常条件下，断路器可作为线路不频繁转换及电动机不频繁起动之用。

CDB1 系列小型断路器适用于交流 50Hz、额定工作电压为 230/400V 及以下，额定电流至 63A 的电路中，主要用于现代建筑物的电气线路及设备的过载、短路保护，亦适用于线路的不频繁转换之用。该产品适用于工矿企业，高层建筑业、商业和民用住宅等各种场所。

DZ47LE 漏电断路器适用于交流 50Hz 额定电压至 400V 的线路中，作漏电保护之用。

当人触电或电路泄漏电流超过规定值时，能在极短的时间内自动切断电源，保障人身安全和防止设备因发生泄漏电流造成的事故。同时也具有过载和短路保护功能，亦可在正常情况下作为不频繁转换之用。

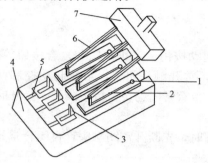

图 4-13　胶壳刀开关结构

1—出线座；2—熔丝；3—触刀座；

4—瓷底座；5—进线座；6—触刀；

7—瓷柄

4. 胶壳刀开关

胶壳刀开关由手柄、熔丝、触刀座和底座组成。胶壳使电弧不致飞出灼伤操作人员，防止极间电弧造成电源短路；熔丝起短路保护作用。其结构如图 4-13 所示。刀开关安装时，手柄要向上，不得倒装或平装。若倒装时，手柄有可能因自动下滑而引起误合闸，造成人身事故。接线时，应将电源线接在上端，负载接在熔丝的下端。选取形式应根据控制的要求、安装条件及安全需要来确定，刀的极数要与电源进线相数相等。刀开关的额定电压应与所控制的线路额定电压一致或略大于一点。刀开关的额定电流应等于或大于负载额定电流。

HD 系列适用于交流 50Hz、额定电压至 380V、直流至 440V、额定电流至 1500A 的成套配电装置中，作为不频繁地手动接通和分断交、直流电路或作隔离开关用。其中：

（1）中央手柄式的单投和双投刀开关上主要用于磁力站，不切断带有电流的电路，作隔离开关之用。

（2）侧面操作手柄式刀开关，主要用于动力箱中。

（3）中央正面杠杆操作机构刀开关主要用于正面操作、后面维修的开关柜中，操作机构装在正前方。

（4）侧方正面操作机械式刀开关主要用于正面两则操作、前面维修的开关柜中，操作机构可以在柜的两侧安装。

（5）装有灭弧室的刀开关可以切断电流负荷，其他刀开关只作隔离开关使用。

5. 隔离开关

Q 系列开关主要用在短路电流大、功率因数低的供配电线路中作手动不频繁操作的主开关，尤其适合于安装在抽屉式低压成套装置中。

HRTO 系列熔断器式隔离开关（石板式熔断器式隔离开关）是以熔断体或带有熔断体的载熔件，以作为动触头的一种隔离开关。隔离开关是具有隔离功能的开关，隔离功能是指为了安全，通过把电器或某一部分同所有电源分开，以达到切断电器或某一部分的电源功能。

HRG-25 防护式熔断器开关（以下简称开关），体积小巧，结构新颖，性能优良可靠，外壳采用具有阻燃性的优质工程塑料制成，使开关更具安全性。开关主要用于宾馆、公寓、高层建筑、车站、工矿企业车间、实验室等单位的照明线路以及小型动力设备机床的控制线路，作为手动不频繁地接通和分断有负载电路及小容量线路的短路保护之用，可替代同类型的进口产品。

HL32 隔离开关适用于交流 50Hz，额定电压 400V 及以下，额定电流在 100A 及以下的场所，用作电源在负载情况下的频繁操作，具有明显、合断状态指示，超长寿命等优点。

第二节　照　明　控　制

一、概述

（一）电光源的分类

按其工作原理可分为两大类：

（1）热辐射光源——利用电能使物体加热到白炽程度而发光的光源，如白炽灯、卤钨灯。

（2）气体放电光源——利用气体或蒸汽的放电而发光的光源，如荧光灯、荧光高压汞灯、高压钠灯、金属卤化物灯等。

（二）电光源的基本特性

（1）从照明应用的角度看，对电光源的性能要求为高光效、长寿命、光色好、能直接接在标准电源上使用、接通电源后立即点亮、形状精巧，结构紧凑，便于控光。

（2）电光源的性能指标。

（3）热辐射特性。

（4）气体放电原理。

二、电光源

（一）白炽灯

白炽灯是根据热辐射原理制成的，灯丝在将电能转变成可见光的同时，还要产生大量的红外辐射和少量的紫外辐射。

1. 类别

普通照明灯泡，电影舞台用灯泡，照相用灯泡，铁路用灯泡，船用灯泡，汽车用灯泡，仪器灯泡，指示灯泡，红外线灯泡，标准灯泡等。

2. 应用

白炽灯的光效虽然比较低，但由于它使用极其方便，辐射光谱是连续的，显色性好，因此，至今它仍是应用最广的一种光源。高色温的灯色温约为 3200K，主要用于摄影和放映电影以及电视和舞台照明；用作一般照明的灯色温为 2700～2900K；色温在 2500K 以下的是红外灯，主要用于红外加热干燥、温室保温和医疗保健等。

在使用的过程中，灯丝蒸发，灯丝变细，电阻变大，灯的功率和灯丝温度下降，再加上玻壳发黑，致使灯的光通量减少，光效降低。这些过程与灯的材料和制作过程有着密切的关系。尤其当灯泡内有残留的水分时，还会产生水（或蒸汽）循环，促使玻壳发黑。

（二）卤钨灯

填充气体内含有部分卤族元素或卤化物的充气白炽灯称为"卤钨灯"。

1. 卤钨循环的原理

（1）普通白炽充气灯泡，由于它的灯丝在高温工作时的蒸发，会导致灯丝的损耗，蒸发出来的钨就聚积在玻壳上——黑化现象。

（2）当卤素加进填充气体后，如果灯内达到某种温度和设计条件，钨和卤素之间就会发生可逆的化学反应。简单地讲，就是白炽灯灯丝蒸发出来的钨，有部分朝玻壳壁方向扩散。在灯丝和玻壳之间的一定范围内，其温度条件有利于钨和卤素结合，生成的卤化钨分子又会扩散到灯丝上重新分解，使钨又送回到了灯丝。至于分解后的卤素则又可参加下一轮的循环反应，这一过程称为卤钨循环或再生循环。

（3）目前，广泛采用的是溴、碘两种卤素，制成的灯分别叫"溴钨灯"和"碘钨灯"，统称为"卤钨灯"。

2. 卤钨灯的结构与参数

卤钨灯分为两端引出和单端引出两种。两端引出的灯管用于普通照明；单端引出的用于投光照明、电视、电影、摄影等场所。

碘钨灯由于碘蒸汽呈紫红色，吸收 5％的光线，其光效比溴钨灯低 4％～5％。由于碘在温度为 1400℃以上的灯丝和 250～1200℃的玻壳壁间循环，对钨丝没有腐蚀作用，故需要灯管寿命长些就采用碘钨灯；需要光效高的灯管可用溴钨灯，但寿命就短些。

3. 卤钨灯的应用

与白炽灯相比，卤钨灯具有许多显著的特性和设计上的优点。其优点是：在整个寿命期间始终保持光通量不变，寿命和光效均有很大的增长，灯丝亮度较高，显色性好，玻壳小而坚固，内部结构牢固、有可能使灯具和光学设备小型化，便于光控制，使成本降低等。因此，它在各个照明领域中得到了广泛的应用。

4. 卤钨灯的使用注意事项

（1）为维持正常的卤钨循环，使用时要避免出现冷端，例如，管形卤钨灯工作时，需水平安装，倾角不得大于±40°，以免缩短灯的寿命。

（2）管形卤钨灯正常工作时管壁温度约为 3000℃左右，不能与易燃物接近，而且灯脚引入线应该采用耐高温导线，灯脚与灯座之间的连接应良好。

（3）卤钨灯灯丝细长又脆，要避免震动和撞击，也不宜作为移动式局部照明。

（三）荧光灯

由放电产生的紫外辐射激发荧光粉而发光的放电灯称为"荧光灯"，它属于一种低气压汞蒸汽弧光放电灯。

1. 荧光灯的结构

荧光灯由内壁涂有荧光粉的钠钙玻璃管组成，其两端封接上涂覆三元氧化物电子粉的双螺旋形的钨电极，电极常常套上电极屏蔽罩，尤其在较高负载的荧光灯中。电极屏蔽罩一方面可以减轻由于电子粉蒸发而引起的荧光灯两端发黑，使蒸发物沉积在屏蔽罩上；另一方面可以减少灯的闪烁现象。灯管内还充有少量的汞，正是这少量的汞形成的汞蒸汽放电才使荧光灯发光。

荧光灯工作电路如图 4-14 所示。

2. 电子镇流器

（1）高频工作特性。荧光灯大约在工作频率超出 1kHz 时，灯内的电离状态不随电流迅速地变化，从而在整个周期中形成几乎恒定的等离子体密度和有效阻抗。当其工作频率超过20kHz 时，光效可提高 10％～20％，同时荧光灯工作在高频状态下，可以克服闪烁与频闪给人带来的视觉不舒适。基于此原理，电子镇流器应运而生。

（2）电子镇流器与电感镇流器的比较。

1）电子镇流器在电源电压较低（不低于 130V）、环境温度较低（－10℃左右）的情况下都能使荧光灯管一次快速起辉（不用起辉器），灯管无闪烁、整流器本身无噪声。

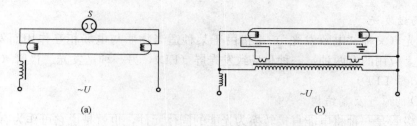

图 4-14　荧光灯工作电路
(a) 开关型；(b) 预热式变压器型

2）节约电能，电子镇流器本身的损耗很小，同一根灯管使用电子镇流器比用电感镇流器向电网取用的功率要减少 30％左右。

3）功率因数大于 0.9（用电感镇流器时为 0.33～0.52）且阻抗呈容性，故能改善电网功率因数，提高供电效率。

4）体积小、重量轻、安装方便，可以直接安装在各种灯具上。

（四）高强度气体放电灯

高强度气体放电灯（High Intensity Discharge，HID）是高压汞灯、金属卤化物灯和高压钠灯的统称。

1. HID 灯的结构与参数

从 HID 灯的发展情况来看，荧光高压汞灯显色指数低（30～40），但由于其寿命长，目前仍为人们广泛采用。金属卤化物灯显色指数高（60～85），目前国外生产的 50W、70W 等小容量灯泡已进入家庭。随着制灯技术的发展，寿命逐渐提高，最终将取代荧光高压汞灯。高压钠灯光效之高，居所有光源之首（达 150lm/W），是很有发展前途的光源。

2. HID 灯的工作特性

高强度气体放电灯（HID 灯）的工作电路必须符合以下两点要求：需要采用镇流器、需要比电源电压更高的起动电压。

（1）灯的起动与再起动。一般起动时间为 4～10min 左右，而且 HID 灯熄灭以后，不能立即起动，必须等到灯管冷却。一般再起动时间为 5～10min 左右。

（2）电源电压变化的影响。电压过低时，HID 灯可能会自然熄灭或不能起动，光色也有所变化；电压过高也会使灯因功率过高而熄灭。

（3）寿命与光通量维持。HID 灯的寿命很长，可达数万小时。

（五）低压钠灯

低压钠灯是基于在低气压钠蒸气放电中钠原子被激发而发光的原理制成的，是以波长为 539nm 的黄色光为主体，在这一谱线范围内人眼的光谐光效率很高，所以其光效很高，可达 150lm/W 以上。

低压钠灯的点燃是以开路电压较高的漏磁变压器进行直接起动，起动稳定时间需 10min 左右。灯管寿命达 2000～5000h，随点灭次数的增加，寿命缩短。使用时为防止液态钠移动影响特性和寿命，以水平点燃为最理想。

低压钠灯显色性很差，不宜作为室内照明光源，但黄光透雾性好，被应用于隧道及道路等方面的照明。

（六）场致发光

场致发光（又称"电致发光"）是指由于某种适当物质与电场相互作用而发光的现象。目前在照明上应用的有两种：一种是场致发光屏（EL），另一种是发光二极管（Lighting Emitting Diode，LED）。

1. LED 的原理及其结构

发光二极管是一种将电能直接转换为光能的固体元件，也就是说它可作为有效的辐射光源。与所有半导体二极管一样，LED 具有体积小、寿命长、可靠性高等优点，能在低电压下工作，不仅如此，它还能与集成电路等外部电路配合使用，便于实现控制。

单色 LED、白色 LED 自 1996 年诞生以来，其光效不断地提高，1999 年达到 15lm/W，截止 2001 年光效已达到 40～50lm/W。估计不远的将来，随着功率较大的白色 LED 的出现，利用白色 LED 作为照明光源已经为期不远了。

2. LED 的性能

LED 的电性能与一般检波二极管十分相似，在 10mA 工作电流时，典型的正向偏压为 2V。在 LED 工作时，为了防止元件的温升过高，应对正向电流加以限制，通常需串联限流电阻或采用电流源供电。

LED 是一种高密度辐射的电光源，其亮度取决于电流密度。市场上供应的红色 LED 的亮度可达 $3500cd/m^2$，而荧光灯的标准亮度仅为 $5000cd/m^2$。LED 的寿命很长，其额定寿命一般都超过 $10^5 h$。

3. LED 的常用产品及其应用

对于许多仅需很小光强或几十流明光通的照明应用场合，LED 是一种最理想的选择。譬如，易弯曲的塑料管内装 LED 可安置在地坪上或踏步下；LED 作为公路车道线标志，在雨天或迷雾状况下仍能保持良好的能见度；LED 也能安装在人行道上，用于照亮步行道与街道间的落差。

目前，国内外有许多城市已采用 LED 作为交通信号灯和诱导灯。

在城市景观照明中，人们利用不同颜色的 LED 组合，借助于微处理器来控制灯光的颜色变换，这种设计实现了在美化环境的同时又照亮了周边区域。

（七）现代照明灯具

随着现代照明技术的不断进步，新材料、新工艺、新科技广泛运用，以及人们对各种照明原理及其使用环境的深入研究，突破了以往单纯照明、亮化环境的传统理念，极大的丰富了现代灯具、灯饰对照明环境的表现力与美化手段。采用计算机辅助设计，通过对照明场所亮度、配光曲线要求、灯具的功能、结构设计，使灯具在满足实用需求和最大限度地发挥光源功效的前提下，更注重灯具外观造型上装饰性美学效果，由此形成了现代灯具发展的三大流行趋势。

1. 应用高效节能光源

以电子镇流器为代表的照明灯具电子化技术迅速发展，各种集成化装置和计算机控制系统对灯具和照明系统的应用取得了显著的进步，灯具及照明系统在调光、遥控、控制光色等方面均有了很大的改善。

2. 向多功能小型化发展

各种新技术、新工艺不断采用，镇流器等灯用电器配件小型化，现代灯具正在向小型、实用、多功能方向发展，光源越来越紧凑。

3. 由单纯照明功能向照明与装饰并重发展

现代灯具正处于从"亮起来"到"靓起来"的转型中，更强调装饰性和美学效果。现代灯具的设计与制作运用现代科学技术，将古典造型与时代感相结合，体现了现代照明技术的成果。

三、照明控制系统

（一）数字化智能照明控制系统

1. 照明自动化系统的主要特点

（1）采用分散控制方式，确保系统的稳定性。

（2）各控制盘内装有中央处理器（CPU），可维持稳定的系统运营。

（3）通过自检功能，易于保养和管理，且所有机件为插入式模组，发生故障时可轻易地换装。

（4）具有 20A 自锁继电器，具有自锁功能，该继电器在动作时才消耗电能，其余时间不消耗电能，对突然停电可继续保持原来的状态，确保系统的稳定性。

（5）可在中央监控中心与现场控制盘之间上载或下载程序，且必要时，也可通过网络电脑在现场直接修改程序。

（6）以其极佳的兼容性，可组合系统的多种网络。

（7）具有独立操作功能并适合于多种用途的直接数字式控制器（DDC）功能，实现与其他系统的联动控制。

（8）采用了可与 IBS 网络直接联动的 Windows 软件。

2. 采用智能照明控制系统的优点

（1）良好的节能效果。

（2）延长光源的寿命。

（3）改善工作环境，提高工作效率。

（4）照度一致性。

（5）实现多种照明效果。

（6）实现照明控制智能化。

（7）智能控制，管理维护方便。

3. 照明控制系统的控制范围和控制内容

照明控制系统控制的范围主要包括以下几类：工艺办公大厅、计算机中心等重要机房、报告厅等多功能厅、展厅、会议中心、门厅和中庭、走道和电梯厅等公用部位；大楼的总体和立面照明也由照明控制系统提供开关信号进行控制，如图 4-15 所示。

4. 智能照明控制系统的基本结构

照明控制系统是为了适应各种建筑的结构布局以及不同灯具的选配，从而实现照明的多样化控制。现有的照明控制系统主要分为分布式照明控制系统以及多重网络照明控制系统两种。这两种控制系统的结构框图如图 4-16 和图 4-17 所示。

5. 智能照明控制系统设备

（1）照明控制器。每个照明控制器内装 CPU，即可以单独进行控制，也会进行控制器之间的联动控制。由于各控制器是对各控制单元单独进行控制，当主控中心的 CPU 故障

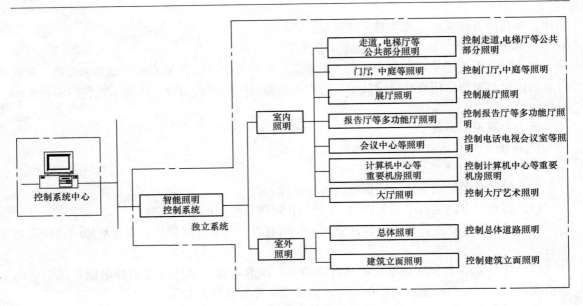

图 4-15　智能照明系统结构框图

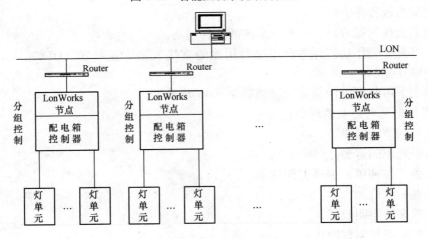

图 4-16　分布式照明控制系统结构框图

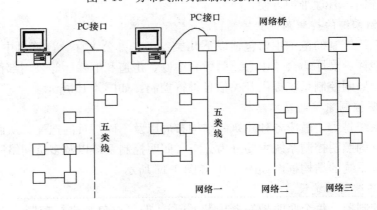

图 4-17　多重网络照明控制系统结构图

时，控制仍旧正常。特别各控制器的主板出现故障时，可通过继电器进行控制。

（2）现场控制器。现场控制器是由可编程开关，照度感应器和室内感应器组成的。在中央监控中心任意设定的程序控制下，各现场控制器可按用途对单个灯单元分别进行监控。

（二）智能型应急照明

应急照明系统是大型民用建筑电气设计中的一个非常重要的环节。由于应急照明设备具有分散性，星罗棋布于楼宇内的各个角落，这就给应急照明设备的光源、线路和电池设备的监测和维护带来许多困难和巨大的工作量。即使是拥有自动化系统的智能楼宇，也不能不为此大伤脑筋。中央监测应急照明系统的产生为智能楼宇提供了一个能与之匹配的比较完善的应急照明系统的解决方案，如图4-18所示。

应急照明系统主要由中央监测型应急灯、信号转换装置和中央监测仪组成。该系统应用微处理器和总线技术把在楼宇内各自分散独立运行的应急照明灯具组成了一个实时、高效、分布式控制的网络系统。

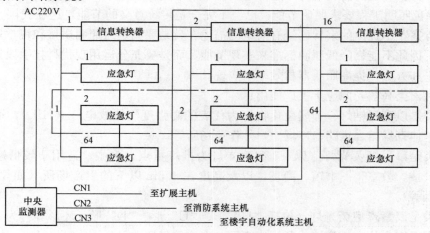

图4-18 中央监测型应急照明系统

（三）城市照明集中监控系统

城市照明集中监控系统适用于城市照明的自动化监控管理，以适应生产组织机制的重组改革，适应管理结构下专业化、统一化集中管理的特点。使用城市照明集中监控系统可以通过节能，延长灯具使用寿命，防止窃电和强化维护管理，提供及时、准确的照明监控，改善照明环境等各方面，获得良好的社会、经济效益。

城市照明集中监控系统实现了"三遥"监控、信息管理一体化，为照明行业提供了智能化、科学化的管理手段，提高了照明行业的管理水平，促进了整个照明行业的发展。

城市照明集中监控系统界面友好，操作简单，适用于大中城市的照明管理部门使用，其对于城市照明的监控，提高管理部门的管理水平，起着重要作用。

城市照明集中监控系统由照明监控终端（Lighting Terminal Unit，LTU）、通信网络和后台主站系统3层结构构成。

（四）绿色照明

稀土三基色荧光粉是由稀土红粉、绿粉、蓝粉三种基色粉组成，主要用于紧凑型节能荧光灯、霓虹灯及彩灯。由红、绿、蓝三种基色粉按不同比例可以调制出各种色调荧光粉，以满足各种色调节能灯。其技术原理是通过紫外线（节能灯内水银发出的 253.7nm 紫外线）激发发光材料，使发光材料原子核外电子从基态（或亚稳态）激发到不稳定的激发态，当处于激发态的电子跃迁到稳定的基态（或亚稳态）时，放出多余能量，发出可见光。以此生产的稀土三基色荧光粉，在还原、提纯及粒度控制技术等方面质量稳定可靠，排放符合环保要求，产品成本低。用该荧光粉制成的节能灯较白炽灯节电 80% 以上，被称为"绿色照明"。

在我国实施绿色照明的宗旨是发展和推广高效照明器具，节约照明用电，建立优质高效、经济、舒适、安全可靠、有益环境和改善人们生活质量，提高工作效率，保护人民身心健康的照明环境，以满足国民经济各部门和人民群众的日益增长的对照明质量、照明环境的更高要求和减少环境污染的需要。

（1）绿色照明工程要求人们不要简单地认为只是节能，而要从更高层次去认识，提高到节约能源、保护环境的高度对待，这样意义更广泛、更深远。

（2）绿色照明工程要求照明节能，已经不完全是传统意义的节能，这在我国"绿色照明工程实施方案"中提出的宗旨已经有清楚的描述，就是要满足对照明质量和视觉环境条件的更高要求，因此不能靠降低照明标准来实现节能，而是要充分运用现代科技手段提高照明工程设计水平和方法，提高照明器材效率来实现。

目前有三类高效光源应予推广使用：

第一类是以高压钠灯、金属卤化物灯为代表的高强度气体放电灯（HID），适用于高大工业厂房、体育场馆、道路、广场、户外作业场所等。

第二类是以直管荧光灯（以 T8 型荧光灯为推广重点）为主，适用于较低矮的室内场所，如办公楼、教室、图书馆、商场，以及高度在 4.5m 以下的生产场所（如仪表、电子、纺织、卷烟等）。

第三类是以紧凑型荧光灯（包括"H"形、"U"形、"D"形、环形等）为主，替代白炽灯，适用于家庭住宅、旅馆、餐厅、门厅、走廊等场所。

LED、MLD 路桥发光护栏灯可以将道路、桥梁两侧的钢管护栏改成发光护栏灯，夜晚发光护栏灯点亮时，通体发光均匀，颜色绚丽，明亮醒目，灯带犹如路、桥两边飞架的彩虹，成为城镇夜色中又一景观。同时，发光护栏灯光线柔和，无眩光感，不刺眼目，尤其是在雨、雪、雾天气，能够引导车辆行进方向，对司机的视线和交通安全起到一定的辅助作用。该产品是一项既美观又实用的路、桥设施。

路、桥发光灯的外管采用高强度工程塑料 PC 材料管，它除了重量较轻、外形美观等优点外，其防撞击能力约相当于钢铁护栏的 40%，具有一定的安全可靠性。

路、桥发光灯采用 MLD 或 LED 光源，它具有使用寿命长、节能、无污染、抗震性强，可在高温及低温环境中长期使用。

路、桥发光灯控制器采用程控及通信技术，能够使发光灯同时启动，同步变化，可静可动。路、桥护栏灯安装、维修简便。该灯具有防水、防尘、防潮及漏电保护等功能，使用安全、可靠。

目前 LED 应用产品已经从 3C 产品中简单的计算机或家电的电源指示灯、音响面板的背光源，再随着技术的突破及亮度的提升，发展到手机按键背光源及目前最热门的彩色手机屏幕背光源之应用。除此之外，LED 也已经应用于汽车刹车灯、尾灯、室内灯；在室外方面还可以使用于户外大型看板、交通号志灯、建筑物户外造景灯等。在技术上取得突破及价格下降趋势的驱动下，未来将逐渐取代目前照明用的日光灯。

绿色照明系统优化设计，要求低能耗下获得高的光效输出，并延长灯的使用寿命。因此DC-AC逆变器设计，应获得合理的灯丝预热时间和激励灯管的电压和电流波形。目前处在研究开发的高效节能绿色光源中，照明光源激励方式主要有以下四种：

（1）自激推挽振荡电路，通过灯丝串联启辉器预热启动。该光源系统的主要参数是：输入电压为直流12V，输出光效大于495lm/支，灯管额定效率9W，有效寿命3200h，连续开启次数大于1000次。

（2）自激推挽振荡（简单式）电路，该光源系统的主要参数是：输入电压为直流12V，灯管功率9W，输出光效315lm/支，连续启动次数大于1500次。

（3）自激单管振荡电路，灯丝串联继电器预热启动方式。

（4）自激单管振荡（简单式）电路。

四、照明设计

近年来，照明作为室内设计中的一项要素，其重要性有了显著的提高。不久前，人们对待照明还如同对待管道及线路一样，只考虑其实用性；如今，情形则完全不同。照明设计不再是事后补遗的工作，它已经同色彩、样式、通信等因素一起，成为居室设计中需要通盘考虑的基本要素。就自然光源来说，人们也日益要求普通窗户、天窗及落地窗户和天井窗的设置必须与居室的色调及家具风格做到协调统一。传统的顶灯加台灯的设计思路已不再是解决室内照明的唯一方案了。

经验丰富的设计师、建筑师会根据各个房间和空间块面的特殊情形来进行照明规划。所要达到的意图和目标不同，设计方案自然也大相径庭。

1. 自然光照明

照明设计的关键在于协调处理自然光与人造光之间的关系，使照明效果在一天中不断呈现出丰富多彩的变化。

要尽可能多的利用窗户采光。如果能很幸运的拥有天窗的话，不妨在其射入的关键位置设计出亮点。例如：阳光透过楼梯顶部的天窗射进来，可以把人的注意力集中于建筑本身的风格特点、楼梯木料的纹理质地以及侧面墙壁的轮廓，使建筑中具有艺术价值的部分得到应有的强调。即便是没有天窗也可以通过玻璃墙使室内室外浑然一体，产生空间无限伸展的效果。

如果室内的灯光均匀地洒向各处，照明效果就会显得平淡无奇；如果没有阴影变化或明暗对比来突显空间的深度与广度，室内的动态美也就无从展现。

因此要懂得取舍。确定哪些区域应该重点突出，哪些该退居幕后；或者认定哪些需主要光源，哪些辅以次要光源。例如，艺术品可通过聚光灯来突显；上射灯透过玻璃桌面或雕像的玻璃底座，发散出飘忽、朦胧的光；下射灯打在空白墙壁上也会产生极美的效果。

2. 客厅和卧室照明设计

客厅和卧室的照明设计是有不同要求的。客厅的照明设计功能完备又富层次，最好选择两三种不同的灯源。比如一间较大的客厅应装有调光器的吊灯、台灯或高脚台灯、壁灯、阅读灯，可以增添房间个性又创造出独特情调。卧室的灯不能太刺眼，梳妆台灯、摆臂的壁灯、床边阅读灯和装饰台灯将为人们需要的地方提供最佳的局部灯光。

3. 过厅照明设计

门厅处设计师运用一种随意的书法，不规则的顶面造型，加以白色灯带，让主人推门进家，工作疲劳得到放松。运用光与影，形与形间衔接、关联，使其相互间溶为一体。采用玻璃、钢结构，简洁、现代，走出了常规的思维。

4. 餐厅照明设计

餐厅设计师大胆运用大面积玻璃和镜面，使原本狭小的空间得到了延伸，加上蓝色灯带；洁净、清爽、温馨、为餐厅营造了一个好的环境。

5. 办公照明设计

办公室的照明需要考虑到照度的均匀、眩光的控制。因为办公室视觉劳动时间很长，不合适的灯光配置会使员工生理和心理两方面都受到损害，影响工作情绪和工作效率。

由于办公室的吊顶一般都采取规则的排列，为了美观，灯具的布置往往要和天花的结构配合，因此，要保证照明质量就必须选择配光合适的灯具来适应特定的布局。同时，在现代办公室里，电脑的使用已经非常普遍，如何避免电脑荧光屏的反射眩光是照明设计的重要课题。在灯具的排列和灯具的眩光限制角度选择上需要作精确的模拟分析。

灯具选型方面，筒灯和荧光格栅灯使用比较普遍。办公室的烟感、喷淋探头可以通过选择特型筒灯巧妙地隐蔽起来。而格栅灯目前大量使用的是直接配光式，推荐采用半直接式格栅荧光灯，通过天花的反射，使得光线更为均匀。独立办公室可以适当采用装饰灯具。

办公室照明的光源多采用荧光灯和紧凑式荧光灯以及少量的低压卤钨灯。色温比较高，适合公共区域气氛。

针对以电脑工作为主的办公室采取全反射方式可以有效避免在屏幕上产生反射眩光和光幕眩光。

如果采取直射为主的照明方式，灯位的安排要妥善考虑光线对屏幕的入射角度。前台和接待厅的灯光可以布置得生动一些，比如采用轨道射灯；独立办公室除了一般照明外，局部照明可以增加台灯和落地灯；会议室、会客室照明比较灵活，选用个性灯具有助于突出企业特色。

6. 大开间照明设计

这里所谓空间照明的对象是指大型建筑的内部空间，如车站、空港等。由于体量庞大，其照明自有不同于一般室内照明的特点。在某种程度上，需要参照户外路场照明的一些设计技术。

对日光的利用以及灯光与日光的配合过渡是空间照明中常常涉及的问题。

控制系统极为重要。通过编组控制调节照度，利用自我诊断系统查找故障，采用光感系统和时控系统实现自动开关等等都是关键课题。

在灯具的布局上，大量灯具的排列极具韵律感，最能体现建筑自身的美学风格。

7. 景观照明设计

景观照明往往通过特制的灯光营造出人工景观，白天是一景，夜间成灯光。设计要点为：

（1）确定对象。根据人的视觉心理要求和建筑物所在的位置的环境亮度，高低和建筑的特点，综合考虑，找出照明重点并充分考虑照明可能对相邻地区产生的影响，控制基本数量和分布，选出具有标志意义的建筑作为照明的重点。

（2）分清层次。为使夜间景观既富于秩序感又具有丰富感和识别性，应调整和确定区内的照明对象的主次排序。

（3）照度适当。做到主次兼顾，亮度分布有层次。

8. 隧道照明设计

大于100m的隧道应设置照明。隧道照明成为道路照明的重要组成部分，但隧道照明既不是户外照明，又不同于室内照明，它有自身的特点，即隧道照明以功能性照明为主。

白天与夜晚照明不一样。白天照明分三段：入口照明、中段照明、出口照明的情况不一样，应分别设计。入口时应防止"黑洞"现象，出口时应防止"曝光"现象，在入口段与出口段应布置渐变加强照明，以适应内外环境。

白天照明的最大亮度还与天气状况（晴、云、阴、重阴、雨）有关。所有照明亮度值的设计还与车流量大小、额定车速的大小有关。

第三节 电动机的继电接触控制

一、常用控制器件在电路中的作用

应用电动机拖动生产机械，称为电力拖动。利用继电器、接触器实现对电动机和生产设备的控制和保护，称为继电接触控制。这里主要介绍几种常用的低压电器，基本的控制环节和保护环节的典型线路。实现继电接触控制的电气设备，统称为控制电器，如闸刀开关、按钮、继电器、接触器等。具有保护作用的电气设备，统称为保护电器，如熔断器、热继电器等。按动作形式还可把低压电器分为：手动电器和自动电器。

1. 刀开关（QS）

起接通电源的作用。单刀用在某一相线上；双刀用在两相上；三刀用在三相上。其符号如图 4-19 所示。选择额定电压和额定电流分别等于或稍大于电动机的额定电压和额定电流。

2. 熔断器（FU）

熔断器通常叫做保险丝。作用是短路保护。符号如图 4-20 所示。对于无冲击电流的电路：如照明电路，$I_{FN} \geqslant I_m$（I_m 为电路的最大电流）；对于有冲击电流的电路：如电动机的起动，$I_{FN} \geqslant (1.5\sim3) I_{MN}$，若有几台电动机共用一熔断器，$I_{FN} \geqslant (1.5\sim3) I_{Mm} + \sum I_{MN}$。

3. 断路器（QF）

兼有刀开关和熔断器的作用。其符号如图 4-21 所示。

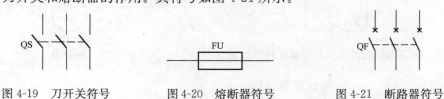

图 4-19 刀开关符号　　　　图 4-20 熔断器符号　　　　图 4-21 断路器符号

自动空气断路器（自动开关）可实现短路、过载、失电压保护。自动空气断路器原理图如图 4-22 所示。

DZ47 系列小型断路器适用于交流 50/60Hz、额定工作电压为 230/400V 及以下，额定电流至 63A 的电路中，主要用于现代建筑物的电气线路及设备的过载、短路保护、亦适用于线路的不频繁操作及隔离。

DW15 系列万能式断路器（以下简称断路器）的额定电流为 100A 至 4000A，限流断路

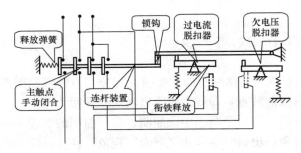

图 4-22　自动空气断路器原理图

器至 630A，额定电压交流 50Hz，400～1140V。该断路器主要在配电网络中用作分配电能和保护线路及电源设备的过载、欠电压和短路。DW15-200、400、630 也能在交流 50Hz、400V 电网中用来保护电动机的过载、欠电压和短路。在正常条件下，断路器可作为线路不频繁转换及电动机不频繁起动之用。

4. 按钮（SB）

用于接通或断开辅助电路，靠手动操作。按下按钮帽：常闭触点断开，常开触点闭合；松开按钮帽：常开触点断开，常闭触点闭合。其种类有联动按钮，紧急按钮和自锁按钮等三类。

5. 交流接触器（KM）

利用电磁吸力的作用而动作，接通或断开电路。按状态分：动合触点和动断触点。按用途分：主触点和辅助触点。

起停控制方法：采用继电器、接触器控制。主电路如图 4-23 所示，控制电路如图 4-24 所示。控制电路采用继电器、接触器控制后，电源电压小于 85% 时，接触器触头自动断开，避免烧坏电机；另外，在电源停电后突然再来电时，可避免电机自动起动而伤人。

接触器如图 4-25 所示。动作过程为线圈通电，衔铁被吸合，触头闭合，电机接通电源。接触器控制对象：电动机及其他电力负载。接触器技术指标：额定工作电压、电流、触点数目等。

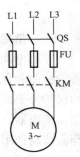

图 4-23　起停控制主电路

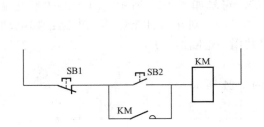

图 4-24　起停控制的控制电路

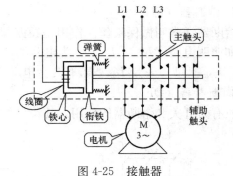

图 4-25　接触器

6. 热继电器（FR）

用于过载保护，靠电流热效应产生动作的。热继电器符号如图 4-26 所示。

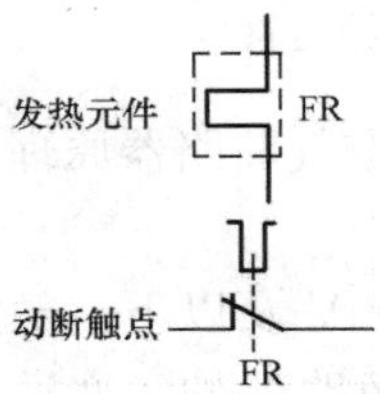

过载保护方法，加热继电器。电机工作时，若因负载过重而使电流增大，但又比短路电流小。此时熔断器起不了保护作用，应加热继电器，进行过载保护。

图 4-26　热继电器符号

7. 中间继电器（KA）

用于辅助电路，弥补触点的不足。

工作原理：与交流接触器相同。

二、几种控制电路

1. 笼型异步电动机直接起动控制线路

如图 4-27 所示是对中、小容量笼型电动机直接起、停的控制线路。主要电器：刀开关、熔断器、交流接触器、热继电器和按钮开关。

（1）起动合上开关 Q 按下起动按钮 SB2，KM 线圈通电，KM 主触点闭合，电动机运转。KM 辅助触点闭合自锁。松开起动按钮 SB2。

（2）停车按下停止按钮 SB1，KM 线圈断电，KM 主触点断开，电动机停转。KM 辅助触点断开，取消自锁。

当电路出现短路时，线路电流突然变大，熔断器烧断而切断线路电源，电动机停转。常开触点断开，线路恢复供电后电机不会自行起动（失电压、欠电压保护）。

当电路电动机过载时，热继电器的发热元件将常闭触点断开，使接触器线圈断电主触点断开，电动机停转。

对于不同型号、不同功率、不同负载的异步电动机，常采用不同的起动方法，因而控制电路也不同，三相异步电动机一般采用：直接起动、降压起动、绕线转子串电阻起动、频敏变阻器起动等方法。

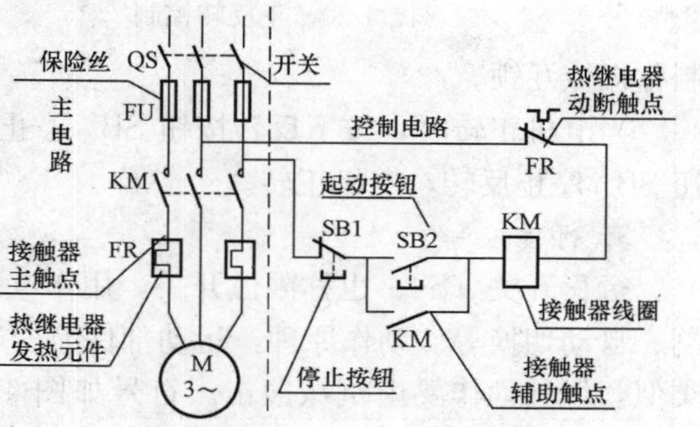

带点动的直接起动控制电路如图 4-28 所示。控制要求：带点动的长动控制，要有

图 4-27　笼型异步电动机直接起动的控制线路原理图

短路保护、过载保护、失压保护（欠电压保护）。点动按钮 SB_{st2} 的作用：使接触器线圈 KM 通电；使线圈 KM 不能自锁。长动时：按下 SB_{st1} 电机运转；按下 SB_{stp} 电机停转。点动时：按下 SB_{st2} 电机运转。松开 SB_{st2} 电机停转，实现点动。带点动的直接起动控制经常用在试车、检修以及车床主轴的调整等。

多地点直接起动控制电路图如图 4-29 所示。控制要求：多地点长动控制，要有短路保护、过载保护、失电压保护（欠电压保护）。SB_{st1}，SB_{stp1} 为甲地按钮，SB_{st2}，SB_{stp2} 为乙地按钮。

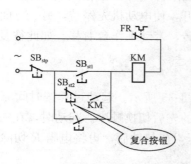

图 4-28　带点动的直接起动控制
电路

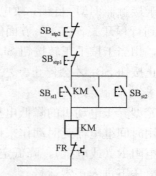

图 4-29　多地点直接起动控制
电路图

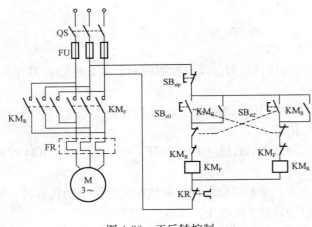

图 4-30　正反转控制

2. 正反转控制

将电动机接到电源的任意两根线对调一下，即可使电动机反转。正反转控制如图 4-30 所示。需要用两个接触器来实现这一要求。当正转接触器工作时，电动机正转；当反转接触器工作时，将电动机接到电源的任意两根联线对调一下，电动机反转。

在同一时间内，两个接触器只允许一个通电工作的控制，称为互锁。利用接触器的触点实现联锁控制称电气互锁。利用按钮的触点实现联锁控制称机械互锁。

当电机正转时，按下反转按钮 SB_{st2} 停止正转，电机反转；当电机反转时，按下正转按钮 SB_{st1} 停止反转，电机正转。

3. 行程控制

行程开关（ST）也称限位开关，用作电路的限位保护、行程控制、自动切换等。动作原理：运动部件撞击产生动作。结构与按钮类似，但其动作要由机械撞击。符号如图 4-31 所示。需要行程控制的事例如工作台前进、后退往复运动。

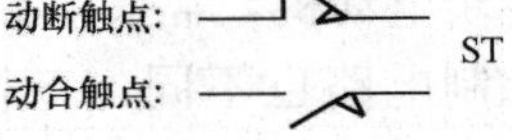

动断触点：⌐⌐ ST
动合触点：⌐⌐

图 4-31　行程开关符号

自动往复行程控制某些生产机械如万能铣床要求工作台在一定距离内能自动往复运动，以便对工件连续加工。为实现这种自动往复行程控制，将行程开关 ST_Z 和 ST_F 安装在机床床身的左右两侧，将撞块 Z、F 装在工作台上，并在正反转的基础上再将行程开关 ST_Z 的常开触头与反转按钮 SB_F 并联，将行程开关 ST_F 的常开触头与正转按钮 SB_Z 并联，如图 4-32 所示。

当电动机正转带动工作台向右运动到极限位置时，撞块 A 碰撞行程开关 ST_Z，一方面使其常闭触头断开，使电动机先停转，另一方面也使其常开触头闭合，相当于自动按了反转按钮 SB_F，使电动机反转带动工作台向左运动。这时撞块 A 离开行程开关 ST_Z，其触头自动复位。由于接触器 KM_2 自锁，故电动机继续带动工作台左移，当移动到左面极限位置时，撞块 B 碰到行程开关 ST_F，一方面使其常闭触头断开，使电动机先停转，另一方面其常开触头又闭合，相当于按下正转按钮 SB_Z，使电动机正转，带动工作台右移。如此往复不已，直至按下停止按钮 SB_T 才会停止。

4. 电机的其他控制

（1）笼型异步电动机的降低电压起动控制如图 4-33 所示。起动过程按时间原则实现控制，即利用时间继电器延时动作来控制各电器元件的先后切换顺序。起动时，在三相定子绕组中串入电阻 R（或电抗），降低定子绕组上的电压，待起动后，再将电阻 R 切除，使电动机在额定电压下进入正常运行。

（2）星-三角降压起动控制如图 4-34 所示。采用时间控制原则进行起动控制，起动时将电动机接成星形，使加于定子绕组上的电压为额定电压的（相电压），从而减小了起动电流，待起动后，再将线路改成三角形联结，使电动机进行额定电压下运行。

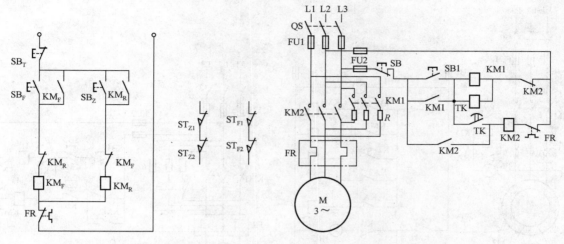

图 4-32　自动往返行程控制　　　　图 4-33　笼型异步电动机的降低电压起动控制

（3）绕线转子三相异步电动机起动控制如图 4-35 所示。通过时间继电器整定的各级起动时间，随着起动后的转上升，再逐级切除各段电阻，最后进入稳定运行工作状态。

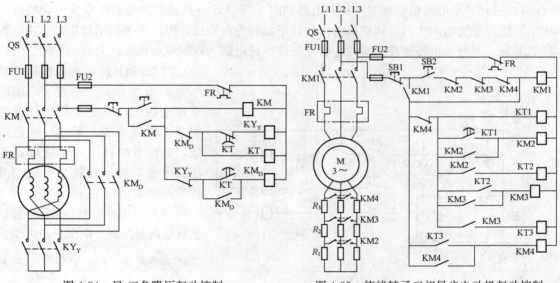

图 4-34　星-三角降压起动控制　　　　图 4-35　绕线转子三相异步电动机起动控制

（4）频敏变阻器起动控制电路如图 4-36 所示。用频敏变阻器代替转子电阻起于 20 世纪 60 年代初。频敏变阻器实质是一个铁损很大的三电抗器，星形联结，三相电抗串入转子绕组中。利用其铁损与频率的比例变化关系进行自动变阻。

（5）三相异步电动机的制动方法有机械制动和电气制动两种。机械制动是利用机械装置使电动机迅速停转。常用的机械装置是电磁抱闸，抱闸装置由制动电磁铁和闸瓦制动器组成。可分为断电抱闸和通电制动。制动时，将制动电磁铁的线圈切断或接通电源，通过机械抱闸制动电动机。电气制动方法有反接制动、能耗制动、再生发电制动。

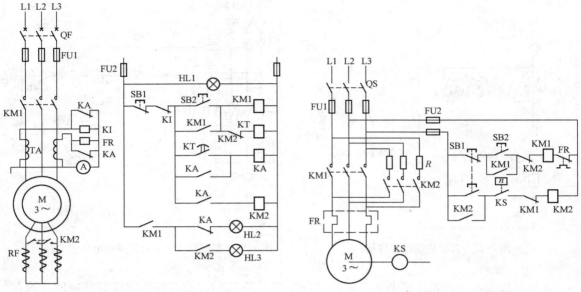

图 4-36　频敏变阻器起动控制电路　　　　　图 4-37　三相异步电动机反接制动控制电路

1）三相异步电动机反接制动控制电路如图 4-37 所示。反接制动是利用改变电动机电源相序，使定子绕组产生的旋转磁场方向与转子旋转方向相反，因而产生制动转矩的方法。要注意的是，当电动机转速接近零时，必须立即断开电源，否则电动机会反向起动旋转。

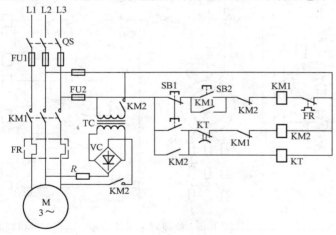

图 4-38　三相异步电动机能耗制动

2）三相异步电动机能耗制动如图 4-38 所示，切断定子绕组的交流电源后，在定子绕组任意两相通入直流电流，形成一固定磁场，旋转着的转子切割磁场产生感应电流，磁场与转子电流相互作用产生制动转矩。

（6）三相异步电动机调速控制及其他典型控制。根据异步电动机的转速公式 $n = (1-s)\dfrac{60f_1}{p}$，三相异步电动机的调速方法有变定子绕组的极对数调速、改变电源频率调速、变转差调速。

三相笼型电动机△/YY 变极调速如图 4-39 所示。装有一套定子绕组，只要改变连接方式，就会得到不同的级对数。如双速电动机的 Y/YY 接法、△/YY 接法。定子槽内装有两套极对数不一样的独立绕组，而每一套绕组本身又可以改变它的连接方式，得到不同的极对数。

三、电气控制原理图的阅读

由按钮、开关、接触器、继电器等基础电器按一定的逻辑关系组成的电路称为电气控制线路。根据不同的电气工程需要，电器控制线路图分为电气原理图、安装接线图、电器布置图三种。电气原理图是用来详细表示电气元件或设备的基本组成和连接关系的一种电气图，根据电气工作原理而绘制的，具有结构简单、层次分明、便于研究和分析电路的工作原理等优点。

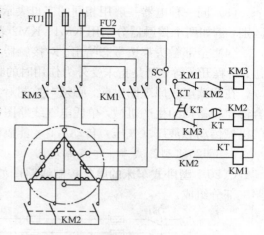

图 4-39　三相笼型异步电动机△/YY 变极调速

1. 绘制电气原理图基本原则

（1）电气原理图分为主电路和控制电路。主电路包括从电源到电动机的电路，是强电流通过的部分，通常用粗线条画在原理图的左边。控制电路是通过弱电流电路，一般由按钮、电器元件的线圈、触头等按一定的逻辑关系组成，通常用细线条绘制。

（2）电气原理图中，所有电器元件的图形、文字符号必须用国家规定的统一标准。

（3）采用电器元件展开图的画法。同一元件的各部件可以不画在一起，但需要同一文字符号标出。若有多个同一种类的电器元件，可在文字符号后加上数字序号的下标，如 KM1、KM2 等。

（4）所有的按钮、触头均按无外力或未通电时的状态（常开、常闭）画出。

（5）控制电路的分支电路，原则上按照动作的先后顺序排列，两线交叉时的电气连接点需用黑点标出。

2. 绘制安装接线图、电器布置图基本原则

（1）各电器元件用规定的图形、文字符号绘制，同一电器元件各部件必须画在一起。各电器元件的位置应与实际安装位置一致。

（2）不在同一控制柜或配电屏上电器元件的电气连接必须通过端子板进行。各电器元件的文字符号及端子板的编号应与原理图一致，并按原理图的接线进行连接。

（3）走向相同的多根导线可用单线图表示。

（4）画连接时，应标明导线的规格、型号、根数和穿线管的尺寸。

3. 阅读电气原理图的步骤

一般先看主电路，再看控制电路，最后看显示及照明等辅助电路。先看主电路有几台电动机，各有什么特点，例如是否有正反转，采用什么方法起动，有无调速和制动等；看控制电路时，一般从主电路的接触器入手，按动作的先后次序一个一个分析，搞清楚它们的动作条件和作用。控制电路一般都由一些基本环节组成，阅读时可把它们分解出来，先进行局部分析，再完成整体分析。此外还要看电路中有哪些保护环节。

（1）电气原理图主要分主电路和控制电路两部分。电动机的通路为主电路，接触器吸引线圈的通路为控制电路。此外还有信号电路、照明电路等。

（2）在电气原理图中，同一电器的不同部件常常不画在一起，而是画在电路的不同地方，同一电器的不同部件都用相同的文字符号标明，例如接触器的主触头通常画在主电路中，而吸引线圈和辅助触头则画在控制电路中，但它们都用 KM 表示。

（3）同一种电器一般用相同的字母表示，但在字母的后边加上数码或其他字母下标以示区别，例如两个接触器分别用 KM1、KM2 表示，或用 KM_F、KM_R 表示。

（4）全部触头都按常态给出。对接触器和各种继电器，常态是指未通电时的状态；对按钮、行程开关等，则是指未受外力作用时的状态。

在阅读电气原理图以前，必须对控制对象有所了解，尤其对于机、液压（或气压）、电配合得比较密切的生产机械，单凭电气线路图往往不能完全看懂其控制原理，只有了解了有关的机械传动和液压（气压）传动后，才能搞清全部控制过程。

4. C620-1 型卧式车床电气原理图

C620-1 型卧式车床的电气控制线路图如图 4-40 所示，它由主电路、控制电路和照明电路三部分组成。

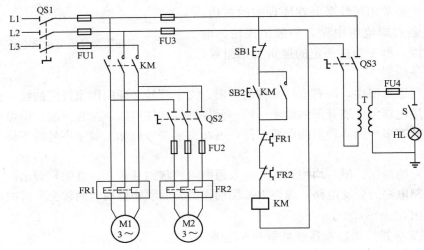

图 4-40　C620-1 型卧式车床电气原理图

（1）阅读主电路。从主电路看，C620-1 型卧式车床有两台笼型异步电动机，即主轴电动机 M1 和冷却泵电动机 M2，它们都由接触器 KM 直接控制起停，如果不需要冷却泵工作，则可用组合开关 QS2 将电路关断。

电动机电源为交流 380V，由组合开关 QS1 引入。主轴电动机由熔断器 FU1 作短路保护，由热继电器 FR1 作过载保护；冷却泵电动机由熔断器 FU2 作短路保护，由热继电器 FR2 作过载保护。这两台电动机的失电压和欠电压保护同时由接触器 KM 完成。

（2）阅读控制电路。该车床的控制电路是一个控制电动机单方向起、停的典型电路。两个热继电器 FR1 和 FR2 的常闭触头串联在控制电路中，无论是主轴电动机还是冷却泵电动机发生过载，都会切断控制电路，使两台电动机同时停转。FU3 是控制电路的熔断器。

（3）阅读照明电路。照明电路由变压器 T 将 380V 电压变为 36V 安全电压供照明灯 HL 使用，QS3 是照明电路的电源开关，S 是照明灯开关，FU4 是照明灯的熔断器。

思　考　题

1. 低压电器主要包括哪些元部件？其作用是什么？
2. 简述速度继电器的原理。

3. 照明方式分为哪几种？其作用是什么？

4. 电光源是如何分类的？其基本特性是什么？

5. 照明自动化系统的主要特点是什么？

6. 简述智能照明控制系统的基本结构。

7. 为什么要设计应急照明系统？其作用是什么？

8. 简述城市照明集中监控系统是什么？

9. 什么叫绿色照明？

10. 照明设计包括哪几部分内容？如何进行照明设计？

11. 简述起停控制电路工作原理。

12. 简述电动机正反转控制工作原理。

13. 简述笼型异步电动机的降低电压起动控制电路工作原理。

第五章 从强电到弱电

第一节 概 述

一、半导体

1. 什么是半导体

半导体是根据导电性来区分的。像玛瑙、玻璃、石雕等等不导电物体，我们称之为绝缘体。金属属于电的良导体。半导体简单来说是介于绝缘体和良导体之间的材料。

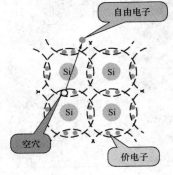

图 5-1 半导体原理

价电子在获得一定能量（温度升高或受光照）后，即可挣脱原子核的束缚，成为自由电子（带负电），同时共价键中留下一个空位，称为空穴（带正电），如图 5-1 所示。

导电能力随着掺入杂质、输入电压（电流）、温度和光照条件的不同而发生很大变化，这类物质称为半导体。

2. N 型半导体和 P 型半导体

掺杂后自由电子数目大量增加，自由电子导电成为这种半导体的主要导电方式，称为电子半导体或 N 型半导体。在 N 型半导体中自由电子是多数载流子，空穴是少数载流子。

掺杂后空穴数目大量增加，空穴导电成为这种半导体的主要导电方式，称为空穴半导体或 P 型半导体。在 P 型半导体中空穴是多数载流子，自由电子是少数载流子。

3. 半导体的发现

半导体的发现可以追溯到 19 世纪 30 年代，但是半导体的真正应用始于 20 世纪中期，特别在 1947 年晶体管的发明到 1958 年集成电路的设计研制成功，开辟了微电子的时代。我们今天用到的计算机，其空间任何一个地方都离不了半导体。比如说硅已经是大规模集成电路的基础元件，与所有的电气、所有的光纤移动通信、人造卫星等，密切相关。信息时代的基础就是半导体，就是硅，90% 以上的电子器件、组件和设备都是用硅材料做成的。

4. 半导体发展史

20 世纪初（1904 年）二极真空管发明后，各种电气产品（当初以通信产品为主）开始发展，至二次大战结束后之 40 年可谓 "真空管时代"。1947 年美国贝尔实验室发明了晶体管，人类正式迈入 "半导体时代"，而其往后的发展深深地影响了人们的生活，同时也宣告了 "真空管时代" 的结束。1958 年美国德州仪器（TI）开发 IC 成功更是半导体史上一件大事，而奠定大量生产的平面（Planar）扩散技术于 1959 年由 Fairchild 公司发明。1960 年 TI 公司才真正开始生产 IC。

二、半导体的特点

半导体具有五大特性：掺杂性、热敏性、光敏性、负电阻率温度特性、整流特性。在形成晶体结构的半导体中，人为地掺入特定的杂质元素，导电性能具有可控性。在光照和热辐射条件下，其导电性有明显的变化。

第二节　半 导 体 技 术

一、PN 结

1. PN 结的形成过程

PN 结是将 P 型和 N 型半导体通过一定的掺杂工艺结合而成的。P 区的空穴浓度大，大量的空穴将通过交界面向 N 区扩散，同时，N 区的电子浓度大，电子将向 P 区扩散。两类多数载流子的扩散运动形成扩散电流，从 P 区流入 N 区。交界面两侧分别留下不能移动的正、负离子，在另一边 N 区内留下带正电的施主杂质离子，形成正空间电荷层。在正、负空间电荷层之间建立一定的电位差和内电场，电场方向由 N 区指向 P 区。内电场将削弱扩散运动，直至扩散电流等于漂移电流，达到动态平衡。在动态平衡下，交界面的正、负空间电荷区就是 PN 结，如图 5-2 所示。

2. PN 结的单向导电性

（1）PN 结加正向电压（正向偏置即 P 接正、N 接负）如图 5-3 所示。

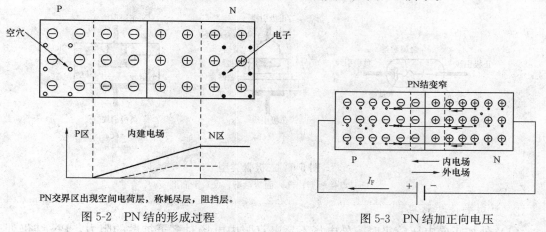

图 5-2　PN 结的形成过程

图 5-3　PN 结加正向电压

PN 结加正向电压时，内电场被削弱，多子的扩散加强，形成较大的扩散电流。故在这种情况下，PN 结变窄，正向电流较大，正向电阻较小，PN 结处于导通状态。

（2）PN 结加反向电压（反向偏置即 P 接负、N 接正）如图 5-4 所示。

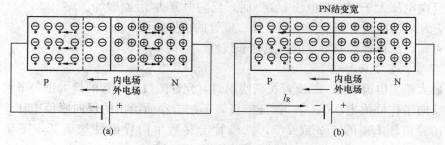

(a)　　　　　　　　　　(b)

图 5-4　PN 结加反向电压

　　PN 结加反向电压时，内电场被加强，少子的漂移加强，由于少子数量很少，形成很小的反向电流。故在这种情况下，PN 结变宽，反向电流较小，反向电阻较大，PN 结处于截止状态。

二、半导体器件

（一）半导体二极管

　　二极管属于半导体，它由 N 型半导体与 P 型半导体构成，它们相交的界面上形成 PN 结。二极管的主要特点就是单向导通，而反向截止，也就是正电压加在 P 极，负电压加在 N 极，所以二极管的方向性是非常重要的。二极管如图 5-5 所示。

图 5-5　二极管

1. 二极管的类型

　　根据结构不同，常把二极管分为点接触、面接触型和平面型三种：

　　（1）点接触型二极管—— PN 结面积小，结电容小，正向电流小，用于检波和变频等高频电路。它们的结构示意图如图 5-6（a）所示。

　　（2）面接触型二极管——结面积大、正向电流大、结电容大，用于工频大电流整流电路。它们的结构示意图如图 5-6（b）所示。

　　（3）平面型二极管——往往用于集成电路制造工艺中。PN 结面积可大可小，用于高频整流和开关电路中。它们的结构示意图如图 5-6（c）所示。

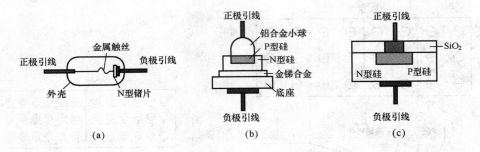

图 5-6　二极管类型

（a）点接触型；（b）面接触型；（c）平面型

　　2. 二极管伏安特性

　　（1）外加正向电压较小时，外电场不足以克服内电场对多子扩散的阻力，PN 结仍处于截止状态。

　　（2）正向电压大于"开启电压 U_{ON}"后，i 随着 u 增大迅速上升。

　　（3）外加反向电压时，PN 结处于截止状态，反向电流 I_R 很小。

　　（4）反向电压大于"击穿电压 U_{BR}"时，反向电流 I_R 急剧增加。

　　图 5-7 为 2CP10 硅二极管和 2AP2 锗二极管的伏安特性。

　　由图可知，二极管伏安特性的特点是非线性。

　　3. 二极管主要参数

　　（1）最大整流电流 I_{OM}。二极管长期使用时，允许流过二极管的最大正向平均电流。

　　（2）反向工作峰值电压 U_{RWM}。保证二极管不被击穿而给出的反向峰值电压，一般是二极管反向击穿电压 U_{BR} 的 1/2 或 2/3。二极管击穿后单向导电性被破坏，甚至过热而烧坏。

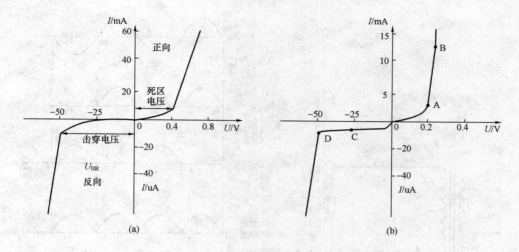

图 5-7 二极管的伏安特性

(a) 2CP10 硅二极管；(b) 2AP2 锗二极管

（3）反向峰值电流 I_{RM}。指二极管加最高反向工作电压时的反向电流。反向电流大，说明管子的单向导电性差，I_{RM} 受温度的影响，温度越高反向电流越大。硅管的反向电流较小，锗管的反向电流较大，为硅管的几十到几百倍。

4. 二极管的单向导电性

（1）二极管加正向电压（正向偏置，阳极接正、阴极接负）时，二极管处于正向导通状态，二极管正向电阻较小，正向电流较大。

（2）二极管加反向电压（反向偏置，阳极接负、阴极接正）时，二极管处于反向截止状态，二极管反向电阻较大，反向电流很小。

（3）外加电压大于反向击穿电压时，二极管被击穿，失去单向导电性。

5. 半导体二极管种类

（1）整流二极管。半波整流电路如图 5-8 所示。

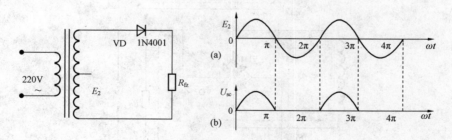

图 5-8 半波整流电路

全波整流电路如图 5-9 所示。全波整流波形如图 5-10 所示。桥式整流电路如图 5-11 所示。

（2）桥堆。桥堆是一种电子元件，内部由多个二极管组成。桥堆的主要作用是整流，调整电流方向。用桥堆整流是比较好的，首先是很方便，而且它内部的四个管子一般是选择性配对的，所以其性能较接近，还有就是大功率的整流时，桥堆上都可以装散热块，使工作时

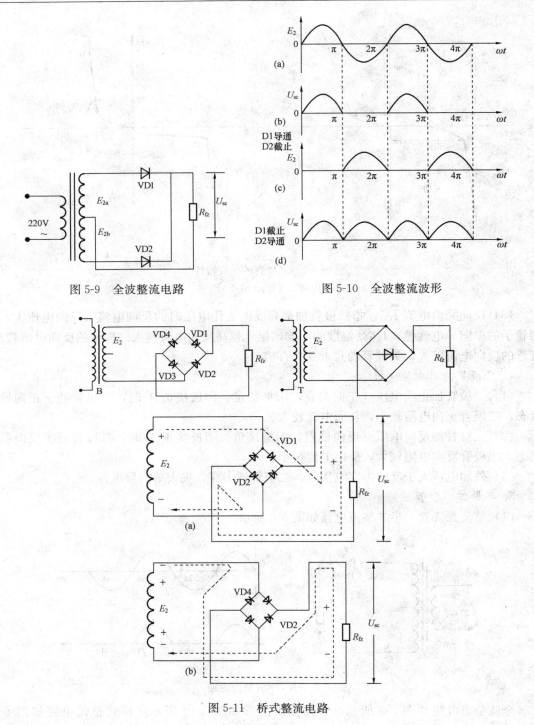

图 5-9　全波整流电路

图 5-10　全波整流波形

图 5-11　桥式整流电路

性能更稳定，当然使用场合不同也要选择不同的桥堆，不能只看耐压是否够，比如高频特性等。

（3）检波二极管。检波二极管的主要作用是把高频信号中的低频信号检出。要求结电容小，所以其结构为点接触型，一般采用锗材料制成。

（4）稳压二极管。稳压二极管是由硅材料制成的面结合型晶体二极管，它是利用 PN 结反向击穿时的电压基本上不随电流的变化而变化的特点，来达到稳压的目的，因为它能在电路中起稳压作用，故称为稳压二极管（简称稳压管）。

（5）发光二极管。发光二极管是一种将电能变成光能的半导体器件。它具有一个 PN 结，与普通二极管一样，具有单向导电特性。当给发光二极管加上正向电压，有一定的电流流过时就会发光。

发光二极管是由磷砷化镓、镓铝砷等半导体材料制成。发光的颜色分为：红光、黄光、绿光、三色变色发光。另外还有眼睛看不见的红外光二极管。

（6）光敏二极管（又称为光电二极管）。根据 PN 结反向特性可知，在一定反向电压范围内，反向电流很小且处于饱和状态。此时，如果无光照射 PN 结，则因本征激发产生的电子-空穴对数量有限，反向饱和电流保持不变，在光敏二极管中称为暗电流。当有光照射 PN 结时，结内将产生附加的大量电子空穴对（称之为光生载流子），使流过 PN 结的电流随着光照强度的增加而剧增，此时的反向电流称为光电流。

（二）半导体三极管

1. 基本结构

半导体三极管是半导体基本元器件之一，具有电流放大作用，是电子电路的核心元件。三极管是在一块半导体基片上制作两个相距很近的 PN 结，两个 PN 结把整块半导体分成三部分，中间部分是基区，两侧部分是发射区和集电区，排列方式有 PNP 和 NPN 两种，如图从三个区引出相应的电极，分别为基极 b，发射极 e 和集电极 c。半导体三极管结构图及电流分配实验接线如图 5-12 所示。

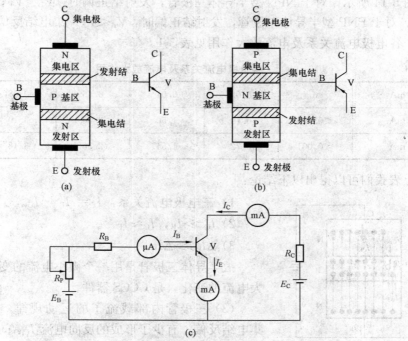

图 5-12 半导体三极管结构图及电流分配实验接线
(a) NPN 型；(b) PNP 型；(c) 电流实验分配接线

晶体三极管具有电流放大作用，其实质是三极管能以基极电流微小的变化量来控制集电极电流较大的变化量，这是三极管最基本的和最重要的特性。为了保证晶体管具有放大作用，要求发射结正向偏置，集电结反向偏置。改变可变电阻器 R_P，可以改变基极上的偏置电压，从而控制基极电流 I_B 的大小，而 I_B 的变化又将引起 I_C 和 I_E 的变化，I_C 与 I_B 成正比，即 I_B 有微小的变化，I_C 将按比例产生较大的变化，体现了晶体管的电流放大作用，也体现了基极电流对集电极电流的控制作用。

2. 半导体三极管结构特点（图 5-13）

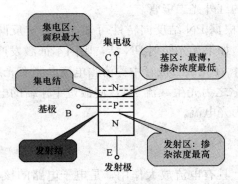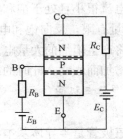

图 5-13　半导体三极管结构特点　　　　　图 5-14　三极管放大的外部条件

3. 半导体三极管电流分配和放大原理

（1）三极管放大的外部条件：发射结正偏、集电结反偏。

如图 5-14 所示，对于 NPN 型半导体三极管，发射结正偏时，$V_B > V_E$；集电结反偏时，$V_C > V_B$。对于 PNP 型半导体三极管，发射结正偏时，$V_B < V_E$；集电结反偏时，$V_C < V_B$。

（2）各电极电流关系及电流放大作用见表 5-1。

表 5-1　　　　　　　　　　　　各电极电流关系及电流放大作用

I_B/mA	0	0.02	0.04	0.06	0.08	0.10
I_C/mA	<0.001	0.70	1.50	2.30	3.10	3.95
I_E/mA	<0.001	0.72	1.54	2.36	3.18	4.05

由上表我们可以得出以下结论：

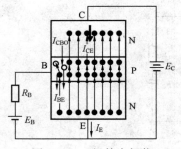

图 5-15　三极管内部载流子的运动规律

1）三电极电流关系：$I_E = I_B + I_C$。

2）$I_C \gg I_B$，$I_C \approx I_E$。

3）$\Delta I_C \gg \Delta I_B$。

故半导体三极管是用一个微小电流的变化去控制一个较大电流的变化，是 CCCS 器件。

（3）三极管内部载流子的运动规律。如图 5-15 所示，集电结反偏，有少子形成的反向电流 I_{CBO}；从基区扩散来的电子作为集电结的少子，漂移进入集电结而被收集，形成 I_{CE}；基区空穴向发射区的扩散可忽略；进入 P 区的电子少部分与基区的空穴复合，形成电流 I_{BE}，多数扩散到集电结；发射结正偏，发射区电子不断向基区扩散，形成发射极电流 I_E。

（三）MOS 场效应晶体管

MOS 场效应晶体管也被称为 MOSFET，即 Metal Oxide Semiconductor Field Effect Transistor（金属氧化物半导体场效应晶体管）的缩写。它一般有耗尽型和增强型两种。我们知道一般三极管是由输入的电流控制输出的电流。但对于场效应晶体管，其输出电流是由输入的电压（或称电场）控制，可以认为输入电流极小或没有输入电流，这使得该器件有很高的输入阻抗，同时这也是我们称之为场效应晶体管的原因。场效应晶体管分为增强型 MOS 场效应晶体管和耗尽型 MOS 场效应晶体管。

（四）晶闸管

1. 晶闸管结构

晶闸管是由四层半导体材料组成的，有三个 PN 结，对外有三个电极：第一层 P 型半导体引出的电极叫阳极 A，第三层 P 型半导体引出的电极叫控制极 G，第四层 N 型半导体引出的电极叫阴极 K。晶闸管是四层三端器件，它有 J1、J2、J3 三个 PN 结如图 5-16（a）所示，可以把它中间的 NP 分成两部分，构成一个 PNP 型三极管和一个 NPN 型三极管的复合管 5-16（b）所示。

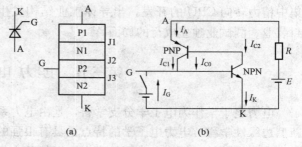

图 5-16　晶闸管的结构及等效电路图

2. 晶闸管的工作原理（图 5-17）

三、集成电路

1958 年，美国人基尔比（Kilby）制造出第一个集成电路，可以将电阻器、电容器、二极管、晶体管等数十万个电子组件，放在只有几平方公分的小芯片上，每个芯片都是一个完整电路。至此电子产品趋向轻、薄、短、小方向发展。

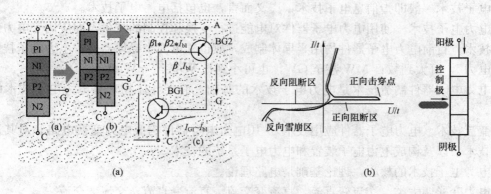

图 5-17　晶闸管的工作原理
（a）晶闸管的等效电路；（b）晶闸管的伏安特性

自 1958 年美国德克萨斯仪器公司（TI）、仙童公司独立发明第一块半导体集成电路以来，经过 40 多年的发展，微电子产业已成为当代高新技术产业群的核心和维护国家主权、保障国家安全的战略性产业。

自 20 世纪 60 年代中期集成电路产业在工业发达国家形成以来，集成电路技术的发展一直遵循著名的摩尔定律，即每 18 个月芯片集成度大体增长一倍。随着集成电路技术的不断发展，集成电路产品经历了从传统的板上系统（System-on-board）到片上系统（System-on-a-chip）的过程。

集成电路产业为适应技术的发展和市场的需求，产业结构经历了三次大的变革：

第一次变革：以加工制造为主导的 IC 产业发展的初级阶段。70 年代，集成电路的主流产品是微处理器、存储器以及标准通用逻辑电路。

第二次变革：Foundry 公司与 IC 设计公司的崛起。80 年代，集成电路的主流产品为微处理器(MPU)、微控制器(MCU)及专用 IC(ASIC)。那时，无生产线的 IC 设计公司(Fabless)与标准工艺加工线(Foundry)相结合的方式开始成为集成电路产业发展的新模式。

第三次变革：90 年代，随着 Internet 的兴起，IC 产业跨入以竞争为导向的高级阶段，集中精力转向 CPU 的开发，半导体工业结构发生重大调整，逐渐形成了设计业、制造业、封装业、测试业独立成行的局面。

第三节 电力电子技术

电力电子学作为电工学分支学科，是由电力系统、控制理论和电子学等学科发展起来的新型边缘性学科。电力电子学的特点是具有很强的应用性和与其他学科的交叉融合性，这是电力电子学的基础理论和应用技术在短短的几十年间得以飞速发展的一个重要因素。电力电子技术（Power Electronics）起源于 20 世纪 50 年代，至今已有很大的发展。

一、电力电子学科的形成

1. 电力电子与信息电子

信息电子技术——信息处理。

电力电子技术——电力变换。

电子技术一般即指信息电子技术，广义而言，也包括电力电子技术。

电力电子技术。使用电力电子器件对电能进行变换和控制的技术，即应用于电力领域的电子技术。目前电力电子器件均用半导体制成，故也称电力半导体器件。电力电子技术变换的"电力"，可大到数百 MW 甚至 GW，也可小到数 W 甚至 mW 级。

电力电子器件制造技术是电力电子技术的基础，而半导体物理是电力电子技术的理论基础。

变流技术（电力电子器件应用技术）。用电力电子器件构成电力变换电路和对其进行控制的技术，以及构成电力电子装置和电力电子系统的技术。

电力电子技术的核心，理论基础是电路理论。

电力变换四大类。交流变直流、直流变交流、直流变直流、交流变交流。

2. 电力电子技术的发展史

电力电子技术的发展史是以电力电子器件的发展史为纲的如图 5-18 所示。

3. 电力电子学科的形成

电力电子学（Power Electronics）名称首次出现于 60 年代。

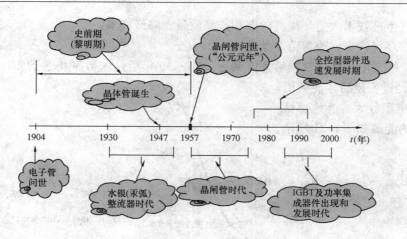

图 5-18　电力电子技术的发展

1974 年，美国的 W. Newell 用倒三角形对电力电子学进行了描述如图 5-19 所示，被全世界普遍接受。

（1）电力技术。电力技术是一门涉及发电、输电、配电及电力应用的科学技术。利用电磁学（电路、磁路、电场、磁场的基本原理），处理发电、输配电及电力应用的技术统称电力技术。

（2）电子技术。电子技术又称为电子学，它是与电子器件、电子电路以及电子设备和系统有关的科学技术。电子技术是研究电子器件，以及利用电子器件来处理电子电路中电信号的产生、变换、处理、存储、发送和接收问题。

（3）电力电子技术。电力电子技术也称为电力电子学。利用电力电子开关器件组成电力开关电路，利用晶体管集成电路和微处理器构成信号处理和控

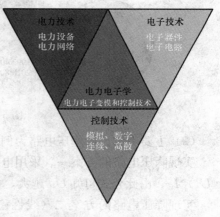

图 5-19　电力电子学（一）

制系统，对电力开关电路进行实时、适式的控制，可以经济有效地实现开关模式的电力变换和电力控制，包括电压（电流）的大小、频率、相位和波形的变换和控制。电力电子技术是综合了电子技术、控制技术和电力技术的新兴交叉学科。

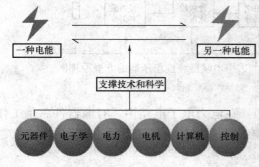

图 5-20　电力电子学（二）

二、电力电子学概述

（一）电力电子学定义

电力电子学是一门利用电力电子器件对电能进行变换与控制的交叉技术学科，它包括对电压、电流、频率和相位的波形分析和电能变换与控制方法的研究等方面，如图 5-20 所示。

1. 电能变换的目的

（1）提高电能的利用率。

（2）提高电能的适应能力。

（3）促进生产技术改造，提高效率和产品质量、降低成本。

（4）改变环境污染、改善劳动条件。

在美国，60％电能经过变换后才能利用，20～30年后这一数字将达到100％。在我国，约30％电能经过变换后才能利用。

2. 电力电子技术的目的特性

（1）节约能源如图5-21所示。

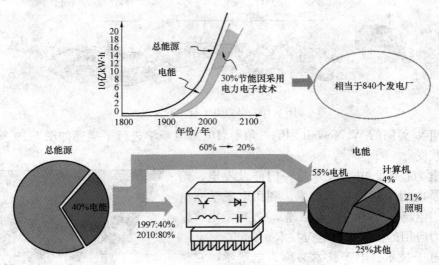

图5-21 能源与电力电子技术

（2）主要手段。以降压电路为例说明。

实现降压电路的方案一（采用电阻分压）：如图5-22所示，其损耗为 $P_T = U_R I_R = (U_{in} - U_o) I_R$，由此公式可知 U_R 越大，损耗越大。

实现降压电路的方案二（线性稳压）：如图5-23所示，线性电源损耗为 $P_T = U_T I_T = (U_{in} - U_o) I_T$，由公式可知，$U_T$ 越大，损耗越大。

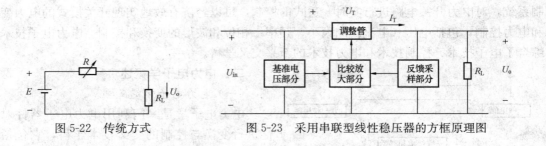

图5-22 传统方式   图5-23 采用串联型线性稳压器的方框原理图

实现降压电路的方案三（采用电力电子方式）：在电力电子电路中，有源器件总是工作在开关状态，开关电源 $P_T =$ 通态损耗＋开关损耗。通态损耗＝$U_T I_T$，由公式可知，U_T 越小，损耗越小。

实现降压电路的方案四（采用电力电子方式）：串联 LC，滤出谐波，滤波器的截止频率远小于开关频率。增加控制回路——BUCK 电路，如图5-24所示。

（二）电力电子的内涵及其相关工业

1. 电力电子技术的内涵

PE——电力电子技术；电路/器件、控制技术；模拟控制技术/数字控制技术、电力技术。

2. 电力电子技术的应用

（1）一般工业：交直流电机、电化学工业、冶金工业。

（2）交通运输：电气化铁道、电动汽车、航空、航海、电梯。

（3）电力系统：高压直流输电、柔性交流输电、无功补偿。

（4）电子装置电源：为信息电子装置提供动力。

（5）家用电器："节能灯"、变频空调。

（6）其他：UPS、航天飞行器、新能源发电装置。

（三）电力电子学科研究的基本问题

1. 用于电路设计的器件（图 5-25）

2. PE 的拓扑电路（图 5-26）

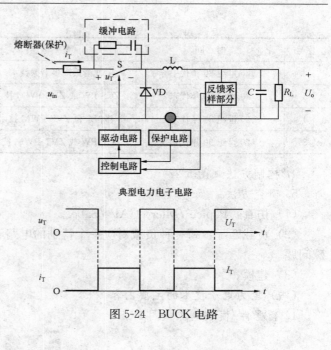

图 5-24　BUCK 电路

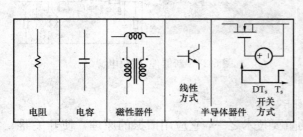

图 5-25　用于电路设计的器件

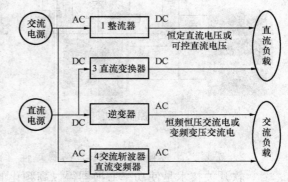

图 5-26　PE 的拓扑电路

3. 软开关技术

20 世纪 50～70 年代是电力电子的常规发展期，主要技术：整流和缓冲电路；20 世纪 80 年代至今是现代电力电子发展期，从硬开关到软开关技术。见表 5-2。

表 5-2　　　　　　　　　　　　　　　　高频软开关技术的发展过程

序号	时　间	名　称	应　用
1	20 世纪 70 年代	串联或并联谐振技术	半桥或全桥变换器

序号	时　间	名　称	应　用
2	20 世纪 80 年代中	准谐振或多谐振技术	单端或桥式变换器
3	20 世纪 80 年代末	ZCS-PW 或 ZVS-PWM 技术	单端或桥式变换器
4	20 世纪 80 年代末	移相全桥 ZVS-PWM 技术	全桥变换器 250W 以上
5	20 世纪 90 年代初	ZCT-PW 或 ZVT-PWM 技术	单端或桥式变换器

4. 控制方法（图 5-27）

5. 研究方法

（1）仿真：Pspice /Micro CAP /Saber。

（2）负载匹配：每一种负载对应一个特别的电路和控制方式，这是电力电子中的一个特殊问题。

（3）建模。

（四）电力电子技术的主要内容

1. 新器件/模块电源（图 5-28）

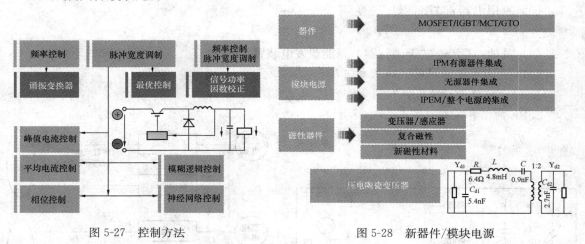

图 5-27　控制方法　　　　　　　　　　图 5-28　新器件/模块电源

2. 高频、高性能、高效率、高稳定性（图 5-29）

软开关技术是使功率变换器得以高频化的重要技术之一，它应用谐振的原理，使开关器件中的电流或电压按正弦或准正弦规律变化。当电流自然过零时，使器件关断（或电压为零时，使器件开通），从而减少开关损耗。它不仅可以解决硬开关变换器中的硬开关损耗问题、容性开通问题、感性关断问题及二极管反向恢复问题，而且还能解决由硬开关引起的 EMI（电磁干扰）等问题。

MOSFET（功率场效应晶体管）是电压控制电流的开关器件，它具有耗能小、速度快、重量轻、寿命长等优点。IGBT（绝缘栅双极晶体管）是由 BJT（双极结型晶体管）和 MOS-FET 组成的复合器件，兼具二者的优点：速度快，能耗低，体积小，功率大、电流大、耐高压。

高频磁性材料主要用于制造高频开关电源，它可以使构成这种比较新型的直流稳压电源的电磁器件具备效率高、体积小、重量轻等特性。

新的控制策略，如：①比例积分谐振控制：利用在谐振点处增益无穷大的特性来实现逆变器输出的无静差，并且将 PI 控制器和谐振控制器结合起来，使控制器具有良好的稳定性和动静态性能。②用于单相逆变器的 PID 与重复控制相结合的控制：既能使逆变器输出高质量的正弦波，又能获得较好的动态性能。③模块化多电平变流器（MMC）的控制：实现了对 MMC 的多电平空间矢量脉宽调制（SVPWM）控制、直流侧电容电压平衡控制以及对系统有功功率和无功功率的解耦控制。

3. 电气传动/工业电源（图 5-30）

图 5-29　高速微处理器对电力电子技术的挑战　　　　图 5-30　电气传动/工业电源

4. 家电/医疗电器/汽车/自然能的利用

家电：电冰箱，电视，空调，洗衣机。

汽车工业：改善发动机的性能：发动机控制，变速，点火；舒适用器件：动力/驾驶盘/动力门窗/锁；安全用器件：防盗闸；汽车供电系统的新动向，12～48V；新的动向：电/气混合驱动的汽车。

5. 基本技术与周边技术

基本技术：检测/控制/诊断/新器件/新电路/仿真。

周边技术：电力系统/直流输电/静态无功补偿/柔性交流输电、自然能的利用、工业发展的需求、控制学科的发展、IT 的发展/计算机/家电、军事。

6. EMC 及绿色电源技术

EMC 包括 EMI/传导 EMI 和发射 EMI，是现阶段的热点课题。绿色电源技术即减少电源使用过程中带来的污染。

绿色能源技术的典型应用是绿色照明，美国 21 世纪重点资助的 13 个研发领域中有 12 领域与 PE 有关。

（五）电力电子技术与相关学科的关系

1. 电力电子技术与电子学（信息电子学）的关系

（1）都分为器件和应用两大分支。

（2）器件的材料、工艺基本相同，采用微电子技术。

（3）应用的理论基础、分析方法、分析软件也基本相同。

（4）信息电子电路的器件可工作在开关状态，也可工作在放大状态。

（5）电力电子电路的器件一般只工作在开关状态。

（6）二者同根同源。

2．电力电子技术与电力学（电气工程）的关系

（1）电力电子技术广泛用于电气工程中：高压直流输电、静止无功补偿、电力机车牵引、交直流电力传动、电解、电镀、电加热、高性能交直流电源。

（2）国内外均把电力电子技术归为电气工程的一个分支。

（3）电力电子技术是电气工程学科中最为活跃的一个分支。

3．电力电子技术与控制理论（自动化技术）的关系

（1）控制理论广泛用于电力电子系统中。

（2）电力电子技术是弱电控制强电的技术，是弱电和强电的接口；控制理论是这种接口的有力纽带。

（3）电力电子装置是自动化技术的基础元件和重要支撑技术。

（六）电力电子技术的地位和未来

电力电子技术和运动控制，和计算机技术共同成为未来科学技术的两大支柱。计算机相当于人脑，电力电子技术相当于消化系统和循环系统，电力电子＋运动控制相当于肌肉和四肢。

电力电子技术是电能变换技术，是把"粗电"变为"精电"的技术，能源是人类社会的永恒话题，电能是最优质的能源，因此，电力电子技术将青春永驻。电力电子技术是一门崭新的技术，21世纪仍将以迅猛的速度发展。

电力电子技术广泛地应用于工业、交通、IT、通信、国防以及家电等领域，目前全球600亿美元的电力电子产品市场已经形成，支撑着5700亿美元的电器电子硬件产品。

第四节 计 算 机 技 术

一、微处理器

1．微处理器（CPU）的发展

CPU（中央处理器）由运算器与控制器构成，它是计算机心脏，负责完成各种运算处理和各种控制，是一块大规模集成电路。CPU从最初发展至今按照其处理信息的字长，CPU可以分为：4位微处理器、8位微处理器、16位微处理器、32位微处理器以及64位微处理器等。

Intel的著名商标由"集成/电子"（Integrated Electronics）两个单词组合成的。

1971年，早期的Intel公司推出了世界上第一台微处理器4004，这便是第一个用于计算机的4位微处理器，它包含2300个晶体管，由于性能很差，其市场反应十分不理想。

随后，Intel公司又研制出了8080处理器、8085处理器，加上当时Motorola公司的MC6800微处理器和Zilog公司的Z80微处理器，一起组成了8位微处理器的家族。

16位微处理器的典型产品是Intel公司的8086微处理器，以及同时生产出的数字协处

理器，即 8087。这两种芯片使用互相兼容的 X86 指令集。

1979 年 Intel 推出了 8088 芯片，它仍是 16 位微处理器，内含 29 000 个晶体管，时钟频率为 4.77MHz，地址总线为 20 位，可以使用 1MB 内存。8088 的内部数据总线是 16 位，外部数据总线是 8 位。1981 年，8088 芯片被首次用于 IBM PC 机当中，如果说 8080 处理器还不为各位所熟知的话，那么 8088 则可以说是家喻户晓了，个人电脑——PC 机的第一代 CPU 便是从它开始的。

1982 年的 80286 芯片虽然是 16 位芯片，但是其内部已包含 13.4 万个晶体管，时钟频率也达到了前所未有的 20MHz。其内、外部数据总线均为 16 位，地址总线为 24 位，可以使用 16MB 内存，可使用的工作方式包括实模式和保护模式两种。

32 位微处理器的代表产品首推 Intel 公司 1985 年推出的 80386，这是一种全 32 位微处理器芯片，也是 X86 家族中第一款 32 位芯片，其内部包含 27.5 万个晶体管，时钟频率为 12.5MHz，后逐步提高到 33MHz。80386 的内部和外部数据总线都是 32 位，地址总线也是 32 位，可以寻址到 4GB 内存。

20 世纪 80 年代末 90 年代初，80486 处理器面市，它集成了 120 万个晶体管，时钟频率由 25MHz 逐步提升到 50MHz。80486 是将 80386 和数学协处理器 80387 以及一个 8KB 的高速缓存集成在一个芯片内，并在 X86 系列中首次使用了 RISC（精简指令集）技术，可以在一个时钟周期内执行一条指令。

20 世纪 90 年代中期，全面超越 486 的新一代 586 处理器问世，为了摆脱 486 时代处理器名称混乱的困扰，最大的 CPU 制造商 Intel 公司把自己的新一代产品命名为 Pentium（奔腾）。

此后 CPU 的发展情况大家都已经很了解了，1997 年初 Pentium MMX 上市，年中 Pentium II 上市，1998 年赛扬上市。

2. 微型计算机的发展

微型机已从 4 位机、8 位机、16 位机、32 位机发展到 64 位机。微型机的核心是微处理器。

二、计算机

1. 奠定现代计算机发展的重要人物和思想

香侬是现代信息论的著名创始人。1938 年，香侬在发表的论文中，首次用布尔代数进行开关电路分析，并证明布尔代数的逻辑运算可以通过继电器电路来实现。

阿塔纳索夫提出了计算机的三条原则：以二进制的逻辑基础来实现数字运算，以保证精度；利用电子技术来实现控制、逻辑运算和算术运算，以保证计算速度；采用把计算功能和二进制数更新存储功能相分离的结构。

2. 计算机的发展

电脑始祖冯·诺依曼（John Von Neuman）凭他的天才和敏锐，在电脑初创期，高屋建瓴地提出了现代计算机的理论基础。时至今日，我们所有的电脑又都叫"冯·诺依曼机器"，就是对这位数学天才最好的评价。1945 年 6 月，他写了一篇题为《关于离散变量自动电子计算机的草案》的论文，第一次提出了在数字计算机内部的存储器中存放程序的概念（Stored Program Concept），这是所有现代电子计算机的范式，被称为"冯·诺依曼结构"。按这一结构建造的电脑称为存储程序计算机（Stored Program Computer），又称为通用计算机。计算机发展见表 5-3。

表 5-3　　　　　　　　　　　　　　　　　计算机的发展史

	起止年代	主要元件	主要元件图例	速度/（次/s）	特点与应用领域
第一代	20 世纪 40 年代末~50 年代末	电子管		5 千~1 万次	计算机发展的初级阶段，体积巨大，运算速度较低，耗电量大，存储容量小。主要用来进行科学计算
第二代	20 世纪 50 年代末~60 年代末	晶体管		几万~几十万次	体积减少，耗电较少，运算速度较高，价格下降，不仅用于科学计算，还用于数据处理和食物管理，并逐渐用于工业控制
第三代	20 世纪 60 年代中期开始	中、小规模集成电路		几十万~几百万次	体积、功耗进一步减少，可靠性进一步提高。应用领域进一步拓展到文字处理、企业管理、自动控制、城市交通管理等方面
第四代	20 世纪 70 年代初开始	大规模和超大规模集成电路		几千万~千百亿次	性能大幅度提高，价格大幅度下降，广泛应用与社会生活的各个领域，进入办公室和家庭。在办公自动化、电子编辑排版、数据库管理、图像识别、语音识别、专家系统等领域中大显身手

　　1946 年，美国宾夕法尼亚大学研制出世界上第一台名为 ENIAC（Electronic Numberical Integrator and Caculator）的电子计算机，宣告了人类计算机时代的到来。在 ENIAC 诞生后的短短 60 多年中，计算机所采用的基本电子元器件已经经历了 4 个发展阶段，通常称为计算机发展过程中的 4 个时代。

　　（1）第一代电子管计算机。1946 年 2 月 15 日，世界上第一台通用电子数字计算机 ENIAC 在美国的宾夕法尼亚大学诞生了。"埃尼阿克"共使用了 18 000 个电子管，另加 1500 个继电器以及其他器件，其总体积约 90m³，重达 30t，占地 170m²，需要用一间 30 多米长的大房间才能存放，是个地地道道的庞然大物。其运算速度高出当时的机电装置 1000 倍以上，因而为电子计算开辟了崭新的富有希望的领域。

　　第一代（1946~1957 年）是电子计算机，它的基本电子元件是电子管，内存储器采用水银延迟线，外存储器主要采用磁鼓、纸带、卡片、磁带等。由于当时电子技术的限制，运算速度只是每秒几千次到几万次基本运算，内存容量仅几千个字。程序语言处于最低阶段，主要使用二进制表示的机器语言编程，后阶段采用汇编语言进行程序设计。因此，第一代计算机体积大，耗电多，速度低，造价高，使用不便；主要局限于一些军事和科研部门进行科学计算。

　　（2）第二代晶体管计算机。第二代（1958~1970 年）是晶体管计算机。1948 年，美国贝尔实验室发明了晶体管，10 年后晶体管取代了计算机中的电子管，诞生了晶体管计算机。晶体管计算机的基本电子元件是晶体管，内存储器大量使用磁性材料制成的磁芯存储器。与第一代电子管计算机相比，晶体管计算机体积小，耗电少，成本低，逻辑功能强，使用方便，可靠性高。

　　（3）第三代集成电路计算机。第三代（1963~1970 年）是集成电路计算机。随着半导体技术的发展，1958 年夏，美国德克萨斯公司制成了第一个半导体集成电路。集成电路是在几平方毫米的基片，集中了几十个或上百个电子元件组成的逻辑电路。第三代集成电路计算机的基本电子元件是小规模集成电路和中规模集成电路，磁芯存储器进一步发展，并开始采用性能更好的半导体存储器，运算速度提高到每秒几十万次基本运算。由于采用了集成电路，第三代计算机各方面性能都有了极大提高：体积缩小，价格降低，功能增强，可靠性大大提高。1964 年，美国 IBM 公司研制成功第一个采用集成电路的通用电子计算机系列 IBM360 系统。

（4）第四代大规模集成电路计算机。第四代（1971 年~目前）是大规模集成电路计算机。随着集成了上千甚至上万个电子元件的大规模集成电路和超大规模集成电路的出现，电子计算机发展进入了第四代。第四代计算机的基本元件是大规模集成电路，甚至超大规模集成电路，集成度很高的半导体存储器替代了磁芯存储器，运算速度可达每秒几百万次，甚至上亿次基本运算。

3. 我国的计算机发展情况如表 5-4 所示

表 5-4   我国的计算机发展情况

1958 年	第一台电子管计算机——103 机研制成功
1959 年	第一台大型通用电子数字计算机 104 研制成功
1964 年	晶体管计算机研制成功
1971 年	以集成电路为主要器件的 DJS 系列计算机研制成功
1983 年	"银河"亿次/秒巨型电子计算机诞生，1992 年 10 亿次"银河-Ⅱ"研制成功；1997 年 130 亿次/秒"银河-Ⅲ"研制成功
1995 年	"曙光-1000"并行计算机研制成功

我国有名的微型计算机品牌：联想/长城/方正/清华同方。

4. 微型计算机的硬件组成

图 5-31 给出计算机最基本的硬件结构框图，图 5-32 给出计算机的硬件系统示意图，图 5-33 给出了计算机工作过程示意图。

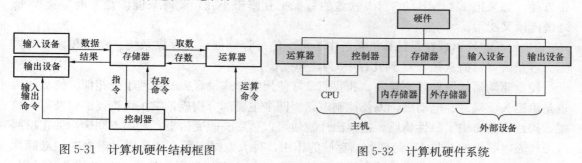

图 5-31 计算机硬件结构框图   图 5-32 计算机硬件系统

（1）运算器。运算器是用来完成算术运算和逻辑运算的部件。所谓算术运算就是加、减、乘、除。所谓逻辑运算则包括对一些条件或条件组合的判断（如逻辑加、乘）。运算器具有暂存运算结果的功能，它由用电子器件组成的加法器、寄存器、累加器等逻辑电路组成。

（2）控制器。控制器是整个机器的指挥控制中心，其主要功能是向机器的各个部分发出控制信号，使整个机器自动、协调的工作。控制器要根据人们事先写好的程序进行工作，它管理着信息的输入、信息的存储与检索、运算、操作等，以及信息对外界的输出和控制器本

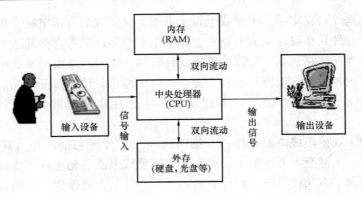

图 5-33　计算机工作过程示意图

身的活动。控制器由程序计数器、指令译码器及操作控制部件等组成。

（3）存储器。存储器是一个具有记忆功能的部件。它不仅可以存储各种数据，还可以存储人们为机器事先编排好的解题步骤即解决问题所依据的指令和程序。存储器由存储体逻辑部分和控制电路组成，它可以准确的接收或给出所需要的信息。

存储器的主要功能是存放程序和数据，它分为内存和外存，外存容量大速度慢，内存容量小速度快。

内存直接与 CPU 交换信息。分为 ROM（Read Only Memory）和 RAM（Random Access Memory）两种，其中 ROM 是只读存储器，即只读不写，掉电信息不丢失；RAM 是随机存取存储器，即可读可写，掉电信息丢失。

外存是长期保存程序和数据的地方（硬盘、软盘、移动硬盘等）。

1）光盘。光盘容量大（一般为 650MB 左右），速度慢于硬盘。分为只读光盘（CD-ROM）、一次写入型光盘（CD-R）和可擦写型光盘（CD-RW）三种类型。其中 DVD-ROM 容量比 CD 光盘大，大约是 CD 光盘的 7～20 倍，读取速度更快，可通过 DVD 光驱读取。

2）软盘。常用容量为 1.44MB 的 3.5in 软盘。软盘速度慢，容量小，但可装可卸、携带方便。如果把 1.44MB 的 3.5in 软盘的写保护孔露出小孔，此时只能读盘不能写盘，反之既能读又能写。

3）硬盘。硬盘现在是计算机系统中不可少的外存储器，它存放系统、程序和大量的数据。容量大（目前从几个 G 到几百个 G），速度快。

硬盘驱动器的原理并不复杂，和我们日常使用的盒式录音机的原理十分相似。硬盘的构成是由磁头、碟片、电动机，以及控制电路板四个主要部分构成，磁头负责读取以及写入数据，碟片则是布满了磁性物质，这些磁性物质可以被磁头改变磁极，利用不同磁性的正反两极来代表电脑里的 0 与 1，起到数据存储的作用，写入数据实际上就是通过磁头对硬盘碟片表面已格式化的磁道上非常小的磁性物质的磁极进行改变的过程，就像录音机的录音过程；读取数据时便把磁头移动到确定的位置（磁道）读取此处的磁化编码状态。

高速缓存介于内存和 CPU 之间，速度比内存快，但容量不大。用于提高 CPU 与内存之间的数据交换效率，解决它们之间速度不匹配的问题。

该设备用来将解题步骤和原始数据转换成电信号，并在控制器的指挥下按一定的地址顺序送入内存。人们比较熟悉的输入设备是能够直接记入信息的键盘，但是在需要输入大量数据的情况下，其他一些输入设备则更方便更快捷。如纸带机、读卡机。

输出设备是用来将运算的结果转换为人们所熟悉的信息形式的部件。它是在控制器的指挥之下，依照人们所能识别的形式，由机内输出。常用的输出方式有穿孔、打字、绘图和屏幕显示等。

三、计算机应用技术

1. 计算机的应用

计算机的传统应用有科学计算、过程控制和事务处理（图 5-34）。

计算机的现代应用有：办公自动化（OA）、生产自动化（PA）（CAD,CIMS）、数据库（DA）、网络（NA）、人工智能（AI）、计算机模拟（CS）、计算机辅助教育（CBE）（CAI,CMI）等。

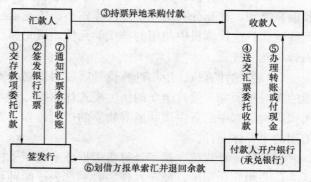

图 5-34　银行汇票结算流程图

（1）AI 的学科位置。AI 是一门新兴的边缘学科如图 5-35 所示，是自然科学与社会科学的交叉学科。AI 的交叉包括：逻辑、思维、生理、心理、计算机、电子、语言、自动化、光、声等。

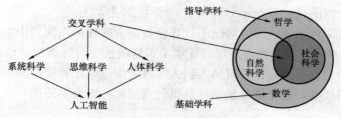

图 5-35　AI 的学科位置

AI 的核心是思维与智能，构成了自己独特的学科体系。AI 的基础学科包括：数学（离散、模糊）、思维科学（认知心理、逻辑思维学、形象思维学）和计算机（硬件、软件）等。

（2）计算机辅助教育。

1）计算机辅助教育的发展趋势。

2）虚拟教学研究。

3）视频点播 VOD（Video on Demand）研究及其应用，包括下载后播放和边下载边播放两方面。

4）网络合作学习研究。

2. 计算机未来发展的方向

（1）智能计算机。第五代人工智能型计算机，从信息处理上升为知识处理，模拟人脑的功能，即具有形式化推理、联想、学习和解释处理问题的能力，被称为人工智能。日本第五代智能计算机"3C 融合"催生第 5 代计算机。

由摩尔第一定律电脑芯片每 18 个月其上的晶体管翻一番，其主要技术是通过减少导线和元件尺寸来达到的。随着尺寸的不断减小，其电子的量子效应不断增加，以至以经典物理为基础的微电子学在电脑芯片的发展受到不可逾越的瓶颈。据科学家估计 2025 电脑芯片的速度将达到物理极限。

　　为了突破计算机的运算速度极限，人们开始不断研发新的计算机芯片，其中光子计算机、生物计算机、量子计算机是前景最光明的三方面。

　　（2）光子计算机。光子计算机是根据光学空间的多维特性，为计算机设计新的逻辑结构和运算原理，并充分利用光子元件体积小、传送信息速度快的特点，用超高速大容量的光子元件替代目前计算机中使用的硅化学元件，用光导纤维或光波替代普通金属导线，使用光二极管和光三极管。

　　（3）生物计算机。生物计算机是通过对生物的脑和神经系统中信息传递、信息处理等原理的进一步研究，设计全新的仿生模式计算机，并与人工智能的研究相互借鉴、共同发展。模拟生物细胞中的蛋白质和酶等物质的产生过程，制造出仿生集成芯片来替代目前计算机中使用的半导体元件。

　　（4）量子计算机。量子计算机根据原子或原子核所具有的量子学特性来工作。量子理论认为，非相互作用下，原子在任一时刻都处于两种状态与组成传统计算机二进制语言的"1"和"0"相对应。量子计算机由于原子在任一时刻都处于两种状态，任务同时完成，这样就使运算速度发生质的飞跃，这在蛋白质解析和通信加密技术等领域大有用武之地。

　　用原子实现的量子计算机只有 5 个 q-bit，放在一个试管中而且配备有庞大的外围设备，只能做 $1+1=2$ 的简单运算，正如 Bennett 教授所说，"现在的量子计算机只是一个玩具，真正做到有实用价值的也许是 5 年、10 年，甚至是 50 年以后"。

　　到那时会出现一种工业，可以将原子计算设备嵌入到任何东西当中去。不必再像现在这样将一台 PC 机放在桌子上，也许到那时候桌子本身就是一台计算机，汽车轮胎可以计算速度和闸动力，医生可以将微型计算机插入到人体血液中以杀死肿瘤细胞……虽然现在这些还只是科学幻想中的故事，但是随着量子计算机的发展，一定会实现的。

思 考 题

1. 什么是半导体？
2. 半导体器件一般有哪些种类？
3. 二极管的伏安特性是什么？
4. 简述晶体三极管的结构，讨论晶体三极管是如何实现放大的。
5. 集成电路发展的定律是什么？
6. 分析电力电子技术的定义，简述电力电子技术是如何构成的。
7. 讨论电力电子技术的应用范围。并举例说明。
8. 电力电子器件由哪几部分组成？
9. 功率变换技术的应用技术有哪几部分？它们各自的功能是什么？
10. 如何实现电磁兼容、谐波抑制及电力质量控制？
11. 什么叫柔性交流输电？
12. 为什么称计算机结构是冯·诺依曼结构？
13. 画出计算机硬件结构框图。
14. 计算机硬件系统由哪些部件组成？请分别讨论它们的功能。
15. 简述计算机有哪些现代应用及其未来发展方向。

第六章　自　动　化　技　术

第一节　自动化技术的发展史

一、古代自动装置

　　自动控制理论是与人类社会发展密切联系的一门学科，是自动控制科学的核心。中国古代能工巧匠发明许多原始的自动装置，以满足生产、生活和作战的需要。其中比较著名有下述的几种：①指南车；②铜壶滴漏；③沙漏；④水转浑天仪；⑤候风地动仪；⑥水运仪象台等。下面分别加以介绍：

　　（1）指南车。三国时期的我国古代发明家马均发明的指南车。这种指南车上有一个小木人，无论如何向前、向后、还是转弯，小木人的手一直指向南方。这种装置好像现代的自动定向仪。指南车实际是中国古代用来指示方向的一种具有能自动离合的齿轮系装置的车辆。

　　指南车是一种马拉的双轮独辕车，车箱上立一个伸臂的木人。车箱内装有能自动离合的齿轮系。当车子转弯偏离正南方向时车辕前端就顺此方向移动，而后端则向反方向移动，并将传动齿轮放落，使车轮的传动带动木人下的大齿轮向相反方向转动，恰好抵消车子转弯产生的影响。指南车功能结构图如图 6-1 所示。

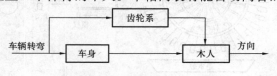

图 6-1　指南车功能结构图

　　（2）铜壶滴漏（水钟）。中国又叫作"刻漏"、"漏壶"。根据等时性原理，滴水记时有两种方法，一种是利用特殊容器记录把水漏完的时间（泄水型），另一种是底部不开口的容器，记录它用多少时间把水装满（受水型）。中国的水钟，最先是泄水型，后来泄水型与受水型同时并用或两者合一。自公元 85 年左右，浮子上装有漏箭的受水型漏壶逐渐流行，甚至到处使用。

　　（3）沙漏。当水温和水质直接影响了水钟的使用和准确性时，人们不得不另辟蹊径，13 世纪詹希元制五轮沙漏，是一种更高级的以沙为动力的机械时钟，足以证明，此类较简单的漏，我国古代劳动人民早就能够制造。

　　（4）水转浑天仪。公元 2 世纪，中国东汉的天文学家张衡创制的一种天文表演仪器。它是一种用漏水推动的水运浑象（如图 6-2 所示），和现在的天球仪相似，可以用来实现天体运行的自动仿真。

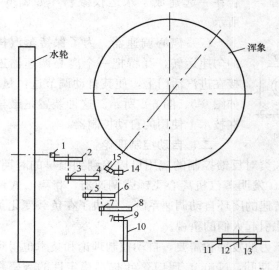

图 6-2　张衡水力天文仪器中齿轮系推想图

（5）候风地动仪。公元 132 年，张衡创制了候风地动仪，它装有 8 个曲杠杆，对地震有预测作用，如图 6-3 所示。

图 6-3　候风地动仪示意图

（a）地震前候风地动仪状态；（b）地震后候风地动仪状态

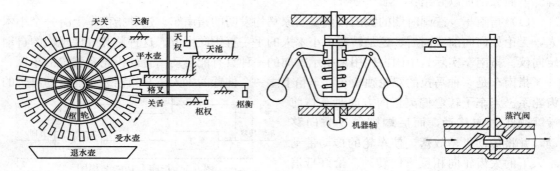

图 6-4　水运仪象台枢轮和天衡装置示意图　　　　图 6-5　离心调速器示意图

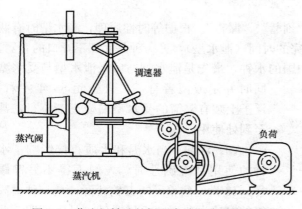

图 6-6　蒸汽机转速的闭环自动调速系统示意图

（6）水运仪象台。公元 1088 年，中国苏颂等人把浑仪（天文观测仪器）、浑象（天文表演仪器）和自动计时装置结合在一起建成了水运仪象台，如图 6-4 所示。

（7）离心调速器。为了保持蒸汽机的匀速运转，瓦特把一个离心调速器连接在进汽活门上，使其自动调节进汽量，如图 6-5、图 6-6 所示。这种装置是最早在技术上使用的自动控制器。

二、自动控制理论

自动控制中一个最基本的概念是反馈，人类对反馈控制的应用可以追溯到很早的时期。但是，直到产业革命时期，英国人 James Watt 发明蒸汽机离心飞锤式调速器，将离心式调速器与蒸汽机的阀门连接起来，构成蒸汽机转速的闭环自动调速系统。解决了在负载变化条件下保持蒸汽机基本恒速的问题，自动控制才引起人们的重视。

从那时起的 100 多年以来，随着社会生产力的发展和需要，自动控制理论和技术也得到了不断地发展和提高。在 20 世纪 30～40 年代期间，Nquist 于 1932 年提出稳定性的频率判据。二战期间，军事科学的需要大大促进了控制理论的发展。这个时期成果的主要体现为当时德国的 V-2 导弹（系地-地洲际导弹）的使用，完全是在经典控制理论指导下所取得的重要成果。

Bode 于 1940 年在频率法中引入对数坐标系并于 1945 年写了《网络分析和反馈放大器设计》一书，Harris 于 1942 年引入传递函数的概念，Evans 于 1948 年提出根轨迹法，Wienner 于 1948 年出版了《控制论——关于在动物和机器中控制和通信的科学》一书。他们卓越的工作，奠定了经典控制理论的基础。到 20 世纪 50 年代，经典控制理论已趋于成熟。

古典控制理论的特点是以传递函数为数学工具，采用频域方法，主要研究"单输入—单输出"线性定常连续控制系统的分析与设计，但它存在着一定的局限性，即对"多输入—多输出"系统不宜用古典控制理论解决，特别是对非线性、时变系统更是无能为力。

自动化技术从产生到现在，它的发展始终没有离开武器装备的需要。在第二次世界大战中，同盟国军队的主要作战武器是火炮。当时的火炮威力大、射程远，但是命中精度比较差。比如当时的高射炮打飞机平均要 3000 发炮弹才能击中一架飞机。美国的科学家为了战争的需要，成立了以维纳为代表的科学家集团，运用当时的计算机技术，根据汽车驾驶的道理，借鉴人的行为，设计了一系列的自动控制装置和系统。这些装置和系统大大提高了火炮射击的精度，改善了雷达跟踪目标的能力，还解决了鱼雷、飞机等导航的关键问题，大大提高了盟国军队的作战能力。

自动化技术在抗击德军空中飞机轰炸、水下潜艇的攻击等方面发挥了巨大作用，为二战的最后胜利做出了巨大贡献。同时，自动化技术在实际应用中得到不断发展，逐步走向了理论化和系统化。如果没有二战这个巨大的实验场，自动化技术也不会有如此大的发展。

1. 控制论

当我们在河岸上看到悠闲自得的艄公轻轻地摇着橹，小船在他的操纵下稳健地航行。谁能联想到这里面竟蕴含着一门新兴的科学？这就是由美国数学家维纳所创立的"控制论"。

"控制论"这个名词来源于古希腊，原意是"舵手"，古希腊哲学家柏拉图曾经把掌舵的艺术称作控制论。1948 年一本旷世奇著《控制论——关于在动物和机器中控制和通信的科学》在美国出版了，它的作者就是诺伯特·维纳。

《控制论——关于在动物和机器中控制和通信的科学》是在现代数学、自动控制技术、通信技术、电子计算机、神经生理学诸学科基础上相互渗透，由维纳等科学家的精炼和提纯而形成的边缘科学。它主要研究信息的传递、加工、控制的一般规律，并将其理论用于人类活动的各个方面。这门科学一经创立，就用它独有的崭新的思想方法推动和促进自然科学、工程技术，以至社会科学、人文科学的发展和进步。随着各种不同学科的需要目前已出现了用于工程技术的"工程控制论"；用于生物科学的"生物控制论"；用于经济管理体系的"经济控制论"等众多分支。

2. 维纳——控制论之父

维纳（Wiener Norbert，1894—1964）美国数学家。1894 年 11 月 26 日生于密苏里州的哥伦比亚，1964 年 3 月 18 日卒于斯德哥尔摩。12 岁进入土夫兹学院学习，15 岁时获数学学士学位。1913 年以关于数理逻辑的论文获哲学博士学位。

其后到欧洲旅行从师于罗素、哈代、李特尔伍德、希尔伯特等人。1915 年返美后，担任过哲学、数学和工程方面的教学工作。1919 年到麻省理工学院任讲师之后，开始了他的数学学术生涯。1932 年以后一直为该校教授。1933 年成为美国国家科学院院士。维纳早期曾在数理逻辑、概率论、巴拿赫空间、布朗运动和分析等方面取得过重大成果。第二次世界大战结束后，维纳和多种学科的专家一起对控制论作了深入的探讨。1947 年他写出了划时代的著作《控制论——关于在动物和机器中控制和通信的科学》，1948 年出版后，立即风行世界。《控制论——关于在动物和机器中控制和通信的科学》一书中体现的维纳的深刻思想引起了人们的极大重视。它使用了通信理论的术语，如控制、反馈、信息、输入、系统等帮助人们进行思维，对整个科学界产生影响。

3. 中国科学家的贡献

钱学森：浙江省杭州市人，1911 年生，空气动力学家，中国科学院院士，中国工程院院士。1934 年毕业于上海交通大学，1935 年赴美国麻省理工学院留学，翌年获硕士学位，后入加州理工学院，1939 年获航空、数学博士学位后留校任教并从事应用力学和火箭导弹研究。

1955 年回国后，历任中国科学院力学所所长，国防部第五研究院副院长、院长，第七机械工业部副部长，国防科委副主任，国防科工委科技委副主任，第 3 届中国科协主席，第 6～8 届全国政协副主席，中共第 9 至 12 届中央候补委员。1956 年提出《建立我国国防航空工业意见书》，最先为中国火箭导弹技术的发展提出了极为重要的实施方案，为中国火箭导弹和航天事业的创建与发展做出了杰出的贡献。1957 年获中国科学院自然科学一等奖，1979 年获美国加州理工学院杰出校友奖，1985 年获国家科技进步奖特等奖。1989 年获小罗克维尔奖章和世界级科学与工程名人称号，1991 年被国务院、中央军委授予"国家杰出贡献科学家"荣誉称号和一级英模奖章。

张钟俊：自动控制专家。浙江嘉善人。1934 年获交通大学学士学位。1935 年获美国麻省理工学院硕士学位，1938 年获该校科学博士学位。上海交通大学教授。在网络综合、电力系统、自动控制和系统工程等领域中，做出了许多开创性的贡献。1948 年在我国最早讲授自动控制课程《伺服机件》。1980 年当选为中国科学院院士。1984 年，根据控制理论和计算机技术的发展，张钟俊提出了以大系统理论为指导，以微电脑应用为突破手段、形成分布式计算机控制和信息管理的"工业大系统"研究课题，他勾画了工业大系统的研究框架，分析了这类系统信息结构分散的特性，论述了微电脑的基本控制作用，提出了计算机通信、协调等一系列柔性生产新的研究方向。

第二节　自动化技术的概念

一、自动化的基本概念

人们为了达到节省体力，提高生产效率的目的，发明了许多自动化机器和设备，这些设备和机器可以在人不直接参与的情况下，按照人们预先设计的要求，根据给定的指标完成原来需要人自己做的很多工作，使人从生产过程中解放出来。这些设备和机器种类繁多，形式千差万别，所完成的功能各不相同。有工业中的生产过程自动化，也有军事上的导弹制导和飞机导航。图 6-7 中水温的操作员要用手（通过感觉）来测试水的温度，并将此温度与他要求的值（给定值）相比较（通过大脑）。同时他要决定（通过大脑）：他的手应该朝哪个方向旋转加温用的蒸汽阀门和旋转多大的角度。采用自动控制时上述功能都由各种的元件和仪表来代替。

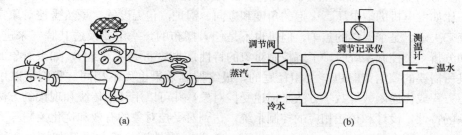

图 6-7 水温的手动控制和自动控制示意图
（a）手动控制；（b）自动控制

现代社会和现代生活离不开对一些物理量的控制，包括实现对这种控制的自动化。例如公共电网上的电压是 50Hz、220V 的交流电。为此，在发电厂就要设法控制电压、频率这两物理量为恒值，这要采用自动调压和自动调频装置。在工业生产中，如在化肥厂控制反应釜（塔）内温度和压力为恒值，使化学反应速度加快。在机械加工厂金属切削机床上，经常通过保持控制工件或刀具的转速为恒值，使产品的质量、产量能提高。而各种现代火炮的俯仰角和方位角都是自动控制的。

现代生活中，空调器保持室内温度为恒值、卫生洁具水箱的水位也保持为恒值。其他如冰箱、洗衣机无不进行使一些物理量为恒值的控制，洗衣机把洗衣、漂洗和脱水等操作自动按程序进行。

二、自动控制的内容

1. 自动控制分析

图 6-8 所示为人是通过这个过程来完成拿杯子这个动作的。首先要看一下，杯子的位置与自己手的距离有多少，然后人的大脑

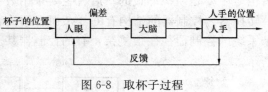

图 6-8 取杯子过程

会命令自己的手做出动作，向减少这个距离的方向移动，同时不断地观察两者之间的距离还有多少，直到人的手碰到了杯子，大脑就命令手停止运动，杯子也就拿到了。

一个自动化系统无论结构多么复杂都是由下面几部分组成：

第一，检测比较装置。所起作用相当于人眼在上面例子中的作用，主要是获得反馈，并且计算我们要达到的目的与现在的实际情况之间的差值。

第二，控制器。所起作用相当于大脑在上面例子中的作用，主要是用来决定应该怎样做。

第三，执行机构。所起的作用相当于人手在上面例子中的作用，完成控制器下达的决定。

第四，控制量。也就是所要达到的目的，相当于手和杯子之间的距离。控制量是我们自动化机器所要达到的最终目的。

自动化的作用：提高社会生产率和工作效率；节约能源和原材料消耗；保证产品质量；改善劳动条件，减轻体力、脑力劳动；改进生产工艺和管理体制；加速社会的产业结构的变革和社会信息化的进程。

2. 自动控制技术

（1）受控对象——温柔的羔羊。所谓受控对象是指在一个控制系统中被控制的事物或生产过程，比如发电机的端电压、火炮的角度和方向、锅炉汽包温度等。虽然受控对象完全是由控制系统来决定，是个温柔的羔羊，但是也不是任人摆布的，一定要摸透其脾气来进行控制。在设计和分析一个控制系统时，了解控制对象的特性是非常重要的。因为，如果对象的特性不一样，其所需要的控制策略也会大相径庭的，最终控制效果也大不相同。我们可以用微分方程、状态方程或传递函数等数学方法来描述受控对象，并可以用其他传统和现代的方法来分析受控对象的特性，设计和校正相应的控制系统，达到对受控对象的有效和优化控制。

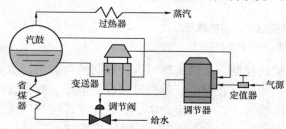

图 6-9　锅炉液位控制系统

锅炉液位控制系统如图 6-9 所示，根据蒸汽负荷发生变化控制进水口的阀门的开度，使锅炉中的液位保持在正常标准值。在这个系统里，冷热水的水位就是受控对象，而调节（电磁）阀是执行器。

（2）控制器——控制系统的大脑。自动控制系统中控制器在整个系统中起着重要的作用，扮演着系统管理和组织核心的角色。系统性能的优劣很大程度上取决于控制器的好坏。我们可以通过比较人工控制系统和自动控制系统的工作原理来认清控制器的作用。

控制器有各种形式，按照信号的性质分，可以分成模拟控制器和数字控制器两种。前者信号主要是模拟形式的；后者主要采用数字形式进行计算，输入和输出端有 D/A 和 A/D 转换器。控制器的结构有的复杂而有的比较简单，比较放大电路就是简单的控制器。复杂系统的控制器往往很复杂，有的控制器甚至就是一台计算机。控制系统结构图如图 6-10 所示。

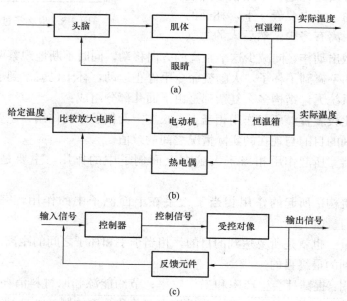

图 6-10　控制系统结构图

（a）人工控制系统结构图；（b）自动控制系统结构图；（c）控制系统一般结构图

（3）传感器——控制系统的耳目。自动控制系统能够按照人的设计，在人不参与的情况下完成一定的任务。其关键就在于反馈的引入，反馈实际上是把系统的输出或者状态，加到系统的输入端与系统的输入共同作用于系统。系统的输出状态实际上是各种物理量，它们有的是电压，有的是流量、速度等。这些量往往与系统的输入量性质不同，并且取值的范围也不一样。所以不能与输入直接合并使用，需要测量并转化。传感器正是起这个作用，它就像是控制系统的眼睛和皮肤，感知控制系统中的各种变化，配合系统的其他部分共同完成控制任务。

传感器就像自动控制系统的眼睛、鼻子、耳朵一样，对于一个控制系统的性能起着重要作用。可靠、灵敏的传感器是自动控制系统工作的前提。就像双目失明的盲人是不可能很准确地拿到所要拿的东西一样，如果控制系统的传感器部分不能正常工作时，自动控制系统也就没有办法代替人来完成工作了。

（4）执行器——控制系统的有力臂膀。如果把传感器比喻成人的感觉器官的话，那么执行器在自动控制系统中的作用就是相当于人的四肢，它接受调节器的控制信号，改变操纵变量，使生产过程按预定要求正常执行。

执行器由执行机构和调节机构组成。执行机构是指根据调节器控制信号产生推力或位移的装置，而调节机构是根据执行机构输出信号去改变能量或物料输送量的装置，最常见的有调节阀。执行器按其能源形式分为气动、电动和液动三大类，它们各有特点，适用于不同的场合。

随着自动化、电子和计算机技术的发展，现在越来越多的执行机构已经向智能化发展，很多执行机构已经带有通信和智能控制的功能，比如很多厂家的产品都带现场总线接口。我们相信，今后执行器和其他自动化仪表一样会越来越智能化，这是大势所趋。

（5）稳定性——控制系统工作的保证。自动控制系统的种类很多，完成的功能也千差万别，有的用来控制温度的变化，有的却要跟踪飞机的飞行轨迹。但是所有系统都有一个共同的特点才能够正常地工作，也就是要满足稳定性的要求。

稳定性可以这样定义：当一个实际的系统处于一个平衡的状态时，如果受到外来作用的影响时，系统经过一个过渡过程仍然能够回到原来的平衡状态，我们称这个系统就是稳定的，否则称系统不稳定。对于稳定的系统，振荡是减幅的；而对于不稳定的系统，振荡是增幅的。前者会平衡于一个状态，后者却会不断增大直到系统被损坏。系统的稳定性只是对系统的一个基本要求，一个让人满意的控制系统必须还要满足许多别的指标，例如过渡时间、超调量、稳态误差、调节时间等。一个好的系统往往是这些方面综合考虑的结果。

（6）极点——控制系统的灵魂。在实际的应用中，虽然各种控制系统所完成的功能不同，被控制的物理量也未必相同。系统的输出会有许多的变化形式。有的逐渐逼近期望的输出值，有的会在期望值的附近震荡，有的会离期望值越来越远，达不到控制的目的。为什么会有这种不同呢？是什么决定了系统的特性呢？这就是系统的极点。

人们为了使控制系统的性能满足一定的要求，研究了很多控制方法。这些方法虽然采用不同的控制原理，不同的数学方法。但是所有这些方法的最终目的是使系统的极点合理分配，从而得到好的控制效果。所以说极点是决定控制系统性能特点的上帝之手。

（7）鲁棒性——健康的系统。控制系统的鲁棒性研究是现代控制理论研究中一个非常活跃的领域，鲁棒控制问题最早出现在 20 世纪人们对于微分方程的研究中。什么叫作鲁棒性呢？其实这个名字是一个音译，其英文拼写为 Robust。也就是健壮和强壮的意思。控制专家用这个名字来表示当一个控制系统中的参数发生摄动时系统能否保持正常工作的一种特性或属性。就像人在受到外界病菌的感染后，是否能够通过自身的免疫系统恢复健康一样。

鲁棒控制理论的应用不仅仅用在工业控制中，它被广泛运用在经济控制、社会管理等很多领域。随着人们对于控制效果要求的不断提高，系统的鲁棒性会越来越多地被人们所重视，从而使这一理论得到更快的发展。

经典控制理论主要用于解决反馈控制系统中控制器的分析与设计的问题，除了反馈控制系统外，还有开环控制系统和复合控制系统，如图 6-11 和图 6-12 所示。

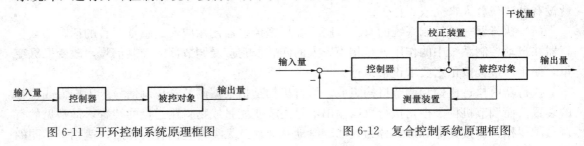

图 6-11　开环控制系统原理框图　　　　图 6-12　复合控制系统原理框图

经典控制理论尽管原则上只适宜于解决"单输入—单输出"系统中的分析与设计问题，但是，经典控制理论至今仍活跃在各种工业控制领域中。事实上，经典控制理论现在仍不失其价值和实用意义，仍是进一步研究现代控制理论和智能控制理论的基础。

第三节　自动化的前沿技术

一、现代控制论的发展

经典控制理论虽然具有很大的实用价值，但也有着明显的局限性。其局限性表现在下面两个方面：第一，经典控制理论建立在传递函数和频率特性的基础上，而传递函数和频率特性均属于系统的外部描述（只描述输入量和输出量之间的关系），不能充分反映系统内部的状态；第二，无论是根轨迹法还是频率法，本质上是频域法（或称复域法），都要通过积分变换（包括拉普拉斯变换、傅立叶变换、Z 变换），因此原则上只适宜于解决"单输入—单输出"线性定常系统的问题，对"多输入—多输出"系统不宜用经典控制理论解决，特别是对非线性、时变系统更是无能为力。

现代控制理论正是为了克服经典控制理论的局限性而在 20 世纪五六十年代逐步发展起来的。现代控制理论本质上是一种"时域法"。它引入了"状态"的概念，用"状态变量"（系统内部变量）及"状态方程"描述系统，因而更能反映出系统的内在本质与特性。从数学的观点看，现代控制理论中的状态变量法，简单地说就是将描述系统运动的高阶微分方程，改写成一阶联立微分方程组的形式，或者将系统的运动直接用一阶微分方程组表示。这个一阶微分方程组就叫作状态方程。采用状态方程后，最主要的优点是系统的运动方程采用向量、矩阵形式表示，因此形式简单、概念清晰、运算方便，尤其是对于多变量、时变系统更是明显。特别是在 Kalman（卡尔曼）提出的可控性和可观测性概念和 ПОНТРЯГИН（庞德里亚金）提出的极大值理论的基础上，现代控制理论被引向更为深入的研究。现代控制理论研究的主要内容包括三部分：多变量线性系统理论、最优控制理论以及最优估计与系统辨识理论。

1. 线性系统理论

线性系统理论是现代控制理论中最基本的组成部分，也是比较成熟的部分。要分析系统的特性，首先要建立系统的数学模型。经典控制论中用微分方程、传递函数和频率特性来描述，而这里则是用状态方程来描述。状态方程不但描述了系统的输入输出关系，而且描述了系统内部一些状态变量的随时间变化关系。由于其分析方法都是建立在对系统状态方程的分析上，所以这些方法也称为状态空间分析方法。

（1）系统辨识。这是现代控制技术中一个很活跃的分支。所谓系统辨识就是通过观测一个系统或一个过程的输入、输出关系来确定其数学模型的方法。在许多实际系统中，由于根据物理化学定律而推导建立起来的所谓机理模型一般都比较复杂，用它不便于寻求一个最优控制方案；或者由于没有足够的有关系统及其环境的先验知识，因而无法对其设计一个最优控制；因此，面临的首要问题就是通过实验，量测系统的输入、输出，从中找出一个既简单又能恰当地描述该系统特征的数学模型，这样才便于实现最优控制或自适应控制。系统辨识理论不但广泛用于工业、国防、农业和交通等工程控制系统中，而且还应用于计量经济学、社会学、生理学等领域。如对于人—机器—环境系统中人的性能、瞳孔和肌肉的控制功能等，已经获得了很成功的模型。

（2）最优控制。最优控制是现代控制技术中一个重要的组成部分。最优控制问题是在已知系统的状态方程、初始条件以及某些约束条件下，寻求一个最优控制向量，使系统的状态或输出在控制向量作用下满足某种最佳准则或使某一指标泛函达到最优值。解决最优控制问题的方法有变分法、庞特里亚金的极大值原理和贝尔曼的动态规划方法等。

实际问题中的指标要求往往可以用"多、快、好、省"来表达，如"多"可指产量高；"快"可指时间短，投产快；"好"可指产品质量好、精度高等；"省"可指能源、材料消耗少等。只要把实际问题的数学模型建立起来，约束条件和指标要求用数学表达式表达出来，经过一定的变换就可以化为最优控制理论可解的问题；由此，使最优控制理论得到最广泛的使用。

（3）自适应控制。自适应控制也是现代控制理论中近十几年来发展比较快的、比较活跃的一个分支。对于控制对象的结构或参数会随环境条件的变化而有较大变化的这种系统，为了保证控制系统在整个控制过程中都满足某一最优准则，那么最优控制器的参数就需要随时加以调节变化才行。换句话说，控制器的参数要适应环境条件的变化而自动地调整其参数，使得整个系统仍然满足最优准则。因此，这类控制系统称为自适应控制系统。

自适应控制一般分为两大类：一类叫模型参考自适应控制（Model Reference Adaptive Control）；另一类称自校正适应控制（Self-Turning Adaptive Control）。其中模型参考自适应控制是指自适应系统利用调节系统的输入/输出量或状态向量，由自适应控制器调整系统参数或综合一个辅助信号，使系统性能接近指定指标。自校正自适应控制指自适应控制系统为必须能辨识对象，且能将当前系统的性能指标与期望的或最优的性能相比较，从而达到系统趋向的最优决策或控制。自适应控制最初应用在飞机的自动驾驶仪上，后来在导弹、火箭和航天技术方面得到了优先使用。由于计算机技术的进步，自适应控制广泛用于化工、冶金自动化和电力系统的控制上。可以预料，自适应控制将会更加广泛地应用到各个方面去。

　　2. 非线性系统理论

　　近年来，许多研究集中于含有参数或结构不确定性和受有外部干扰的非线性系统的控制和设计上。主要的研究手段，包括 Lyapunov 函数、微分流形及微分动力学等工具并结合计算机仿真研究。热点课题包括带有匹配不确定性的仿射非线性系统的 H∞ 控制；含参数不确定性非线性系统"Backstepping"自适应控制；不确定非线性系统的反馈镇定、调节和跟踪；非线性奇异系统的结构性质和控制，特别是以多机器人系统协调与大型电网稳定为背景的受非完整约束非线性系统的控制，以及有关混沌生成、抑制和同步化及其应用的混沌系统控制等。在这些方面国内学者做出了一批有价值的工作。

　　在非线性最优控制问题中最优价值函数满足的 HJB（Hamilton-Jacobi-Bellman）方程大范围解的存在性问题长期未能解决，国外学者利用"粘性解"的概念，给出了不可微甚至不连续函数作为其解的确切定义，并结合非光滑分析、凸集值映射，深化了极大值原理。对与非线性 H∞ 方法相关的 HJI（Hamilton-Jacobi-Issac）方程，国内学者也进行了相应研究。然而，如何求解一般的 HJB 或 HJI 方程仍是控制器具体设计中的主要困难。

　　二、经典控制的数字化实现

　　PID（比例-积分-微分）控制器作为最早实用化的控制器已有 50 多年历史，现在仍然是应用最广泛的工业控制器。PID 控制器简单易懂，使用中不需精确的系统模型等先决条件，因而成为应用最为广泛的控制器。PID 控制器由比例单元（P）、积分单元（I）和微分单元（D）组成。其输入 $e(t)$ 与输出 $u(t)$ 的关系为 $u(t) = K_p e(t) + K_i \int_0^t e(\tau)\mathrm{d}\tau + K_d \dfrac{\mathrm{d}e(t)}{\mathrm{d}t}$，因此它的传递函数为 $G_0(s) = \dfrac{U(s)}{E(s)} = K_p + \dfrac{K_i}{s} + K_d$。PID 控制器是最简单的有时却是最好的控制器。

　　计算机控制系统（Computer Control System，CCS）是应用计算机参与控制并借助一些辅助部件与被控对象相联系，以获得一定控制目的而构成的系统。这里的计算机通常指数字计算机，可以有各种规模，如从微型到大型的通用或专用计算机。辅助部件主要指输入输出接口、检测装置和执行装置等。与被控对象的联系和部件间的联系，可以是有线方式，如通过电缆的模拟信号或数字信号进行联系；也可以是无线方式，如用红外线、微波、无线电波、光波等进行联系。计算机控制系统如图 6-13 所示。计算机控制系统可以分为两大部分组成：控制计算机和生产过程。

　　计算机集散控制系统（DCS）是分散型综合控制系统（Total Distributed Control Systems）或分散型微处理器控制系统（Distributed Microprocessor Control Systems）的简称。它以微型计算机为核心，把微型机、工业控制计算机、数据通信系统、显示操作装置、输入/输出通道、模拟仪表等有机地结合起来，采用组合组装式结构组成系统，为实现工程大系统的综合自动化创造了条件。

　　DCS 采用分散控制、集中操作、分级管理、分而自治和综合协调的设计原则，把系统从上到下分为分散过程控制级、集中操作监控级、综合信息管理级，形成分级分布式控制。

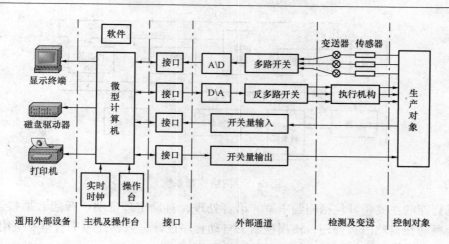

图 6-13　计算机控制系统

特点是控制分散，显示操作集中；系统可靠性高。

现场总线控制系统是 80 年代发展起来的 DCS，其结构模式为："操作站—控制站—现场仪表"三层结构，系统成本较高。用模拟信号传递信息。各厂商的 DCS 有各自的标准，不能互联。

结构模式为："工作站—现场总线智能仪表"二层结构。用数字信号取代模拟信号，使得现场仪表发送的信息可经串行总线传至操作站。FCS 用二层结构完成了 DCS 中的三层结构功能，降低了成本，提高了可靠性。国际标准统一后，可实现真正的开放式互联系统结构。现场总线控制系统的组成如图 6-14 所示，现场总线控制系统由测量系统、控制系统、管理系统三个部分组成，通信部分的硬、软件是它最有特色的部分。

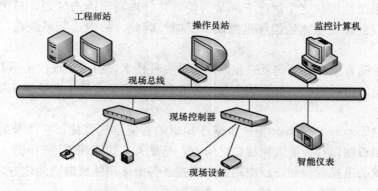

图 6-14　现场总线控制系统的组成

网络控制系统如图 6-15 所示，其特点有结构网络化、节点智能化、控制现场化、功能分散化、系统开放化和产品集成化。

三、人工智能化

人工智能是一门边缘学科，用来模拟人的思维，日益引起了许多学科的重视，并且有越来越多的实用意义，而且许多不同专业背景的科学家正在人工智能领域内获得一些新的思维和新的方法。作为一个计算机科学中涉及智能计算机系统的一个分支，这些系统呈现出与人类的智能行为有关的特性。

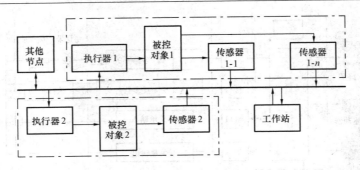

图 6-15　网络控制系统

人工智能的主要领域包括问题求解、语言处理、自动定理证明、智能数据检索等领域。这些综合概念在自然语言处理、情报检索、自动程序设计、数学证明都有重要应用。人工智能的第一大成就是发展了能够求解难题的下棋程序。

人工智能包含的领域非常广泛，问题的求解只是其中的一个重要方面。其他的方面包括诸如谓词演算、规则演绎系统、机器人问题以及专家系统等一系列问题。人工智能作为一个复杂的边缘学科，有着越来越广阔的前景，随着新的数学理论的完善以及计算机新的硬件的出现，人工智能必将能够更好地模拟人的思维。

智能决策支持系统是指在传统决策支持系统中增加了相应的智能部件的决策支持系统。智能决策支持系统是把人工智能技术，尤其是专家系统技术与决策支持系统相结合的产物，具有很宽的应用范围和很好的应用前景。

现代的机械制造系统具有控制规模大、自动化程度高和柔性化强的特点。由于制造系统的结构越来越复杂，价格越来越昂贵，因此由于各种故障而导致的停机都是不可忍受的。故障诊断系统能够在这个情况下满足需要，并合理制定维修计划，最大限度减少停机维修的时间，在故障发生之后能够迅速做出反应。因此，故障诊断系统在现在得到了迅速的发展。

故障诊断是随着生产过程的复杂化而产生的一种技术，由于和现代传感器技术、专家系统技术相结合，已经展现出了很强的生命力，必将为提高企业的生产效率和稳定性提供越来越强大的支持。

专家系统（Expert System）是一个基于知识的智能推理系统，它涉及对知识获取、知识库、推理控制机制以及智能人机接口的研究，是集人工智能和领域知识于一体的系统。近些年，专家系统的迅速发展和广泛应用大大推进了各个应用领域向智能化方向发展，成为人工智能从实验室研究进入实用领域的一个里程碑。

在一个成熟的专家系统中，有几项技术是极为关键的。首先，为了便于知识在计算机中的存储、检索、使用和修改，并进行推理和搜索，知识表示技术必须具有很高的效率，目前主要有产生式表达法、语义网络表达法、框架表达法、谓词逻辑表达法等技术，并且新的技术还在开发当中；其次，因为要在专家系统中用计算机模拟人的思维，不精确推理方法是必不可少的，针对实际需要，概率算法一度成为最重要的方法，近几年来，模糊数学的引入为这一领域的发展开辟了新的前景；最后，和知识表示技术与推理方法相关，作为人的思维搜索过程的模拟，搜索策略的好坏对系统的成败也是意义重大的，现在人们已经利用的技术有状态空间法、问题递归法、最佳优先法等。

总之，人工智能系统的特殊性，决定了它是一个跨越多学科、充满活力、对基础研究的依赖性很强的一个领域，它的发展，必将向我们展示科学技术王国的更多魅力，也会令我们的生活更为美好。

第四节 自动化技术的应用

一、自动化技术在工业中的应用

以磁悬浮列车为例。

（1）什么是磁悬浮列车。磁悬浮的构想是由德国工程师赫尔曼·肯佩尔于1922年首先提出的。磁悬浮列车包含有两项基本技术，一项是使列车悬浮起来的电磁系统，另一项是用于牵引的直线电动机。

直线电动机的原理早在18世纪末就已经出现，形象地说，是把圆形旋转电动机剖开并展成直线型的电动机结构。它依靠铺在线路上的长定子线圈极性交错变化的电磁场，根据同极相斥、异极相吸的原理进行牵引。我们都有这样的经验，当两块磁铁放在一起，会出现同性（正极与正极或负极与负极）相斥，异性（正极与负极）相吸的现象，磁悬浮列车就是利用这个原理设计制造的。

在肯佩尔的主持下，经过漫长的研究，德国于1971年造出了世界上第一台功能较强的磁悬浮列车。磁悬浮列车按悬浮方式又分为常导型和超导型两种。常导磁悬浮列车由车上常导电流产生电磁吸引力，吸引轨道下方的导磁体，使列车浮起。常导型的技术比较简单，由于产生的电磁吸引力相对较小，列车悬浮高度只有8～10mm。这种车以德国的TR型磁悬浮列车为代表，利用磁体吸引力的电磁悬浮，相吸式是把电磁铁安装在车体上，通电后产生电磁力与导轨道相吸引而使列车悬浮，再用直线电动机牵引列车前进。另一种以日本为代表，利用磁体排斥力的电动悬浮，相斥式则是在列车上安装超导磁体，轨道上安装悬浮线圈，超导磁体与地面线圈之间感应产生强大磁力使列车悬浮，再用直线电动机牵引列车前进。超导磁悬浮列车由车上强大的超导电流产生极强的电磁场，可使列车悬浮高达100mm。超导技术相当复杂，并需屏蔽发散的强磁场。

磁悬浮列车正因为浮在空中，没有轮轨接触，它的优越性就充分显示出来了。第一，高速度。浮在空中便没有了摩擦力，从理论上讲，速度是无限制的。第二，低振动、低噪声。与地面脱离接触，振动和噪声大大降低。第三，少维修。没有运动部件，没有摩擦损耗，维修量也就很少。第四，安全可靠。不存在脱轨更不会翻车。第五，无污染。不烧煤、不烧油，电力驱动能源清洁。

（2）抗磁性应用。超导磁悬浮列车的最主要特征就是其超导元件在相当低的温度下所具有的完全导电性和完全抗磁性。完全的抗磁性是超导材料的一个重要特征。超导磁铁是由超导材料制成的超导线圈构成，它不仅电流阻力为零，而且可以传导普通导线根本无法比拟的强大电流，这种特性使其能够制成体积小功率强大的电磁铁。若把超导材料放在一块永久磁体之上，由于磁体的磁力不能穿过超导体，磁体和超导体之间就会产生斥力，使超导体悬浮在磁体上方，如图6-16所示。利用这种磁悬浮效应可以制作高速超导磁悬浮列车。在列车车轮旁边安装小型超导磁体，在列车向前行驶时，超导磁体则向轨道产生强大的磁场，并和安装在轨道两旁的铝环相互作用，产生一种向上浮力，消除车轮与钢轨的摩擦力，起到加快

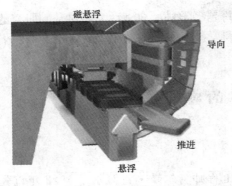

图 6-16　抗磁性原理

车速的作用。高温超导体在悬浮列车上应用的研究集中在日本。

（3）磁悬浮列车的基本结构。日本的磁悬浮列车大部分系统制造技术来源于航空学原理。通风系统保证车厢密闭，以防止列车进入隧道时由于气压的变化给耳朵带来不适。主制动器是把列车的动能转化为供给电磁体的电力，是由圆盘形制动器和空气制动器以及外薄板结合成的一个整体。平台上装有超导磁体电机，要向全车厢传送由电磁产生的悬浮力和动力。磁悬浮列车还配备了铝合金起落装置，它的轮子露在车体外边，在列车低速行驶时，可支撑车厢。超导电磁体能提供极强的磁场。在列车上安装的电磁体与在轨道上的线圈之间产生悬浮力以及前进和拐弯时所需的动力。车厢是用铝和锂的合金加工而成。根据航空学原理，减少列车重量，增加它的结构强度。

磁悬浮列车主要由悬浮系统、推进系统和导向系统三大部分组成，如图 6-17 所示。尽管可以使用与磁力无关的推进系统，但在目前的绝大部分设计中，这三部分的功能均由磁力来完成。

（4）磁悬浮列车的工作原理。

1）悬浮的原理。列车上装有超导磁体，由于悬浮

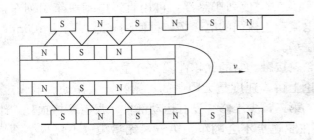

图 6-17　悬浮的原理

而在线圈上高速前进。这些线圈固定在铁路的底部，由于电磁感应，在线圈里产生电流，地面上线圈产生的磁场极性与列车上的电磁体极性总是保持相同，这样在线圈和电磁体之间就会一直存在排斥力，从而使列车悬浮起来。

2）前进的原理。在位于轨道两侧的线圈里流动的交流电，能将线圈变为电磁体。由于它与列车上的超导电磁体的相互作用，就使列车开动起来。正如图 6-18 所显示的，列车前进是因为列车头部的电磁体（N 极）被安装在靠前一点的轨道上的电磁体（S 极）所吸引，并且同时又被安装在轨道上稍后一点的电磁体（N 极）所排斥。

图 6-18　磁悬浮列车前进的原理

当列车到达某位置时，在线圈里流动的电流流向就反转过来了。其结果就是原来那个 S 极线圈，现在变为 N 极线圈了，反之亦然。这样，列车由于电磁极性的转换而得以持续向前奔驰。

（5）磁悬浮列车的现状。1994 年 10 月，在中国第一个做成了磁悬浮列车试验线，线长 43m，车重 4t。我国即世界第一条商业化运营的磁浮示范线 2002 年 12 月 31 日在上海胜利通车。上海磁浮线在浦东地区划出一道 30km 长的"S"形优美弧线，把上海地铁 2 号线龙阳路站与浦东国际机场紧紧相连。尽管只有短短 30km，这却是中国乃至世界高速交通建设史上划时代的一大步，凸现了新世纪中国对外开放的新亮点。运行时，磁浮列车与轨道间约有 10mm 的间隙，这就是浮起的高度。除启动加速和减速停车两个阶段外，列车大部分时间时速为 300 多千米，达到最高设计时速 430km 的时间有 20 多秒。

二、自动化技术在军事中的应用

军用卫星、电子战、智能型武器、系统分析等高技术的应用已经成为现代战争中的重要手段。以自动化系统为核心的现代高技术武器装备，在现代战争中起到了越来越重要的作用。

现在高技术的主要特点体现在以下的几个方面。主要包括：高技术的透明战场；高技术的电磁战场；高技术的导弹战场。

信息技术也给军队的战斗力带来了极大的提高，促使现代战争空前复杂和激烈，引起了军事力量结构的重大变化。美国著名的未来学家托夫勒曾经阐述了第三次浪潮对于战争形态、作战之道、作战方法、武器装备、军队编制等方面已经产生和将要产生的一系列变革。第二次世界大战以来，军事技术革命经历了从军事工程革命到军事信息革命的历程。军事工程革命也已结束，武器硬件的性能已经接近了极限。目前，军事技术革命正处于军事信息革命的阶段，这个阶段又包含军事传感革命和军事通信革命。其中军事传感革命增强了单兵作战的能力；军事通信革命则使各种兵力兵器形成整个合力。军事信息革命实现了"总体作战能力"的综合。

1. 隐形飞机

军用机的重要进展是能躲避和削弱雷达搜索的"隐形"技术的应用，如美国的隐形战斗机 F-117A 和隐形轰炸机 B-2。隐形飞机的隐形并不是让我们的肉眼都看不到，它的目的是让雷达无法侦察到飞机的存在。隐形飞机在现阶段能够尽量减少或者消除雷达接收到的有用信号，虽然是最为秘密的军事机密之一，隐形技术已经受到了全世界的极大关注。隐形飞机工作原理示意图如图 6-19 所示。

2. 精确制导

精确制导武器，是以微电子、电子计算机和光电转换技术为核心的，以自动化技术为基

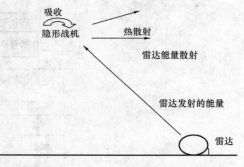

图 6-19　隐形飞机工作原理示意图

础发展起来的高新技术武器，它是按一定规律控制武器的飞行方向、姿态、高度和速度，引导战斗部准确攻击目标的各类武器的统称。通常精确制导武器包括精确制导的导弹、航空炸弹、炮弹、鱼雷、地雷等武器。武器的精确制导系统通常由测量装置和计算机、敏感装置、执行机构等部分组成，主要是依靠控制指令信息修正武器的飞行姿态，保证武器的稳定飞行，直至命中目标。

（1）导弹寻的系统。导弹寻的系统是自动工作的，如图 6-20 所示。导弹和目标运动的有关参数可用雷达或安装在导弹上的光电系统来测量。信号从寻的头反馈给导弹控制系统，该系统包括提供有关导弹运动参数信息的传感器以及计算机和控制装置，控制装置用于产生控制导弹轨道并确保导弹稳定性的信号。

（2）导弹指挥控制系统。导弹指挥控制系统如图 6-21 所示，其可分为两类。在第一

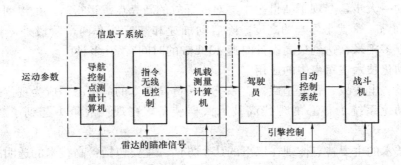

图 6-20　导弹寻的系统

类型中，跟踪装置位于控制点内，其作用是测量目标和导弹的相对运动参数。指令产生装置把输入信号转换成所需的控制信号。然后，指挥无线电控制链路把这些信号发送给导弹控制系统。第二类的特点是，用于目标的相对运动参数的原始信息源安装在导弹上，输出信号发送给导航控制点。在导航控制点上，操作员用此信号产生控制命令。第二类系统是非自动的。

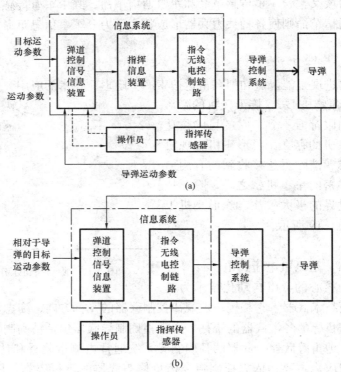

图 6-21　导弹指挥系统

（a）导弹指挥系统的一般组成；（b）导弹指挥系统的总体结构

3. 防空导弹制导

各种现代火炮的俯仰角和方位角都是自动控制的，特别用双雷达控制的防空导弹可以自动跟踪高空的飞行目标进行命中爆炸。防空导弹制导原理图如图 6-22 所示。

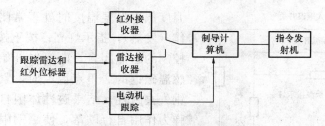

图 6-22　防空导弹制导原理图

4. 自动防空火力控制系统

在第二次世界大战期间，为了解决防空火力控制系统和飞机自动导航系统等军事技术问题，各国科学家设计出各种精密的自动调节装置，开创了防空火力系统和控制这一新的科学领域。自动防空火力控制系统示意图如图 6-23 所示。

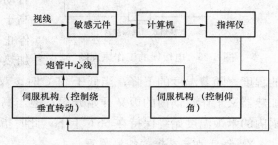

图 6-23　自动防空火力控制系统示意图

5. 我国研制的舰舰导弹

现代的高新技术让导弹长上了"眼睛"和"大脑"，利用负反馈控制原理去紧紧盯住目标。导引方式的简单原理图如图 6-24 所示。

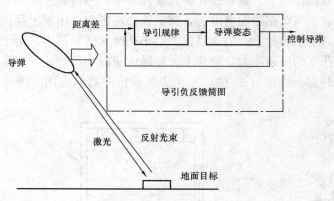

图 6-24　导引方式的简单原理图

6. 巡航导弹测控中的自动化技术

在翼式导弹和无人驾驶遥控飞机的基础上，利用红外成像技术、精密制导技术、隐形技术，配之以先进的电子集成电路、微型计算机等，研制出小巧、机动灵活、精度高、成本低的低空突防武器——巡航导弹。巡航导弹在现代战争特别是局部战争中发挥着重要作用。巡航导弹测控中的自控原理图如图 6-25 所示。巡航导弹测量的传感器类型一般为普通光学、激光（红外）、声学、无线电波等。由于激光雷达的波束角窄，角度测量精度高，所以只要单台便可进行高精度跟踪测量，利用一部雷达测得目标的距离、方位角和高低角来进行目标定位。为了增强回波信号，要在巡航导弹上安装协作目标。

图 6-25　巡航导弹测控中的自控原理图

三、自动化技术在日常生活中的应用

1. 电饭煲的控制原理

如图 6-26 所示，普通自动恒温式电饭煲插上电源，由于双金属恒温器所控制的触点在

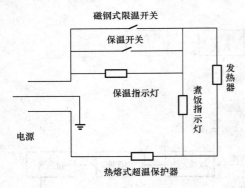

图 6-26　电饭煲的工作原理图

温度低于保温温度时处于常闭状态，加热器就工作（发热），指示灯亮；按下按钮，磁钢限温器所控制的触点闭合，电饭煲开始煮饭，当温度达到感温磁钢的居里点温度时，紧贴锅内底的感温磁钢失去磁性，结果磁性体因自身的重量和弹簧的弹力作用自行跌落，使磁钢限温器所控制的触点自动断开；同时因为双金属恒温器的长闭触点在高于 65℃时也处于断开状态，因此加热器断电而停止工作，指示灯熄灭，表示锅内米饭已煮熟。加热器断开后，其余热足以将饭菜焖至喷香可口

的程度。随着温度的下降，当低于 65℃时，双金属恒温器的常闭触点自动复位闭合，于是加热器又工作，锅内的饭又开始升温；但当高于 65℃时，该触点又断开，如此循环，就使锅内的米饭温度始终保持在 65℃上下，此时指示灯时亮时灭，以示保温。

2. 全自动洗衣机的控制原理

全自动洗衣机是通过水位开关与电磁进水阀配合来控制进水、排水以及电动机的通断，从而实现自动控制的，如图 6-27 所示。电磁进水阀起着通、断水源的作用。当电磁线圈 1 断电时，移动铁心 2 在重力和弹簧力的作用下，紧紧顶在橡胶膜片 3 上，并将膜片的中心小孔 4 堵塞，这样阀门关闭，水流不通。当电磁线圈通电后，移动铁心在磁力作用下上移，离开膜片，并使膜片的中心小孔打开，于是膜片上方的水通过中心小孔流入洗衣桶内。由于中心小孔的流通能力大于膜片两侧小孔 5 的流通能力，膜片上方压强迅速减小，膜片将在压力差的作用下上移，闭门开启，水流导通。在图 6-28 中，显示了各种传感器的应用。图 6-29 为洗衣机的控制电路。

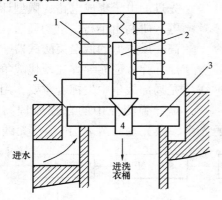

图 6-27　全自动洗衣机控制原理图
1—电磁线圈；2—移动铁心；3—橡胶膜片；
4—中心小孔；5—两边小孔

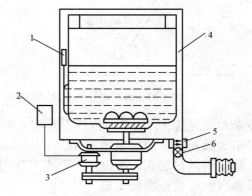

图 6-28　传感器在全自动洗衣机中的应用
1—水位传感器；2—布量传感器；3—电动机；
4—脱水缸；5—光电传感器；6—排水阀

3. 家用电冰箱温控系统

家用电冰箱温控系统原理图如图 6-30 所示，温度控制器设定温度与冰箱温度比较，会产生偏差值，当偏差电压大到使继电器接通时，压缩机工作，将蒸发器中高温低压气态制冷

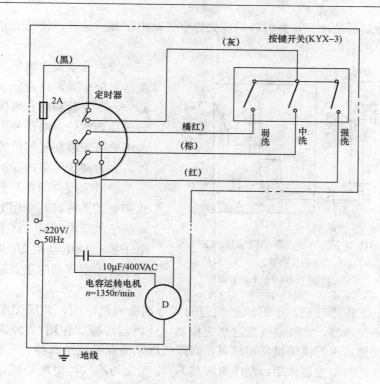

图 6-29 洗衣机的控制电路

液送到冷却器散热,降温后的低温低压制冷液压
缩成高压液态进入蒸发器,急速降压扩散成气体,
吸收箱体内热量,使冰箱温度下降,如此循环操
作,使箱体温度达到希望温度,此时继电器断开,
压缩机停止工作。家用冰箱恒温系统的结构图如
图 6-31 所示。

4. 空调器

(1) 窗式空调器安装在窗上,正面向室内,
背面向室外。它的制冷循环路线与电冰箱相似,

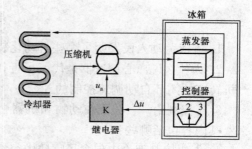

图 6-30 家用电冰箱温控系统原理图

也有压缩机、冷凝器、蒸发器。空气的调节过程是这样的:一方面,室内经过过滤的空气与
室外进入的新鲜空气一起进入蒸发器周围受冷却,由离心风机把冷气吹入室内;另一方面,

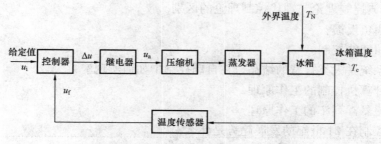

图 6-31 家用冰箱恒温系统的结构图

用小风扇加速冷凝器的冷却，并将其周围的热空气吹出室外。这样，便使居室达到降温换气的目的。

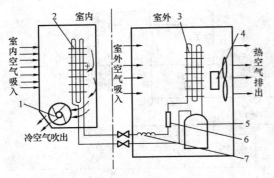

图 6-32　挂壁式单冷型空调器的主要结构示意和工作原理图
1—离心式风机；2、3—热交换器；4—贯流风机；
5—压缩机；6—过滤器；7—毛细管

（2）分体式空调器的原理与窗式空调器完全相同，只是分成室外与室内两部分，蒸发器和离心风机在室内，其余部分移到室外，两部分用管路连接。室内部分可安装在任何位置。压缩机在室外，大大减少了室内噪声。

一般家用空调器有窗式、分体挂壁式和柜式 3 种，其所用电机是压缩机电动机、风扇电动机、调节风向电动机和电子膨胀阀电动机等。图 6-32 为挂壁式单冷型空调器的主要结构示意和工作原理图。

该空调器的工作原理是，压缩机把气态的制冷剂吸入汽缸内，并压缩成高压高温的蒸汽，流入室外热交换器，室外空气通过热交换器（此时起冷凝器作用），使高压高温制冷剂为液态。空气受热，由贯流风机排出热风，高压液态制冷剂经过过滤器、毛细管节流后流向室内热交换器（此时蒸发器作用，制冷剂吸热），空气变为冷气，由离心风机排出冷风，室内降温。

思 考 题

1. 古代劳动人民发明了哪些自动化装置？

2. 为什么说离心调速器是代表了近代自动控制的开始？简述离心调速器是如何实现蒸汽机转速的闭环自动调速控制的。

3. 《控制论——关于在动物和机器中控制和通信的科学》在自动控制界中的作用是什么？其内容包括哪些？

4. 古典控制理论中包含了哪些内容？

5. 现代控制理论中包含了哪些内容？

6. 什么是自动化？

7. 什么叫自动控制？

8. 自动化系统结构包括哪四部分？

9. 简述经典控制理论与现代控制理论的区别。

10. 什么叫负反馈？

11. 什么叫智能控制？

12. 专家系统是人类智慧的结晶。在自动控制中如何实现？

13. 简述计算机控制的工作原理。

14. 简述磁悬浮列车的工作原理

15. 自动控制在 21 世纪的发展趋势是什么？

第七章 人类与机械电子

第一节 传 感 器

一、概述

（一）传感器的地位和作用

1. 传感器技术是信息技术的基础与支柱

当今的人类社会是一个信息社会，因而可以说，信息技术对社会发展、科技进步将起决定性作用。现代信息技术的基础有三个主要方面：

（1）信息采集 —— 传感器技术。

（2）信息传输 —— 通信技术。

（3）信息处理 —— 计算机技术（包括软件和硬件）。

传感器在信息系统中处于前端，它的性能如何将直接影响整个系统的工作状态与质量。因此，人们对传感器在信息社会中的重要性具有相当高的评价。

2. 传感器技术的应用

传感器的重要性还体现在各个学科的发展与传感器技术有十分密切的关系。例如：工业自动化、农业现代化、航天技术、军事工程、机器人技术、资源开发、海洋探测、环境监测、安全保卫、医疗诊断、交通运输、家用电器等方面都与传感器技术密切相关。这些技术领域的发展都离不开传感器技术的支持，同时也是传感器技术发展的强大动力。没有传感器就没有我们今天的生活。

（二）传感器的定义及构成

根据 GB/T 7665—2005《传感器通用术语》，传感器的定义是：能感受规定的被测量并按照一定规律转换成可用输出信号的器件或装置。

通常传感器由敏感元件和转换元件组成，如图 7-1 所示。其中敏感元件是指传感器中能直接感受被测量的部分；转换元件是指传感器中能将敏感元件输出量转换为适于传输和测量的电信号部分。

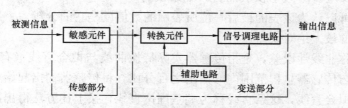

图 7-1 传感器构成框图

被测量通过敏感元件测量后，再经转换元件转换成电参量。例如，在圆盘形电位器中，电位器为转换元件，它将角位移转换为电参量——电阻的变化（ΔR）。

测量转换电路的作用是将传感元件输出的电参量转换成易于处理的电压、电流或频率

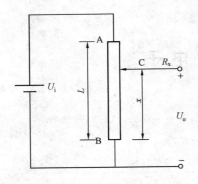

图 7-2　电位器测量转换电路

量。如图 7-2 所示，当电位器的两端加上电源后，电位器就组成分压比电路，它的输出量是与电位器的位置成一定关系的，电压 U_o 的计算公式如下：

直滑电位器式传感器的输出电压 U_o 与滑动触点 C 的位移量 x 成正比

$$U_o = \frac{x}{L} U_i$$

对圆盘式电位器来说，U_o 与滑动臂的旋转角度 α 成正比

$$U_o = \frac{\alpha}{360°} U_i$$

二、传感器的分类

传感器的种类名目繁多，分类不尽相同。常用的分类方法有：

（1）按被测量分类。可分为位移、力、转矩、转速、振动、加速度、温度、压力、流量、流速等传感器。

（2）按测量原理分类。可分为电阻、电容、电感、光栅、热电偶、超声波、激光、红外、光导纤维等传感器。

传感器的特性一般指输入、输出特性，包括：灵敏度、分辨力、线性度、稳定度、电磁兼容性、可靠性等。

灵敏度：指传感器在稳态下输出变化值与输入变化值之比，用 K 来表示，即

$$K = \frac{dy}{dx} \approx \frac{\Delta y}{\Delta x}$$

对线性传感器而言，灵敏度为一常数；对非线性传感器而言，灵敏度随输入量的变化而变化。从输出曲线看，曲线越陡，灵敏度越高。可以通过作该曲线切线的方法来求得曲线上任一点的灵敏度，如图 7-3 所示。

分辨力：指传感器能检出被测信号的最小变化量。当被测量的变化小于分辨力时，传感器对输入量的变化无任何反应。对数字仪表而言，如果没有

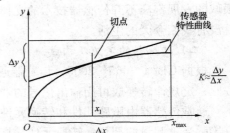

图 7-3　作图法求灵敏度过程

其他附加说明，可以认为该表的最后一位所表示的数值就是它的分辨力。一般来说，分辨力的数值小于仪表的最大绝对误差。

线性度：又称非线性误差，是指传感器实际特性曲线与拟合直线（有时也称理论直线）之间的最大偏差与传感器量程范围内的输出之百分比。将传感器输出起始点与满量程点连接起来的直线作为拟合直线，这条直线称为端基理论直线，按上述方法得出的线性度称为端基线性度，非线性误差越小越好。线性度的计算公式如下

$$\gamma_L = \frac{\Delta_{Lmax}}{y_{max} - y_{min}} \times 100\%$$

可靠性：可靠性是反映检测系统在规定的条件下，在规定的时间内是否耐用的一种综合性的质量指标。

"老化"试验：在检测设备通电的情况下，将之放置于高温环境→低温环境→高温环境，反复循环。老化之后的系统在现场使用时，故障率大为降低，如图7-4 所示浴盆曲线。

图 7-4　浴盆曲线

（一）压力传感器

压力传感器是工业实践中最为常用的一种传感器，而我们通常使用的压力传感器主要是利用压电效应制造而成的，这样的传感器也称为压电传感器。

除了压电传感器之外，还有利用压阻效应制造出来的压阻传感器，利用应变效应的应变式传感器等，这些不同的压力传感器利用不同的效应和不同的材料，在不同的场合能够发挥它们独特的用途。

压力变送器主要利用液体或气体在检测器件上形成的压力来检测液体或者气体的流量或压强。把这种压力信号转变成标准的 0～10V 或者 4～20mA 电信号，以便控制使用。

1. 压力测量的理论基础

（1）压力的定义。根据 JJF 1008—2008《压力计量名词术语及定义》，压力（压强）的定义是垂直作用在单位面积上的分布力，即

$$p = F/A$$

式中，p 为压力（压强）；F 为分布力；A 为单位面积。

（2）气体和液体的压力。对于气体的压力，根据分子物理学的气体状态方程表示为

$$pV/T = 常量$$

式中，V 为气体的体积；T 为热力学温度。

对于液体的压力（压强），根据流体静力学的 Pasic 原理，表示为

$$\Delta p = \Delta h \rho_m g$$

式中，Δp 为压力差；Δh 为液柱高度差；ρ_m 为液体密度；g 为重力加速度。

（3）压力的单位。帕斯卡，简称帕，符号为 Pa。$1Pa = 1N/m^2$。

（4）压力的形式。有绝对压力、大气压力、差压压力和表压力。

2. 基本测量原理

压力传感器受压力作用时，应变膜片产生形变而使其电阻发生变化，通过一定的电路形式，转换成电量输出，如图 7-5 所示为敏感元件和转换元件图。

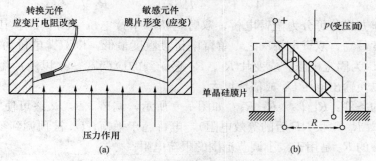

图 7-5　敏感元件和转换元件

（a）压力传感器工作示意图；（b）单个硅片构成应变电阻的示意图

　　一个压力传感器一般由四个单晶硅膜片电阻构成惠斯顿电桥［图 7-6（b）］形式，可通过外电路调节其零压力时的平衡，受压力作用时，电桥将输出与外压力成线性关系的电压，如图 7-6（a）所示。没有外力作用时，电桥臂电阻产生的电压和为零，受压力作用、当电桥提供恒流电源时，则输出电压。图 7-7 就是根据此原理设计的常用的Ⅲ型两线制压力变送器的电气原理图。

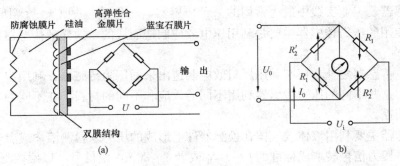

图 7-6　压力传感器结构功能图

（a）压力传感器结构示意图；（b）惠斯顿电桥

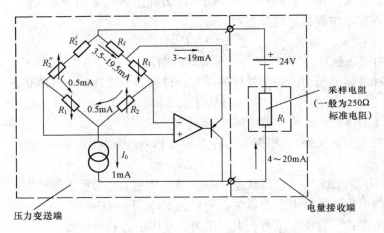

图 7-7　常用Ⅲ型两线制压力变送器电原理图

　　测量转换电路一般采用不平衡电桥。其输出电压计算公式如下

$$U_{\circ} = \frac{U_{\mathrm{i}}}{4}\left(\frac{\Delta R_1}{R_1} - \frac{\Delta R_2}{R_2} + \frac{\Delta R_3}{R_3} - \frac{\Delta R_4}{R_4}\right)$$

　　电桥按工作方式分可分为全臂电桥、双臂电桥和单臂电桥（图 7-8）。其中全桥四臂工作方式的灵敏度最高，双臂电桥次之，单臂电桥灵敏度最低。以双臂电桥为例，R_1、R_2 为应变片，R_3、R_4 为固定电阻。应变片 R_1、R_2 感受到的应变 $\varepsilon_1 \sim \varepsilon_2$ 以及产生的电阻增量正负号相间，可以使输出电压 $U_{\circ}$ 成倍地增大。

　　电桥平衡的条件：$R_1/R_2 = R_4/R_3$。如图 7-9 所示，调节 RP，最终可使 $R_1'/R_2' = R_4/R_3$（R_1'、R_2' 是 R_1、R_2 并联 RP 后的等效电阻），电桥趋于平衡，$U_{\circ}$ 被预调到零位，这一过程称为调零。图中的 R_5 是用于减小调节范围的限流电阻。

　　全桥的四个桥臂都为应变片，如果设法使试件受力后，应变片 $R_1 \sim R_4$ 产生的电阻增量（或感受到的应变 $\varepsilon_1 \sim \varepsilon_4$）正负号相间，就可以使输出电压 $U_{\circ}$ 成倍地增大。采用全桥（或双

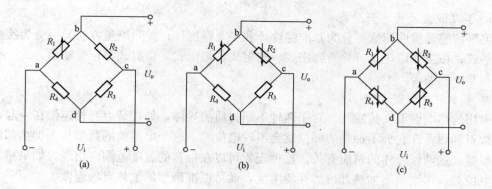

图 7-8　电桥分类

（a）单臂电桥；（b）双臂电桥；（c）全臂电桥

臂半桥）还能实现温度自补偿。当环境温度升高时，桥臂上的应变片温度同时升高，温度引起的电阻值漂移数值一致，可以相互抵消，所以全桥的温漂较小；半桥也同样能克服温漂。

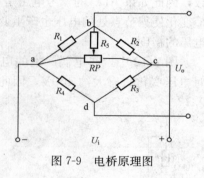

图 7-9　电桥原理图

3. 压力传感器三种测量方式的结构

（1）绝对压力测量。用于水位测量，在零压力时，膜片上已有一个大气压的作用。如图 7-10（a）所示。

（2）表压力测量。用于正、负压力的测量，如图 7-10（b）所示。

（3）差压测量。用于差压测量，如图 7-10（c）所示。

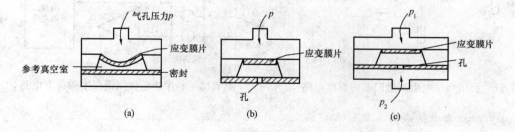

图 7-10　压力传感器三种测量方式的结构

（a）绝对压力测量；（b）表压力测量；（c）差压测量

（二）温度传感器

温度测量是大多数工业控制的关键环节，其实现方法通常是使温度传感器与待测固体表面相接触或浸入待测流体。

真正把温度变成电信号的传感器是 1821 年由德国物理学家赛贝发明的，这就是后来的热电偶传感器。50 年以后，另一位德国人西门子发明了铂电阻温度计。在半导体技术的支持下，20 世纪相继开发了半导体热电偶传感器、PN 结温度传感器和集成温度传感器。与之相应，根据波与物质的相互作用规律，相继开发了声学温度传感器、红外传感器和微波传感器。

1. 温度测量及传感器分类

温度传感器按照用途可分为基准温度计和工业温度计；按照测量方法又可分为接触式和非接触式；按工作原理又可分为膨胀式、电阻式、热电式、辐射式等；按输出方式分有自发电型和非电测型等。

2. 基本测量原理

常用的热电偶温度传感器。对于两种不同材质的导体，如在某点互相连接在一起，对这个连接点加热，在它们不加热的部位就会出现电位差。这个电位差的数值与不加热部位测量点的温度、这两种导体的材质有关。这种现象可以在很宽的温度范围内出现，如果精确测量这个电位差，再测出不加热部位的环境温度，就可以准确知道加热点的温度。

3. 常用温度测量接口电路

图 7-11 中，电阻 R_1 将热敏电阻的电压拉升到参考电压，一般它与 ADC 的参考电压一致，因此如果 ADC 的参考电压是 5V，V_{ref} 也将是 5V。热敏电阻和电阻串联产生分压，其阻值变化使得节点处的电压也产生变化，该电路的精度取决于热敏电阻和电阻的误差以及参考电压的精度。

图 7-12 中，热电偶产生的电压很小，通常只有几毫伏。K 型热电偶温度每变化 1℃ 时电压变化只有大约 $40\mu V$，因此测量系统要能测出 $4\mu V$ 的电压变化测量精度才可以达到 0.1℃。

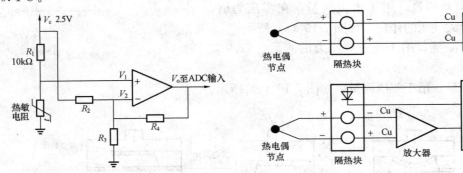

图 7-11　利用热敏电阻测量温度的典型电路　　　图 7-12　利用热电偶测量温度的典型电路

（三）超声波传感器

超声波传感器是利用超声波的特性研制而成的传感器。超声波是一种振动频率高于声波的机械波，由换能晶片在电压的激励下发生振动产生的，它具有频率高、波长短、绕射现象小，特别是方向性好、能够成为射线且定向传播等特点。超声波对液体、固体的穿透本领很大，尤其是在不透明的固体中，它可穿透几十米的深度。超声波碰到杂质或分界面会产生显著反射形成反射回波，碰到活动物体能产生多普勒效应。因此超声波检测广泛应用在工业、国防、生物医学等方面。

1. 基本测量原理

以超声波作为检测手段，必须产生超声波和接收超声波。完成这种功能的装置就是超声波传感器，习惯上称为超声换能器，或者超声探头。

2. 应用

超声波传感器可以用在无损探头、接近开关、测厚仪、测距仪、液位仪、物位检测仪以及 B 超等方面。

（四）光纤传感器

光纤传感器是最近几年出现的新技术，可以用来测量多种物理量，比如声场、电场、压力、温度、角速度、加速度等，还可以完成现有测量技术难以完成的测量任务。在狭小的空间里，在强电磁干扰和高电压的环境里，光纤传感器都显示出了独特的能力，图 7-13 表示的是光纤传感器流量计原理。目前光纤传感器已经有 70 多种，大致上分成光纤自身传感器和利用光纤的传感器。

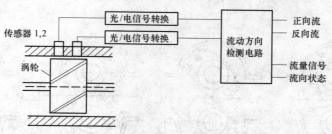

图 7-13　光纤传感器流量计原理

（五）流量传感器

为了检测流量，人们设想了许多方法，从基本的浮子流量计、椭圆齿轮流量计到涡轮、核磁流量计等，在食品、医药、日化等工业都得到了大量的使用。

在液体产品灌装时，目前常用的还是以光学、气压来控制装瓶的高度，或以气缸活塞的压灌计量为主。

1. 浮子流量计

浮子流量计是以浮子在垂直锥形管中随着流量变化而升降，改变它们之间的流通面积来进行测量的体积流量仪表，又称转子流量计。

浮子流量计的流量检测元件是由一根自下向上扩大的垂直锥形管和一个沿着锥管轴上下移动的浮子组所组成。被测流体从下向上经过锥管 1 和浮子 2 形成的环隙 3 时，浮子上下端产生差压形成浮子上升的力，当浮子所受上升力大于浸在流体中浮子重量时，浮子便上升，环隙面积随之增大，环隙处流体流速立即下降，浮子上下端差压降低，作用于浮子的上升力亦随着减少，直到上升力等于浸在流体中浮子重量时，浮子便稳定在某一高度。浮子在锥管中高度和通过的流量有对应关系，浮子流量计工作原理如图 7-14 所示。

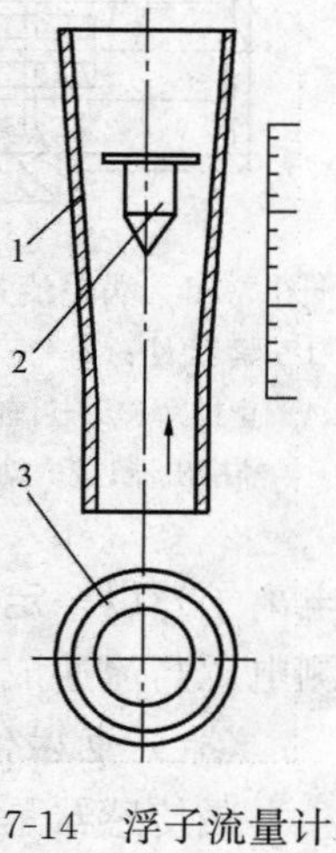

2. 容积式流量计

容积式流量计又称排量流量计（positive displacement flowmeter），简称 PD 流量计或 PDF，在流量仪表中是精度最高的一类。它利用机械测量元件把流体连续不断地分割成单个已知的体积部分，根据计量室逐次、重复地充满和排放该体积部分流体的次数来测量流量体积总量。

图 7-14　浮子流量计
工作原理

1—锥形管；2—浮子；
3—流通环隙

PDF 从原理上讲是一台从流体中吸收少量能量的水力发动机，这个能量用来克服流量检测元件和附件转动的摩擦力，同时在仪表流入与流出两端形成压力差。

　　典型的 PDF（椭圆齿轮式）的工作原理如图 7-15 所示。两个椭圆齿轮具有相互滚动进行接触旋转的特殊形状。p_1 和 p_2 分别表示入口压力和出口压力，显然 $p_1 > p_2$，图（a）下方齿轮在两侧压力差的作用下，产生逆时针方向旋转，为主动轮；上方齿轮因两侧压力相等，不产生旋转转矩，是从动轮，由下方齿轮带动，顺时针方向旋转。在图（b）位置时，两个齿轮均在差压作用下产生旋转转矩，继续旋转。旋转到图（c）位置时，上方齿轮变为主动轮，下方齿轮则成为从动轮，继续旋转到与图（a）相同位置，完成一个循环。一次循环动作排出四个由齿轮与壳壁间围成的新月形空腔的流体体积，该体积称作流量计的"循环体积"。

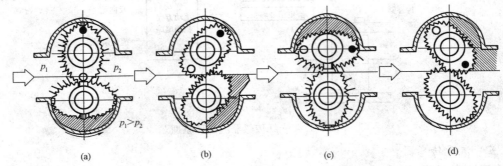

(a)　　　　　　　(b)　　　　　　　(c)　　　　　　　(d)

图 7-15　椭圆齿轮流量计工作原理

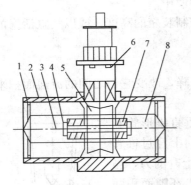

图 7-16　涡轮流量计变送器结构图
1—紧固件；2—壳体；3—前导向件；
4—止推片；5—叶轮；6—电磁感应式信
号检出器；7—轴承；8—后导向件

3. 涡轮流量计

　　如图 7-16 所示为 TUF 传感器结构图，由图可见，当被测流体流过传感器时，在流体作用下，叶轮受力旋转，其转速与管道平均流速成正比，叶轮的转动周期地改变磁电转换器的磁阻值。检测线圈中磁通随之发生周期性变化，产生周期性的感应电动势，即电脉冲信号，经放大器放大后，送至显示仪表显示。

4. 超声波流量计

　　声波的传播方向与液体的流动方向相同时，其传播时间比逆向传播所需的时间短。超声波流量计正是应用这个原理进行流量测量的。其时间差即反映了液体的流速。

5. 电磁流量计

　　根据导体切割磁力线产生电荷的原理，当液体（含有电离子）以一定的速度，在一定截面的管径内，从一固定的磁场穿过时，会有电压产生，被测电压与流速成线性关系。

（六）电磁传感器

　　磁传感器是最古老的传感器，指南针是磁传感器的最早的一种应用。但是作为现代的传感器，为了便于信号处理，需要磁传感器能将磁信号转化成为电信号输出。

1. 结构

　　在今天所用的电磁效应的传感器中，磁旋转传感器是重要的一种。磁旋转传感器主要由半导体磁阻元件、永久磁铁、固定器、外壳等几个部分组成。典型结构是将一对磁阻元件安

装在一个永磁体的磁极上，元件的输入输出
端子接到固定器上，然后安装在金属盒中，
再用工程塑料密封，形成密闭结构，这个结
构就具有良好的可靠性。

2. 应用

电磁传感器的应用如图 7-17 和图 7-18
所示。

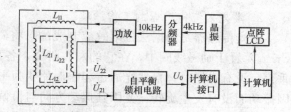

图 7-17　电涡流式通道安全检查门电原理

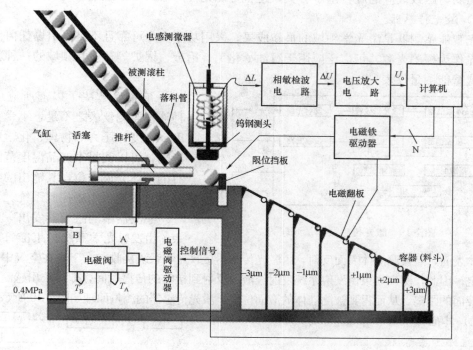

图 7-18　电感式滚柱直径分选装置

（七）磁光效应传感器

磁光效应传感器就是利用激光技术发展而成的高性能传感器。激光，是 20 世纪 60 年代
初迅速发展起来的又一新技术，它的出现标志着人们掌握和利用光波进入了一个新的阶段。

磁光效应传感器具有优良的电绝缘性能和抗干扰、频响宽、响应快、安全防爆等特性，
因此对一些特殊场合电磁参数的测量，有独特的功效，尤其在电力系统中高压大电流的测量
方面，更显示它潜在的优势。随着近几十年来的高性能激光器和新型的磁光介质的出现，磁
光效应传感器的性能越来越强，应用也越来越广泛。

1. 磁光效应传感器的原理

磁光效应传感器主要是利用光的偏振状态来实现传感器的功能。当一束偏振光通过介质
时，若在光束传播方向存在着一个外磁场，那么光通过偏振面将旋转一个角度，这就是磁光
效应。也就是可以通过旋转的角度来测量外加的磁场。在特定的试验装置下，偏转的角度和
输出的光强成正比，通过输出光照射激光二极管 LD，就可以获得数字化的光强，用来测量
特定的物理量。

2. 磁光效应传感器的工作原理

磁光传感器是根据法拉第效应制成的。将磁光介质（铁钇石榴石 $Y_3Fe_5O_{12}$ 或三溴化铬 $CrBr_3$）置于励磁线圈中，在它的左右两边，各加一个偏振片。安装时，使它们的光轴彼此垂直。没有磁场时，自然光通过起偏振片变为平面偏振光通过磁光介质；达到检偏振片时，因振动面没有发生旋转，光因其振动方向与检偏振片的光轴垂直而被阻挡，检偏振片无光输出。有磁场时，入射于检偏振片的偏振光，因振动面发生了旋转，检偏振片则有光输出。光输出的强弱与磁致效应的旋转角 ψ 有关，这就是磁光传感器的工作原理。

（八）激光传感器

激光智能感测器是激光学领域的最新成果，采用功率安全可靠且不足以引爆任何油晶介质的激光作为探测光源，可广泛应用于石油、化工、冶金、锅炉等行业和领域的一种新型的非接触式智能测量仪表。

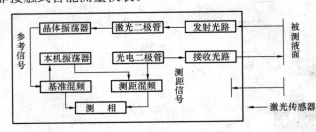

图 7-19　激光传感器测量原理图

它彻底解决了以前所应用的各种液位监测仪表之不足，不受介质温度、密度、压力等物理、化学性质的影响，可以测量本产品温度范围内所有的液体介质液位，其输出的数字信号可直接进入现场控制系统。

感测器中的激光器发出一束激光束，由发射光学系统扩束准直后射向被测液体表面，经被测液体表面反射，由激光传感器接收光学系统接收。由于光在空气中的传播速度一定，因此，测出光束由发射系统发射经液面反射到接收的传播时间，即可求出感测器系统到被测液面的距离，从而得到被测液体的液面位置，激光传感器的测量原理如图 7-19 所示。

（九）其他传感器

1. 红外传感器

红外传感系统是用红外线为介质的测量系统，按照功能能够分成五类：①辐射计，用于辐射和光谱测量；②搜索和跟踪系统，用于搜索和跟踪红外目标，确定其空间位置并对它的运动进行跟踪；③热成像系统，可产生整个目标红外辐射的分布图像；④红外测距和通信系统；⑤混合系统，是指以上各类系统中的两个或者多个的组合。图 7-20 介绍了红外传感器的基本工作原理。

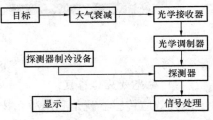

图 7-20　红外传感器工作原理

2. 仿生传感器

仿生传感器，是一种采用新的检测原理的新型传感器，它采用固定化的细胞、酶或者其他生物活性物质与换能器相配合组成传感器。这种传感器是近年来生物医学和电子学、工程学相互渗透而发展起来的一种新型的信息技术。这种传感器的特点是性能好、寿命长。在仿生传感器中，比较常用的是生体模拟的传感器。

仿生传感器按照使用的介质可以分为酶传感器、微生物传感器、细胞传感器、组织传感器等。

从图 7-21 中我们可以看到，仿生传感器和生物学理论有密切的联系，是生物学理论发展的直接成果。

（十）电量变送器

电量变送器主要用于测量交流电流、电压，提供线性的直流输出信号，是远动装置、计算机巡检、自动化控制系统等必须的模拟量采集输入部件。

电量变送器按用途可分：交流电流、电压变送器；有功、无功功率变

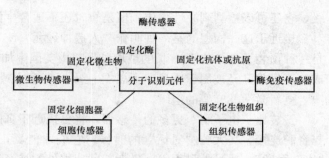

图 7-21　各种仿生传感器关系图

送器与组合变送器；功率电能变送器；功率因数和相角变送器；频率变送器；直流变送器等。

三、传感器应用实例

1. 温度传感器的应用——测温仪

将微机辅助实验系统所配的温度传感器与计算机连接，可以实现数据采集、处理、画图的智能化功能。

2. 光传感器的应用

（1）鼠标器。鼠标中的红外接收管就是光传感器。鼠标移动时，滚球带动 x、y 方向两个码盘转动，红外管接收到一个个红外线脉冲。计算机分别统计 x、y 两个方向上的脉冲信号，就能确定鼠标的位置。

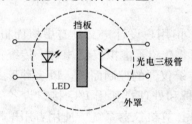

图 7-22　火灾报警器结构

（2）火灾报警器。光电三极管是烟雾火警报警器中的光传感器。平时，发光二极管发出的光被不透明挡板挡住。当有烟雾时，烟雾对光有散射作用，光电三极管接收到散射光，电阻变小，使报警电路工作，火灾报警器结构如图7-22所示。

3. 转子流量计的应用

来自氨气钢瓶的氨气经缓冲罐、转子流量计与来自风机并经过缓冲罐、转子流量计的空气汇合，进入吸收塔的底部，吸收剂（水）从吸收塔的上部进入，二者在吸收塔内逆向流动进行传质。

4. 光纤温度传感器

光纤温度传感器适用于高压开关柜及高压电缆接头温度的连续测量、有极高的隔离作用。

5. 仿生传感器的应用

以尿素传感器为例子介绍仿生传感器的应用。尿素传感器，主要是由生体膜及其离子通道两部分构成。生体膜能够感受外部刺激影响，离子通道能够接收生体膜的信息，并进行放大和传送。当膜内的感受部位受到外部刺激物质的影响时，膜的透过性将产生变化，使大量的离子流入细胞内，形成信息的传送。其中起重要作用的是生体膜的组成成分膜蛋白质，它能产生保形网络变化，使膜的透过性发生变化，进行信息的传送及放大。

经试验证明尿素传感器是一种稳定性很好的生体模拟传感器，检测下限为 10^{-3} 的数量

级，它还可以检测刺激性物质，但是暂时还不适合生体的计测。

接近于这一构想的是一种叫作"人造神经元"或"仿生神经元"的装置。"仿生神经元"是一种预装了电极的1cm长的玻璃胶囊，由美国南加州大学阿尔弗雷德·E·曼恩学院研制成功，目前已经被用于临床。通常是植入瘫痪病人或关节炎病人的肌肉组织，通过电极刺激，重新激活其麻痹的组织。

安装比"电子腿"更多的传感器，将更接近于真的肢体。但是，只有当这些传感器能够与脊髓连接、与大脑"对话"的时候，它们才能真正发挥作用。科学家为新型仿生手造就"人造触觉"。通过外科手术，患者断臂残端处的神经被连接到胸部肌肉群上，这样肌肉群就能接收并放大从大脑发出的电子脉冲，然后再传递给仿生手臂上的传感器，以此支配其运动。在这里，胸肌起到了信号"中转站"和"放大器"的作用。在仿生手臂中增加压力传感器能够把接触信号传递到胸部皮肤下的感应接收器，并产生微弱的麻刺感，这样患者就相当于用胸部来触摸物体了。

第二节　虚　拟　仪　器

电子仪器与计算机技术更深层次的结合产生了一种新的仪器模式：虚拟仪器（Virtual Instrument）。虚拟仪器是充分利用现有计算机资源，配以独特设计的软硬件，实现普通仪器的全部功能以及一些在普通仪器上无法实现的功能。虚拟仪器不但功能多样、测量准确，而且界面友好、操作简易，与其他设备集成方便灵活。

一、概述

所谓虚拟仪器，就是在以计算机为核心的硬件平台上，由用户设计定义具有虚拟面板，其测试功能测试软件实现的一种计算机仪器系统，表7-1简要介绍了虚拟仪器相对于传统仪器的主要优点。虚拟仪器的实质是利用计算机显示器模拟传统仪器的控制面板，以多种形式输出检测结果；利用计算机软件实现信号数据的运算、分析和处理；利用I/O接口设备完成信号的采集、测量与调理，从而完成各种测试功能的一种计算机仪器系统。使用者用鼠标或键盘作虚拟面板，就如同使用一台专用测量仪器。

虚拟仪器的"虚拟"两字主要包括以下两个方面的含义：

（1）虚拟仪器的面板是虚拟的。虚拟仪器面板上的各种"控件"与传统仪器面板上的各种器件所完成的功能是相同的，并由各种开关、按钮、显示器等实现仪器电源的"通"或"断"，被测信号"输入通道"、"放大倍数"等参数设置，测量结果的"数值显示"或"波形显示"等。

传统仪器面板上的器件都是"实物"，而且是由"手动"和"触摸"进行操作的，而虚拟仪器面板控件是外形与实物相像的"图标"，每个控件的"通"、"断"、"放大"等动作是通过对计算机鼠标的操作来完成的。因此，设计虚拟面板的过程就是在面板设计窗口中摆放所需的控件，然后对控件进行合适的属性设置。

（2）虚拟仪器测量功能是由软件编程来实现的。在以计算机为核心组成的硬件平台支持下，通过软件编程来实现仪器的功能，可以通过组合不同的测试功能软件模块来实现多种测试功能。因此，在硬件平台确定后，有"软件就是仪器"的说法，也体现了测试技术与计算机的深层次结合。

表 7-1　　　　　　　　　　　　　　　　仪器和测试技术发展

虚 拟 仪 器	传 统 仪 器
开放性、灵活，可与计算机技术保持同步发展	封闭性、仪器间配合较差
关键是软件，系统性能升级方便，通过网络下载升级程序即可	关键是硬件，升级成本较高，且升级必须上门服务
价格低廉，仪器间资源可重复利用率高	价格昂贵，仪器间一般无法相互利用
用户可定义仪器功能	只有厂家能定义仪器功能
可以与网络及周边设备方便连接	功能单一，只能连接有限的独立设备
开发与维护费用降至最低	开发与维护开销高
技术更新周期短（1～2 年）	技术更新周期长（5～10 年）

（一）虚拟仪器技术定义

虚拟仪器技术就是利用高性能的模块化硬件，结合高效灵活的软件来完成各种测试、测量和自动化的应用。灵活高效的软件能帮助您创建完全自定义的用户界面，模块化的硬件能方便地提供全方位的系统集成，标准的软硬件平台能满足对同步和定时应用的需求。只有同时拥有高效的软件、模块化 I/O 硬件和用于集成的软硬件平台这三大组成部分，才能充分发挥虚拟仪器技术性能高、扩展性强、开发时间少，以及出色的集成这四大优势。

（二）虚拟仪器技术的三大组成部分

1. 高效的软件

软件是虚拟仪器技术中最重要的部分。使用正确的软件工具并通过设计或调用特定的程序模块，工程师和科学家们可以高效地创建自己的应用以及友好的人机交互界面。提供的行业标准图形化编程软件——LabVIEW，不仅能轻松方便地完成与各种软硬件的连接，更能提供强大的后续数据处理能力，设置数据处理、转换、存储的方式，并将结果显示给用户。此外，还提供了更多交互式的测量工具和更高层的系统管理软件工具，例如连接设计与测试的交互式软件 Signal Express、用于传统 C 语言的 LabWindows/CVI、针对微软 Visual Studio 的 Measurement Studio 等，均可满足客户对高性能应用的需求。

2. 模块化的 I/O 硬件

面对如今日益复杂的测试测量应用，模块化的硬件产品种类从数据采集、信号处理、声音和振动测量、视觉、运动、仪器控制、分布式 I/O 到 CAN 接口等工业通信，应有尽有。高性能的硬件产品结合灵活的开发软件，可以为负责测试和设计工作的工程师们创建完全自定义的测量系统，满足各种独特的应用要求。

3. 用于集成的软硬件平台

专为测试任务设计的 PXI 硬件平台，已经成为当今测试、测量和自动化应用的标准平台，它的开放式构架、灵活性和 PC 技术的成本优势为测量和自动化行业带来了一场翻天覆地的改革。

PXI 作为一种专为工业数据采集与自动化应用度身定制的模块化仪器平台，内建有高端的定时和触发总线，再配以各类模块化的 I/O 硬件和相应的测试测量开发软件，您就可以建立完全自定义的测试测量解决方案。无论是面对简单的数据采集应用，还是高端的混合信号同步采集，借助 PXI 高性能的硬件平台，您都能应付自如。这就是虚拟仪器技术带给您的无可比拟的优势。

（三）虚拟仪器构成

虚拟仪器是在通用计算机上加上一组软件和硬件，使得使用者在操作这台计算机时，就像是在操作一台他自己设计的专用的传统电子仪器。虚拟仪器技术的出现彻底打破了传统仪器由厂家定义，用户无法改变的模式。给用户一个充分发挥自己才能、想象力的空间。用户可以根据自己的要求，设计自己的仪器系统，满足多样的应用需求。

VITE 的实现以面向对象的组件为基础，按照信息框架和系统框架的原则，设计实现了若干个功能组件。组件是一种定义良好的独立可重用的二进制代码，它可以是一些功能模块、被封装的对象类、软件框架、软件系统模型等。目前基于对象的组件软件体系结构中的"组件"是指可方便地插入到语言、工具、操作系统、网络软件系统中的二进制形式的代码和数据，VITE 实现体系结构如图 7-23 所示。

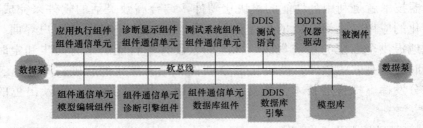

图 7-23　VITE 实现体系结构

二、基于计算机的测试系统

采用 Lab Windows/CVI 开发平台设计的基于 PC-DAQ 的虚拟仪器测试系统结构如图 7-24所示。

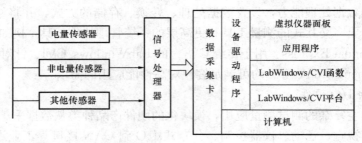

图 7-24　基于计算机的测试系统示意图

（1）虚拟仪器测试系统工作流程如下：

1）传感器接受被测信号，将被测信号转换为电量信号。

2）信号处理电路将传感器输出的电量信号进行整形、转换和滤波处理，变成标准信号。

3）数据采集卡采集信号处理电路的电压信号，转换为计算机能处理的数字信号。

4）通过设备驱动程序，数字信号进入计算机。

5）在 Lab Windows/CVI 平台下，调用信号处理函数，编写程序和设计虚拟仪器面板。

6）形成具有不同仪器功能的应用程序。

（2）虚拟仪器应用主要体现在以下两方面：

1）在仪器计量系统方面：示波器、频谱仪、信号发生器、逻辑分析仪、电压电流表等，虚拟仪器强大的功能和价格优势，使得它在仪器计量领域具有很强的生命力和十分广阔的前景。

2）在专用测量系统方面：虚拟仪器适合于一切需要计算机辅助进行数据存储、数据处理、数据传输的计量场合。一切计量系统，只要技术上可行，都可用虚拟仪器代替。

第三节 执 行 器

如果把传感器比喻成人的感觉器官的话，那么执行器在自动控制系统中的作用就是相当于人的四肢，它接受调节器的控制信号，改变操纵变量，使生产过程按预定要求正常执行。

一、概述

（一）执行器的组成结构

执行器由执行机构和调节机构组成。执行机构是指根据调节器控制信号产生推力或位移的装置，而调节机构是根据执行机构输出信号去改变能量或物料输送量的装置，最常见的有调节阀。

调节阀用于调节介质的流量、压力和液位。根据调节部位信号，自动控制阀门的开度，从而达到介质流量、压力和液位的调节。调节阀分电动调节阀、气动调节阀和液动调节阀等。

调节阀由电动执行机构或气动执行机构和调节阀两部分组成。调节阀通常分为直通单座式调节阀和直通双座式调节阀两种，后者具有流通能力大、不平衡力小和操作稳定的特点，所以通常特别适用于大流量、高压降和泄漏少的场合。

（二）执行器的分类

执行器按其能源形式分为气动、电动和液动三大类，它们各有特点，适用于不同的场合。

（三）执行器传动方式

1. 机械传动

机械传动即通过齿轮、齿条、蜗轮、蜗杆等机件直接把动力传送到执行机构的传递方式。一切机械都有其相应的传动机构，借助于它达到对动力的传递和控制的目的。

2. 电气传动

电气传动即利用电力设备，通过调节电参数来传递或控制动力的传动方式。

3. 流体传动

流体传动分为液体传动和气体传动两大类，液体传动又分为液压传动（利用液体静压力传递动力）和液力传动（利用液体静流）；气体传动又分为气力传动和气压传动。

二、执行器工作原理

（一）气动执行器工作原理

气动执行器（习惯称为气动调节阀）是用压缩空气为能源，结构简单、动作可靠、平稳、输出推动力大、维修方便、防火防爆、价格较低、广泛应用于化工、炼油生产。

气动执行机构主要分为薄膜式和活塞式，如图 7-25 所示。正作用形式：信号压力增大，

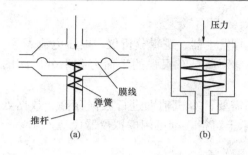

图 7-25　气动执行机构
(a) 薄膜式；(b) 活塞式

推杆向下；反作用形式：信号压力增大，推杆向上。

(二) 电动执行器工作原理

1. 原理

电动执行器接受来自调节器的直流电流信号，并将其转换成相应的角位移或直行程位移，去操纵阀门、挡板等调节机构，以实现自动调节，如图 7-26所示。

2. 电动执行器种类

(1) 智能型电子式变频电动调节阀。智能型电子式变频电动调节阀是一种新型的执行机构，是先进的控制系统和传统的机械传动相结合的产物。它能满足自动调节系统对执行器的要求。采用智能变频电动调节阀后，在调节过程中，阀芯其运行速度是变化的，在输入信号和阀位反馈信号偏差较大时，电动机运行速度比普通电动调节阀快，起加速跟踪作用。但随着输入信号和反馈信号偏差的减小，阀电动机速度会变慢，阀芯的运动速度也会随之下降。越接近平衡点阀电动机速度会越慢。

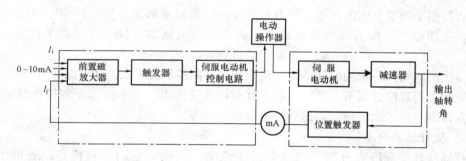

图 7-26　电动执行器组成方块图

在平衡点附近阀门会一点点打开或关闭，具有很强的微调作用，其结果是大大提高了阀门的控制精度。同时智能变频调节阀在调节过程中的变速调节，过调量也会减小，动态振荡也会明显下降。十分圆满解决了电动调节阀灵敏度和稳定度的一对矛盾。再者，变频器具有电动机软起动功能，阀电动机每次起动过程不会出现冲击电流。而且阀电动机也由单相电动机改为三相电动机，每相电流下降，电动机可靠性提高。阀电动机的寿命会大大延长，同时智能变频电动执行机构以高精度、长寿命的导电塑料电位器为位置传感元件，并施加机械、电气限位装置，显著提高了智能变频电动调节阀的可靠性和安全性，能有效防止调节阀在关闭时阀杆被顶弯的现象。

(2) 智能型变频电动执行器。智能型变频电动执行器是一种智能化电子式变频电动执行机构。它以单相交流电或三相交流电作为动力电源，以变频器作为伺服电动机变频电源，采用单片机技术制成智能变频控制器 BPK，作为控制核心部件。在调节过程中实行智能化控制无级变速调节。它具有调节精度高，稳定性好，无需伺服放大器，功能全，应用场合广，寿命长等特点。

（3）直行程电子式电动执行器。直行程电子式电动执行器采用变频控制器将控制信号与位置反馈信号进行比较放大，输出数字量（正、反转信号）和模拟量（调速信号）的多功能大功率放大器，实现对变频电动执行器进行管理和控制。直行程电子式电动执行器是以220V 交流单相电源作为驱动电源，接受来自调节器的DG4-20mA 或者 DC1-5V 控制信号来运转的全电子执行机构。电子式控制单元被设计成匣子形状，并用树脂浇注；驱动电动机采用 AC 可逆电动机；驱动量的反馈检测采用高性能导电塑料电位器，是具有 1/250 分辨能力的高可靠性的经济类型产品。

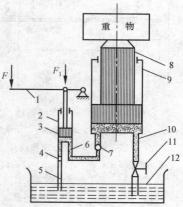

图 7-27　液压千斤顶工作原理图
1—杠杆手柄；2—小油缸；3—小活塞；
4、7—单向阀；5—吸油管；
6、10—管道；8—大活塞；
9—大油缸；11—截止阀；12—油箱

（三）液压传动的工作原理

以液压千斤顶为例在图 7-27 中，大油缸 9 和大活塞 8 组成举升液压缸。杠杆手柄 1、小油缸 2、小活塞 3、单向阀 4 和 7 组成手动液压泵。如提起手柄使小活塞向上移动，小活塞下端油腔容积增大，形成局部真空，这时单向阀 4 打开，通过吸油管 5 从油箱 12 中吸油；用力压下手柄，小活塞下移，小活塞下腔压力升高，单向阀 4 关闭，单向阀 7 打开，下腔的油液经管道 6 输入举升油缸 9 的下腔，迫使大活塞 8 向上移动，顶起重物。再次提起手柄吸油时，单向阀 7 自动关闭，使油液不能倒流，从而保证了重物不会自行下落。不断地往复扳动手柄，就能不断地把油液压入举升缸下腔，使重物逐渐地升起。如果打开截止阀 11，举升缸下腔的油液通过管道 10、截止阀 11 流回油箱，重物就向下移动。

液压传动的基本工作原理。液压传动是利用有压力的油液作为传递动力的工作介质。压下杠杆时，小油缸 2 输出压力油，是将机械能转换成油液的压力能，压力油经过管道 6 及单向阀 7，推动大活塞 8 举起重物，是将油液的压力能又转换成机械能。大活塞 8 举升的速度取决于单位时间内流入大油缸 9 中油容积的多少。由此可见，液压传动是一个不同能量的转换过程。

（四）液力耦合器角执行机构的原理

液力耦合器是一种应用广泛的液力传动元件。动力机带动耦合器泵轮旋转，泵轮叶片搅动腔内的工作液，在离心作用下，泵轮将机械能转变为液体能传递给涡轮叶片，涡轮再将吸收的液体能传递给工作机。动力机与工作机的传动介质为液体，所以其优点是其他动力连接设备所不可比拟的。

液力耦合器的基本功能：液力耦合器具有柔性传动、减缓冲击、隔离扭振的功能，可延长起动时间，降低起动电流，使动力机轻载起动，解决沉重大惯量负载起动困难问题，过载保护原动机。并且该产品节能节电效果显著。

（五）电—气转换器

电—气转换器可以把电动变送器来的电信号变为气信号，送到气动调节器或气动显示仪表；也可以把电动调节器的输出信号变为气信号去驱动气动调节阀，如图 7-28 所示。它具有电—气转换和气动阀门定位器两种作用。图 7-29 为一种电—气阀门定位器的原理结构图。

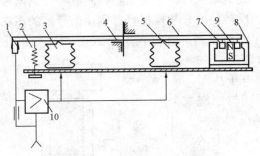

图 7-28　电—气转换器原理结构图

1—喷嘴挡板；2—调零弹簧；3—负反馈波纹管；

4—十字弹簧；5—正反馈波纹管；6—杠杆；

7—测量线圈；8—磁钢；9—铁心；10—放大器

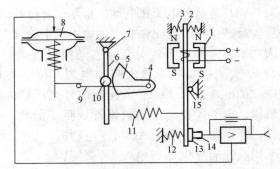

图 7-29　电—气阀门定位器原理结构图

1—转矩电动机；2—主杠杆；3—衡弹簧；

4—反馈凸轮支点；5—反馈凸轮；6—负杠杆；

7—负杠杆支点；8—薄膜执行机构；9—反馈杆；

10—滚轮；11—反馈弹簧；12—调零弹簧；

13—挡板；14—喷嘴；15—主杠杆支点

第四节　机　器　人

一、机器人工作原理

从最基本的层面来看，人体包括五个主要组成部分：身体结构、肌肉系统、感官系统、能量源、大脑系统。肌肉系统用来移动身体结构，感官系统用来接收有关身体和周围环境的信息，能量源用来给肌肉和感官提供能量，大脑系统用来处理感官信息和指挥肌肉运动。图7-30 为微小型机器人系统，图 7-31 为嵌入式机器人控制系统。

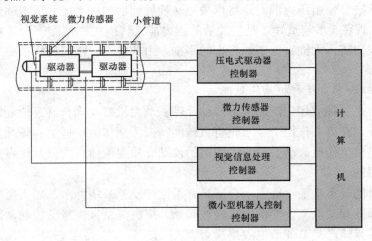

图 7-30　微小型机器人系统

机器人涉及的自动化技术：

1. 变结构控制与学习控制

变结构滑动模控制一直是机器人控制研究的重点，因其直观上的合理性而得到特别的重视。自适应滑动模控制等新的方法对传统的方法做了重要的改进。

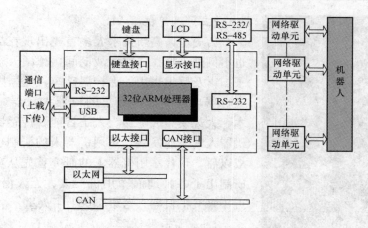

图 7-31 嵌入式机器人控制系统

2. 机器视觉与机器智能

如何获取场景和目标的图像信息，并把其处理成机器能够理解的特征或模式，是机器智能中非常困难的研究课题。

3. 智能控制与信息融合

室外智能移动机器人所涉及的关键技术包括移动机器人的控制体系结构、机器人视觉信息的实时处理、车体的定位系统、多传感器信息融合技术，以及路径规划技术与车体控制技术等。

二、机器人分类

（一）工业机器人

中国工业机器人起步于 20 世纪 70 年代初期，经过 20 多年的发展，大致经历了 3 个阶段：70 年代的萌芽期，80 年代的开发期和 90 年代的适用化期。

从 20 世纪 90 年代初期起，我国的国民经济进入实现两个根本转变时期，掀起了新一轮的经济体制改革和技术进步热潮，我国的工业机器人又在实践中迈进一大步，先后研制出了点焊、弧焊、装配、喷漆、切割、搬运、包装码垛等各种用途的工业机器人，并实施了一批机器人应用工程，形成了一批机器人产业化基地，为我国机器人产业的腾飞奠定了基础。图 7-32 为 20kg 点焊机器人。

图 7-32 20kg 点焊机器人

（二）服务机器人

服务机器人是机器人家族中的一个年轻成员，到目前为止尚没有一个严格的定义。不同国家对服务机器人的认识不同。服务机器人的应用范围很广，主要从事维护保养、修理、运输、清洗、保安、救援、监护等工作。国际机器人联合会经过几年的搜集整理，给了服务机器人一个初步的定义：服务机器人是一种半自主或全自主工作的机器人，它能完成有意于人类健康的服务工作，但不包括从事生产的设备。图 7-33 所示为爬缆索机器人。

图 7-33　爬缆索机器人

（三）军用机器人

历史上，高新技术大多首先出现在战场上，机器人也不例外。早在二次大战期间，德国人就研制出并使用了扫雷及反坦克用的遥控爆破车，美国则研制出了遥控飞行器，这些都是最早的机器人武器。随着计算机技术、大规模集成电路、人工智能、传感器技术以及工业机器人的飞速发展，军用机器人的研制也备受重视。二战以后，现代军用机器人的研究首先从美国开始，他们研制出了各种地面军用机器人、无人潜水器、无人机，近年来又把机器人考察车送上了火星。

1. 地面军用机器人

所谓地面军用机器人是指在地面上使用的机器人系统，它们不仅在和平时期可以帮助民警排除炸弹、完成要地保安任务，在战时还可以代替士兵执行扫雷、侦察和攻击等各种任务，今天美、英、德、法、日等国均已研制出多种型号的地面军用机器人。图 7-34 为德国的排爆机器人。

2. 水下军用机器人

水下机器人又称为水下无人潜器，分为遥控、半自治及自治型。水下机器人是典型的军民两用技术，不仅可用于海上资源的勘探和开发，而且在海战中也有不可替代的作用。为了争夺制海权，各国都在开发各种用途的水下机器人，有探雷机器人、扫雷机器人、侦察机器人等。图 7-35 所示为"双鹰"水下机器人。

图 7-34　德国的排爆机器人

图 7-35　"双鹰"水下机器人

3. 空中军用机器人

空中机器人又叫无人机，近年来在军用机器人家族中，无人机是科研活动最活跃、技术进步最大、研究及采购经费投入最多、实战经验最丰富的机器人。80 多年来，世界无人机的发展基本上是以美国为主线向前推进的，无论从技术水平还是无人机的种类和数量来看，美国均居世界之首位。图 7-36 所示为中国 W-50 型遥控无人机。

4. 未来战斗系统

未来战斗系统项目的主要研制目的是大量制造无人战斗机械，做到未来战场上士兵必须做到的一切战斗任务，包括寻找目标、进攻、防护。即未来战场上，一个机器人士兵发现目标，然后向指挥所汇报，之后由另外一个机器人士兵（或导弹）摧毁目标。战

图 7-36 中国 W-50 型遥控无人机

斗系统并不只包括地面作战的机器人士兵，它既可以是各种著名的无人飞行器（在阿富汗战争中得到广泛战斗使用的"捕食者"无人机），也可以是无人地面装甲运输侦察车；既可以是自动化坦克，也可以是防护性能良好、乘员数量较少的新一代装甲设备。所有这些武器装备都能由地面操纵人员在掩体内通过无线通信或卫星，远距离遥控指挥。对未来作战系统提出的要求也很明确，多次战斗使用、多功能、较强的战斗力、高速度、可靠防护水平、较高的紧凑程度、高机动性能、人工智能等都是最基本的战术技术性能要求。

正在进行中的机器人士兵研制项目用于侦察、制导等目的，如作为多用途安全和监视任务平台的侦察"飞碟"、网络传感器系统、快速搜索和反应系统、一系列自动化机器人等。

"角斗士"将被作为机器人士兵广泛应用，如图 7-37 所示。为这种小型机器人士兵有装甲防护，配备机枪，可搜索、驱散、甚至消灭目标，也可摧毁各种设施。履带式"角斗士"机器人士兵装备有可保障车辆在黑暗中和烟雾中视物能力的摄像机、GPS 定位系统、声学和激光搜索系统、可辨别生化武器的传感器等各种设备，也可根据需要装载各种武器和货物。这是一种非公路型无人地面战车，从理论上讲，履带也可以改换成轮胎。"角斗士"拥有相当的智力水平，能根据机器视力算法、探测装置融合算法到达指定地点，并能记住所走过的路线，之后丝毫不差地按原路自动返回，也不会陷入临时设置的障碍坑中。

图 7-37 试验中的"角斗士"机器人士兵

5. 空间机器人

在未来的空间活动中，将有大量的空间加工、空间生产、空间装配、空间科学实验和空间维修等工作要做，这样大量的工作是不可能仅仅只靠宇航员去完成，还必须充分利用空间

机器人。图 7-38 所示为我国自行研制的太空机器人"E 先生"。

图 7-38　我国自行研制的太空机器人"E 先生"

　　空间机器人主要从事的工作有空间建筑与装配、卫星和其他航天器的维护与修理、空间
生产和科学实验。

思　考　题

1. 叙述仪器仪表的五个类别。
2. 新中国成立后，我国仪器仪表的技术进展如何？
3. 简述传感器的定义及其构成，并画出框图。
4. 传感器的分类有哪几种？请分别叙之。
5. 压力传感器的特性是什么？并简述压力测量的基本理论。
6. 叙述压电传感器的测量原理。
7. 分析温度测量的基本概念，并讨论信号调理电路的作用。
8. 叙述流量传感器的基本概念。
9. 简述霍尔元件的工作原理。
10. 虚拟仪器的定义是什么？简述虚拟仪器的组成方法及应用场合。
11. 讨论智能仪器仪表的通用模型。
12. 执行器的分类有哪三种，其作用是什么？
13. 简述电动执行器的工作原理。
14. 简述机器人的工作原理。
15. 机器人涉及哪些自动化技术？

第八章 楼宇自动化技术

智能建筑是多学科、高新技术的巧妙集成，也是综合经济实力的表现，大量高新技术竞相在此应用，使得高层建筑不再是一个城市"孤岛"，而成为一个充满活力的、具有高工作效率的、有利于激发人创造性的环境。智能建筑将楼宇自动化系统 BAS（Building Automation System）、通信自动化系统 CAS（Communication Automation System）和办公自动化系统 OAS（Office Automation System）通过综合布线系统 GCS（Generic Cabling System）有机地结合在一起，并利用系统软件构成智能建筑的软件平台，使实时信息、管理信息、决策信息、视频信息、语音信息以及各种其他信息在网络中流动，实现信息共享，以便达到在安全、舒适和便捷的工作环境下，提高工作效率，达到节约能源和管理费用的目的，克服重复投资、控制系统分离、服务缺乏保证、管理功能不全的缺点，实现可持续发展的目标。因此，智能建筑代表了 21 世纪高层建筑、公共建筑和建筑群的走向，具有强大的生命力。

智能建筑主要考虑了建筑物的结构、机电系统、通信系统、办公系统提供的良好服务和物业管理之间的内在关系，进行优化组合，来提供一个投资合理、具有高效、节能、舒适、便利的环境，便于进驻的用户使用。

智能建筑发展至今，无论从市场管理还是从消除国内的种种误区来说，都有必要规范智能建筑的内涵。

智能建筑使用 4C 技术构成了智能化集成系统（IIS）、信息设施系统（ITSI）、信息化应用系统（ITAS）、建筑设备管理系统（BMS）、公共安全系统（PSS）和机房工程（EEEP），解决了高层建筑物、公共建筑和建筑群机电设备的安全运行、合理使用和设备保养，从而保证在这些建筑中生活、工作必备的垂直交通、照明、用电、温湿度、用水、通风以及安全管理，提供了快捷、便利、高效的办公条件，通过有线、无线通信甚至通信卫星解决了音频、视频图像等信息的传输。智能建筑的基本结构如图 8-1。通过这些功能解决了用户的生活、

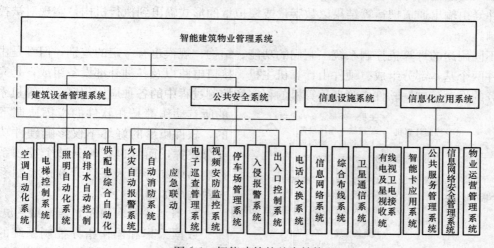

图 8-1 智能建筑的基本结构

工作的方便问题，提供快捷的优质服务和解决安全问题。

从图 8-1 中可以看出智能建筑基本结构中包含最多的部分就是一个广义的建筑设备自动化系统。我国的行政划分问题构成了两大块，建筑设备管理系统和公共安全系统。建筑设备管理系统中含有五个子系统：空调自动化系统、供配电综合自动化系统、照明控制系统、给排水自动控制系统和电梯控制系统；公共安全系统中包括火灾自动报警系统、安全技术防范系统和应急联动系统等。

智能建筑自动化的各个子系统之间是相互协调的，具有互操作特性，因此，还需要有一个能实现集中管理与协调的系统，以便各个子系统能有机地集成在一起，共同构成建筑物的自动控制网络。

第一节 自动化技术在智能建筑中的应用

一、几种计算机控制系统

计算机控制系统是将计算机技术应用于自动控制系统以实现对被控对象的控制，其基本框图如图 8-2 所示。它利用计算机强大的计算能力、逻辑判断能力以及存储容量大、可靠性高、通用性强、体积小等特点，可以解决常规控制技术解决不了的难题，实现常规控制技术无法达到的优异性能。

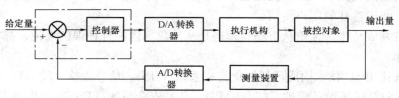

图 8-2 计算机控制系统基本框图

在计算机控制系统的控制过程中，被控对象的有关参数（如电压、电流、温度、压力、状态等）由传感器、变换器进行采样并转换成统一的标准信号，再经由模拟量输入通道或数字量输入通道输入计算机，计算机根据这些信息，按照预先设定的控制规律进行运算和处理，并经由输出通道把运算结果以数字量或模拟量的形式输出到执行机构，实现对被控对象的控制。

不同用途的计算机控制系统，它们的功能、结构、规模也有一定的差别，但都是由硬件和软件两个基本部分组成。硬件由计算机主机、接口电路以及各种外部设备组成，是完成控制任务的设备基础。软件指管理计算机的程序和控制过程中的各种应用程序。计算机系统中的所有动作都是在软件的指挥协调下进行的，软件质量的好坏不仅影响硬件功能的充分发挥，而且也影响到整个控制系统的控制品质和管理水平。计算机控制系统的大致构成如图 8-3 所示。

图 8-3 计算机控制系统的构成图

1. 数据采集和操作指导控制系统

数据采集和操作指导控制系统的结构框图如图 8-4 所示。系统中计算机并不直接对生产过程进行控制，而只是对过程参数进行巡回检测、收集，经加工处理后进行显示、打印或报警，操作人员据此进行相应操作，实现对生产过程的调控。

2. 直接数字控制系统

直接数字控制 DDC（Direct Digital Control）系统的结构框图如图 8-5 所示。计算机对生产过程的若干参数进行巡回检测，再根据一定的控制规律进行运算，然后通过输出通道直接对生产过程进行控制。

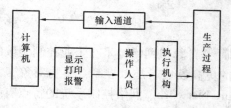
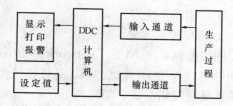

图 8-4　数据采集和操作指导控制结构图　　　　图 8-5　直接数字控制系统结构图

在 DDC 系统中，一台计算机可代替模拟调节器，实现多回路控制，并可实现较复杂的控制规律。由于系统的调控参数已设定好并输入了计算机，控制系统不能根据现场实际进行相应调整，故使用 DDC 系统无法实现最优控制。

3. 监督控制系统

监督控制 SCC（Supervisory Computer Control）系统中，计算机根据工艺信息和相关参数，按照描述生产过程的数字模型或其他方法，自动地调整模拟调节器或改变以直接数字控制方式工作的计算机中的设定值，从而使生产过程始终处于最优工况。监督控制系统有两种结构形式。

（1）监督控制加模拟调节器的控制系统。在此系统中，计算机对生产过程的有关参数进行巡回检测，并按一定的数字模型进行分析、计算，然后将运算结果作为给定值输出到模拟调节器，由模拟调节器完成调控操作，其结构图如图 8-6 所示。

（2）监督控制加直接数字控制的分级控制系统。这是一个二级控制系统。SCC 计算机进行相关的分析、计算后得出最优参数并将它作为设定值送给 DDC 级，执行过程控制。如果 DDC 级计算机无法正常工作，SCC 计算机可完成 DDC 的控制功能，使控制系统的可靠性得到提高。SCC＋DDC 分级控制系统结构图如图 8-7 所示。

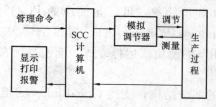
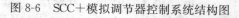
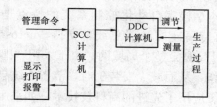

图 8-6　SCC＋模拟调节器控制系统结构图　　　图 8-7　SCC＋DDC 分级控制系统结构图

4. 集散型控制系统

集散型控制系统 DCS（Distributed Control System）又称分布或分散控制系统，是按照总体协调、分散控制的方针，采用自上而下的管理、操作模式和网络化的控制结构，实现对生产过程的控制。集散型控制系统是由基本控制器、高速数据通道、CRT 操作站和监督计算机组成，它将各个分散的装置有机地联系起来，具有较高的灵活性和可靠性。

5. 现场总线控制系统

现场总线控制系统是在集散控制系统的基础上发展起来的，现场总线优越性主要表现在以下几个方面：

①提高系统的开放性；②系统结构更为分散，可靠性增强；③节省电缆；④提高系统的抗干扰能力和测控精度；⑤智能化程度高；⑥组态简单；⑦简化设计和安装；⑧维护检修方便；⑨"傻瓜"性好。

6. 网络控制系统

网络控制系统 NCS（Network Control System）是计算机网络技术在工业控制领域的延伸和应用（俗称工业以太网），是计算机控制系统的更高发展，是以控制"事物对象"为特征的计算机网络系统，简称为 Infranet Infrastructure Network。网络控制系统的特点有结构网络化、节点智能化、控制现场化、功能分散化、系统开放化和产品集成化。

二、楼宇自动化控制系统

（一）楼宇自动化控制系统的类型

楼宇自动化控制系统实质上是一套中央监控系统，为了实现对电气控制系统、环境控制管理系统、交通运输监控系统、广播系统、消防系统、保安系统等多机子系统的集成，一般组成计算机网络。楼宇自动化是整个智能建筑的重要组成部分之一（子网络），网络原则上采用带服务器的微机局域网（LAN）。局域网常见类型有以太网（Ethernet）、令牌网（Token Ring）、光纤分布数据网（FDDI）及异步传输模式（ATM）等。楼宇自动化控制系统网络结构示意图如图 8-8 所示。

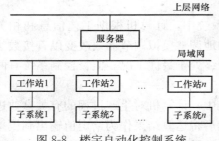

图 8-8　楼宇自动化控制系统
网络结构示意图

楼宇自动化控制系统一般可分为三种类型，即基本型楼宇自动化控制系统、综合型楼宇自动化控制系统和开放型楼宇自动化控制系统。

1. 基本型楼宇自动化控制系统

它是在局域网中将各类楼宇自动化控制子系统配置成文本显示中央工作站或配置成全功能化的图形终端，形成独特的"即插即用"的网络系统。

基本型楼宇自动化控制系统的特点是：工作环境简单，可以是简单的 PC/386～PC/586，支持高速控制器总线，支持 Microsoft Windows/WindowsNT；规模结构大小可调，从单台 PC 直至整个局域网；由于采用"即插即用"的模块式运行方式，能使系统在线快速投入工作，从而减少安装工时，节省系统启动费用。

系统应用了先进的高科技技术，如采用开放的系统结构，支持 OpenLink、DDE 接口及支持各种网络通信协议；适应主流的计算机结构及主流网络工作环境；方便用户与控制总线、局域网、广域网及其他控制方式的连接。为此，系统具有极大的灵活性，同时还能提供点的显示和命令，图形、报表打印及历史数据采集等功能，便于安装、学习、使用和维护。

2. 综合型楼宇自动化控制系统

它是在基本型楼宇自动化控制系统的功能平台基础上加以引延，使各"分立"子系统"模块"互相关联，综合一体。它可以监控来自系统的数据，包括同层总线，或其他子系统总线设备等，可以将多个工作站连接至局域网，以提供与其他分支维护管理连接的接口。

3. 开放型楼宇自动化控制系统

它是将各子系统设备以分布式结构（集散系统）采用分站（单元控制器）实时控制调节，将控制器接成网络，由中央站进行监控管理，或采用无中心结构的完全分布式控制模式，利用微型智能节点，实现对子系统点对点的直接通信，并可以把其他公司的系统综合在同一网络系统中，它采用符合工业标准的操作系统、LAN 通信、相关数据库系统和图形系统。它在设计使用方面已充分考虑到与未来楼宇自控技术发展的接轨。

（二）楼宇自动化系统结构

智能建筑自动化系统是建立在计算机技术基础上的采用网络通信技术的分布式集散控制系统，它允许实时地对各子系统设备的运行进行自动的监控和管理。

网络结构可分为三层：最上层为信息域的干线，可采用 Internet 网络结构，执行 TCP/IP 协议，以实现网络资源的共享以及各工作站之间的通信；第二层为控制域的干线，即完成集散控制的分站总线，它的作用是以不小于 10Mbit/s 的通信速度把各分站连接起来，在分站总线上还必须设有与其他厂商设备连接的接口，以便实现与其他设备的联网；第三层为现场总线，它是由分散的微型控制器相互连接使用，现场总线通过网关与分站局域网连接。

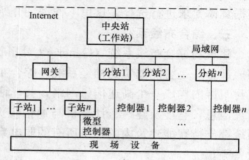

图 8-9　BAS 系统结构图

BAS 系统结构由如下四部分组成：中央控制站，区域控制器，现场设备，通信网络。结构如图 8-9 所示，下面对上述四部分详细说明。

1. 中央控制站

中央控制站直接接入计算机局域网，它是楼宇自动化系统的"主管"，是监视、远方控制、数据处理和中央管理的中心。此外，中央控制站对来自各分站的数据和报警信息进行实时监测，同时，向各分站发出各种各样的控制指令，并进行数据处理，打印各种报表，通过图形控制设备的运行或确定报警信息等。

2. 区域控制器（DDC 分站）

区域控制器必须具有能独立地完成对现场机电设备的数据采集和控制监控的设备直接连接，向上与中央控制站通过网络介质相连，进行数据的传输。区域控制器通常设置在所控制设备的附近，因而其运行条件必须适合于较高的环境温度 50℃和相对湿度 95％。

软件功能要求：

（1）具有在线编程功能。

（2）具有节能控制软件，包括最佳启/停程序、节能运行程序、最大需要程序、循环控制程序、自动上电程序、焓值控制程序、DDC 事故诊断程序、PID 算法程序等。

（3）各子系统的时间控制程序、假日控制程序和条件处理程序等。

3. 现场设备

现场设备包括传感器、执行器和触点开关。

传感器：如温度、湿度、压力、差压、液位、流量等传感器。

执行器：如风门执行器、电动阀门执行器等。

触点开关：如继电器、接触器、断路器等。

上述现场设备应具备安全可靠能满足实际要求的精确度。

现场设备直接与分站相连，它的运行状态和物理模拟量信号将直接送到分站，反过来分站输出的控制信号也直接应用于现场设备。

4. 通信网络

中央控制站与分站通过屏蔽或非屏蔽双绞线连接在一起，组成区域网分站总线，以数字的形式进行传输。通信协议应尽量采用标准形式，如 RS-485 或 LonWorks 现场总线。

对于 BAS 的各子系统如保安、消防、楼宇机电设备监控等子系统可考虑采用以太网将各子系统的工作站连接起来，构成局域网，从而实现网络资源，如硬盘、打印机等的共享以及各工作站之间的信息传输，通信协议采用 TCP/IP。

除了以上介绍的四部分外，通常当需要的时候可以增加操作站，其主要功能用于企业管理和工程计算，它直接接在局域网的干线上，例如网络的一个工作站，它的硬件、软件平台根据具体要求进行选择，这里不作详细介绍。

三、综合布线系统

建筑物综合布线系统（Generic Cabling System）是实现智能建筑的最基本又最重要的组成部分，是智能建筑的神经系统。综合布线系统采用双绞线和光缆以及其他部件在建筑物或建筑群内构成一个高速信息网络，共享话音、数据、图像、大厦监控、消防报警以及能源管理信息，它涉及建筑、计算机与通信三大领域。IBM、Seimon 等公司提供的结构化布线系统都支持智能建筑内的几乎所有的弱电系统，包括支持采暖通风、空调自控、保安、电气设备等。

采用结构化布线，由于传输介质的统一，不仅节省楼内竖井空间，而且无需进行复杂的不同布线系统的协调工作。

由于结构化布线的灵活性，在国家规范的允许范围内，根据不同情况，可以将不同的楼宇自动化子系统考虑纳入综合布线系统中去。

作为智能建筑的核心支柱，楼宇自动化技术的进步将成为智能建筑发展的基本保证。我国正朝着世界强国迈进，城市的建设把大楼智能化工作放在重要地位，智能建筑与中国的金字工程同步发展，与国际信息高速公路连通，在商贸业务领域、金融保险领域、房地产业及信息领域与国际习惯和先进技术完全接轨，在楼宇管理领域达到节省能源、高效服务与高度自动化，建成社会安定、环境高雅、计算机文化氛围浓厚的现代化城区。

第二节 集散型控制系统和现场总线

一、集散型控制系统的基本结构与特点

DCS 即 Distributed Control System，是集散型控制系统的英文缩写，是以多台微处理器为基础的集中分散型控制系统。它是目前在过程控制中，尤其是大中型生产装置控制中应用最多、可靠性最高的控制系统。集散系统在传统的过程控制系统中引入计算机技术，利用软件组成各种功能模块，代替过去常规仪表功能，实现生产过程压力、温度、液位、流量、成分、机械量等参数的控制，并用 CRT 屏幕显示，应用通信联网技术组成系统。DCS 特点是现场由控制站进行分散控制，实时数据通过电缆传输送达控制室的操作站，实现集中监控

管理，分散控制，将控制功能、负荷和危险分散化。

DCS 在各行各业之所以受到普遍欢迎，主要的特点有：功能全，采用网络通信技术，实现了人—机对话技术，系统扩展灵活，可靠性高，管理能力强，使用方便。

现场控制站的组成如图 8-10 所示。

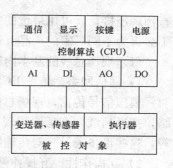

图 8-10 现场控制站的组成

在集散控制系统中，显示与操作功能集中于操作员站，在现场控制站一般不设置 CRT 显示器和操作键盘，但有的系统备有袖珍型现场操作器，在开停工或检修时可直接连接现场控制站进行操作，有的系统在前面板上装有小型按钮与数字显示器的智能模块，可进行一些简单操作。

DCS 操作站的主要功能为过程显示和控制、系统生成与诊断、现场数据的采集和恢复显示等。要实现这些功能，操作站必须配置的设备有操作台、工业控制计算机、外部存储设备、图形显示设备（CRT）、操作站键盘、打印输出设备。

系统中各单元间的通信是通过两个网来实现的，这样设计是因为主控卡与操作员站之间的通信，主控卡与现场各单元的通信方式不同。主控卡与现场各单元通信主要由通信卡完成把现场数据通过各单元发送到主机，通信是一对一的方式。同时，主控卡还负责把操作员站或工程师站的命令传送到相应的控制单元，通信也是一对一的方式。而主控卡与操作员站之间的通信，一方面是主控卡把从各现场控制站收集到的数据发送到操作员站，因为发送到各操作员站的数据是相同的，考虑到这种情况，主控卡和操作员站的通信采用广播方式，可以提高通信效率，因而通信是一对多的方式，另一方面各操作员站对现场控制站的操作命令也是要首先发送到主控卡，因而通信是一对一的方式。

DCS 组态工作的内容主要包括 DCS 的系统组态、DCS 的控制组态、DCS 的画面组态、DCS 的维护组态。DCS 的组态工作一般是在工程师站上进行，对要下载到控制级的组态软件也可以在分散控制装置上进行。组态工作既可以是在线亦可以是离线，一般情况下大多采用离线方式组态。

二、现场总线

自 20 世纪 80 年代末以来，有几种类型的现场总线技术已经发展成熟并且广泛应用于特定的领域。这些现场总线技术各具特点，有的已经逐渐形成自己的产品系列，占有相当大的市场份额。几种比较典型的现场总线有 CAN 总线、FF 总线、PROFIBUS 总线等。现场总线代表着 21 世纪测量和控制领域技术发展方向。现场总线技术特点有系统的开放性、互可操作性与互用性、现场设备的智能化与功能自治性、系统结构的高度分散性、对现场环境的适应性。

现场总线系统的体系结构如图 8-11 所示。

以上可以看出，现场总线不是简单的替代信号传递，现场总线协议使得用户只要进

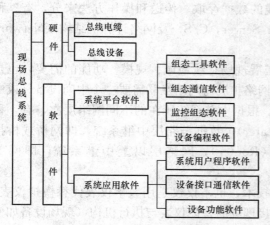

图 8-11 现场总线系统的组成

行物理连接，就可用最优的方案将各种智能仪表和控制装置组成所需要的数字控制系统，而不必再为不同厂家的产品互连制作专用的网关或桥路，给用户带来很多方便。

（1）现场总线的基本内容。现场总线的含义表现在以下 5 个方面：

1）通信网络。传统 DCS 的通信网络截止于控制站或输入输出单元，现场仪表仍然是一对一模拟信号传输，现场总线是用于自动化控制的现场设备或现场仪表互连的现场通信网络，把通信线一直延伸到现场或设备，现场设备或现场仪表是指传感器、变送器和执行器等，这些设备通过一对传输线互连，传输线可以使用双绞线、同轴电缆和光缆等。

2）互操作性。互操作性的含义是来自不同制造厂的现场设备，不仅可以相互通信，而且可以统一组态，构成所需的控制回路，共同实现控制策略。也就是说，用户选用各种品牌的现场设备集成在一起，实现"即接即用"。现场设备互连是基本要求，只有实现互操作性，用户才能自由地集成 FCS。

3）分散功能块。FCS 废弃了 DCS 的输入/输出单元和控制站，把 DCS 控制站的功能块分配给现场仪表，从而构成虚拟控制站。例如，流量变送器不仅具有流量信号变换、补偿和累加输入功能块，而且有 PID 控制和运算功能块；调节阀除了具有信号驱动和执行功能外，还内含输出特性补偿功能块，PID 控制和运算功能块，甚至有阀门特性自校验和自诊断功能。

4）通信线供电。现场总线常用的传输线是双绞线，通信线供电方式允许现场仪表直接从通信线上摄取能量，这种低功耗现场仪表可以用于本质安全环境，与其配套的还有安全栅。有的企业生产现场有可燃性物质，所有现场设备必须严格遵循安全防爆标准，现场总线设备也不例外。

5）开放式互联网络。现场总线为开放式互联网络，既可与同类网络互联，也可与不同类网络互联。开放式互联网络还体现在网络数据库共享上，通过网络对现场设备和功能块统一组态，天衣无缝地把不同厂商的网络及设备融为一体，构成统一的 FCS。

（2）计算机与通信的结合，产生了计算机网络。计算机网络与控制设备的结合孕育了现场总线控制系统。网络技术是现场总线控制系统的重要基础，网络化是自动化系统结构发展的方向。

1）现场总线的网络拓扑结构。现场总线的网络拓扑结构有环形、总线型、树形以及几种类型的混合。

2）现场总线的数据操作方式。从现场总线的数据存取、传送和操作方法来分，有三种工作模式：对等（Peer to Peer）、主从（Client/Server，C/S）及网络计算机结构（Network Computing Archnitecture，NCA）。

3）网络扩展与网络互联。网络互联既是扩展现场总线地域、规模、功能的需要，也是不同结构、不同操作系统结构网互联的需要。网络扩展与网络互联需要一个中间设备（或中间系统），ISO 的术语称为中继（Relay）系统。根据中继系统所在的不同网络层次，有 4 种中继系统。物理层中继系统，即中继器（Repeater）；数据链路层中继系统，即网桥或桥接器（Bridge）；网络层中继系统，即路由器（Router）；网络层以上中继系统，即网关（Gateway）。

（3）现场总线控制系统不单单是一种通信技术，也不仅仅是用数字仪表代替模拟仪表，关键是用一种全数字、串行、双向通信网络连接现场的智能仪表与执行机构（现场设备如变送器、控制阀和控制器），利用现场总线协议完成一个控制系统的功能。因此说现场总线控制系统 FCS（Fieldbus Control System）是代替传统的集散控制系统 DCS（Distributed Control System）、实现现场通信网络与控制系统的集成。

（4）现场总线智能仪表。智能仪表技术是导致控制系统体系结构发生根本性变化的关键因素。下面以 1151 智能压力变送器为例，介绍 FCS 中智能仪表的功能及其实现方法。

1151 智能压力变送器原理图如图 8-12 所示。图中 A/D 转换器对仪表差压的模拟信号进行模、数据转换，然后把转换后的数字信号送入 CPU 进行各项处理。经处理后的数字信号既可送往液晶显示单元在仪表本地显示，也可通过通信接口单元转换为串行数字信号送往现场总线。其他控制单元对智能仪表的控制信号通过现场总线传给仪表。同时，智能仪表还

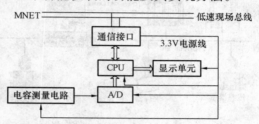

图 8-12　1151 智能压力变送器原理图

从现场总线上获取电源，并把信号线上提供的 24V 电源转化为 3.3V 或 5V 的电源输出，为智能仪表内的所有芯片提供电源。1151 智能压力仪表具有的功能：采集差压信号，采集温度信号，压力信号单位转换，测压膜片非线性补偿，压力信号温度补偿，流速和流量计算，测量数据越限报警，自标定，零点和满度设定，掉电保护，数据通信，回路控制。

（5）FCS 中各现场仪表由控制系统中的上位机来管理。FCS 的上位机运行于 Windows NT 环境下，系统管理软件集离线组态和在线监控等功能为一体，为一套实时多任务应用软件。管理软件中的任务分成不同的层次，各项任务被赋予不同的优先级，使重要的任务能够得到及时响应。

三、几种常见的现场总线

1. 现场总线基金会（FF）

现场总线基金会（FF），由 WorldFIP（World Factory Instrumentation Protocol）的北美部分和 ISP（Interoperable System Protocol）合并而成。基金会的成员是约 120 个世界最重要的过程控制、生产自动化供应商和最终用户。

FF 现场总线是一种全数字、串行、双向通信网络，用于现场设备如变送器、控制阀和控制器等互联，实现网内过程控制的分散化。

基金会现场总线的通信技术包括基金会现场总线的通信模型、通信协议、通信控制器芯片、通信网络与系统管理等内容。它涉及一系列与网络相关的硬软件，如通信栈软件、被称之为圆卡的仪表内置通信接口卡、FF 总线与计算机的接口卡、各种网关、网桥和中继器等。

基金会现场总线技术包括物理层、通信栈、用户层三个部分，如图 8-13 所示。

2. 过程现场总线

过程现场总线（Process Field Bus）是一种不依赖于厂家设备的开放式现场总

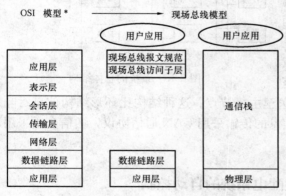

*OSI 模型没有定义用户应用。

图 8-13　基金会现场总线协议模型图

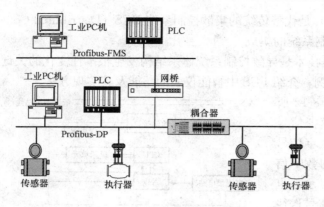

图 8-14　Profibus 现场总线结构

线标准，它符合 EN50170 欧洲标准，世界各主要的自动化技术生产厂家均为其生产的设备提供 Profibus 接口，它的应用领域包括加工制造、过程和建筑自动化等行业，应用范围包括从设备级的自动控制到系统级的自动化。Profibus 现场总线包括三种类型的总线形式：通用自动化 Profibus-FMS 总线、工业自动化 Profibus-DP 总线和过程自动化 Profibus-PA 总线，以适应于高速和时间苛求的数据传输或大范围的复杂通信场合。Profibus 现场总线结构如图 8-14 所示。

Profibus 是一种用于工厂自动化车间级监控和现场设备层数据通信与控制的现场总线技术。

3. 控制局域网络（CAN）

CAN 是控制局域网络（Control Area Network）的简称，属于现场总线的范畴。它是一种具有高保密性、有效支持分布式控制系统或实时控制的串行通信网络，具有突出的可靠性、实时性和灵活性。CAN 总线是 20 世纪 80 年代初德国 Bosch 公司为解决现代汽车中众多的控制与测试仪器之间的数据交换而开发的一种串行数据通信协议，它是一种多总线，通信介质可以是双绞线、同轴电缆或光导纤维。它的应用范围遍及从高速网到低成本的多线路网络。应用在自动化领域的汽车发动机控制部件、传感器、抗滑系统等，CAN 总线的通信速率可达 1Mbit/s。同时，它也可以廉价地应用到交通运输工具的电气系统中，例如，灯光聚束、电气窗口等，以替代所需要的硬件连接。

CAN 总线系统由 CAN 网络节点、转发器节点和上位机构成。CAN 网络由多达 100 个网络节点和 6 个转发器构成，可以主动也可以根据上位机系统的数据请求命令进行数据采集。网络节点负责对电缆接线盒温度进行检测。CAN 网络的拓扑结构采用两级总线式结构。两级总线之间采用转发器进行连接。高压电缆接线盒的温度由网络节点进行现场的采集和检测并经二级总线发送至

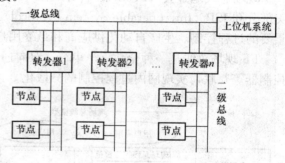

图 8-15　系统的总体结构

转发器节点，再由转发器节点经一级总线送至主机节点。这种结构比环形结构信息吞吐率低，并且无源抽头连接，系统可靠性高。信息的传输采用 CAN 通信协议，通信介质采用双绞线。系统的总体结构如图 8-15 所示。

第三节　楼宇供配电系统的自动控制

楼宇自动化系统又称建筑设备监控系统（Building Automation System），其主要设备是

采用中心监控室的计算机对整个高层建筑物内多而散的建筑设备实行测量、监视和自动控制。对楼宇内众多的暖通、空调、供配电、照明、给排水、消防、电梯、停车场中的大量机电设备进行有条不紊地综合协调，科学地运行管理及维护保养工作，它为所有机电设备提供了安全、可靠、节能、长寿命运行可信赖的保证。能实现供配电系统、空调系统、给排水系统、电梯等之间的信息互通，从而提高整个楼宇内部设备运行的人力节省、能源消耗降低的各种指标，同时还可在主控室内随时掌握设备的状态及运行情况，能量的消耗及各种参数的变化情况，并满足管理者的需要。

楼宇设备自动化系统的网络结构应采用集散或分布式控制的方式，由管理层网络与监控层网络组成，实现对设备运行状态的监视与控制。这正与集散控制系统或现场总线控制系统的控制模式相同，加上现场设备，构成三级控制网络，因此 DCS、FCS 是目前楼宇设备自动化系统的主流。

一、空调系统的监视与控制

空调监控系统是对空调系统设备、通风设备及环境监测系统等运行工况的监视、控制、测量、记录。由于空调系统的主要设备有中央冷却机组、新风机组、通风机组、空调处理机、风机盘管和冷热水交换器，因此要实现空调系统的监控应有温度、湿度、新风、回风、排风的控制，制冷器的防冻，过滤器的状态监测，风机的状态与故障报警。实现对各制冷源系统的监控与最佳机组台数的起停运行，冷却水的温度、压差和流量等的控制，以及对空调箱进行变风量控制，实现最佳新风的控制。

虽然各生产厂家空调机组的机械结构、运行参数、空间布局和安装方式可能有一定的差别，但均可划分为送/回风机段、制冷/加热段、过滤段、消声段等一些基本功能配置单元。

图 8-16 给出了目前智能楼宇中央空调系统中一种较为常见的组合式空调机组功能单元及其信号检测和控制调节设备的配置方案。

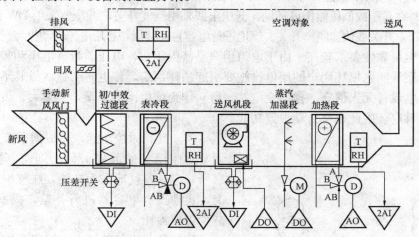

图 8-16　具有制冷/供暖/除湿/加湿功能的标准再循环组合空调机组

空气参数调节过程可以是模拟量的连续控制，也可能是开关（二位或三位）控制。空调对象具有多干扰性、多工况性和温湿度相关性等特点，严格地说是一个较为复杂的多变量非线性对象。空调区域的温度、湿度等空气状态参数和各室内空气品质参数的控制调节过程相互影响，彼此之间存在控制耦合作用。另外，气流组织形式、送风参数（温度、速度等）的选择也会使空调对象特性产生很大的差异。然而，除性能要求特别严格的工艺空调系统之外，近似地将空气参数作为独立的被控参数进行单输入单输出控制，对于多数工程实现是允许的。况且各参数的控制调节精度要求是不一样的，硬性地强调参数间的控制解耦意义不大。网络化数字控制器的应用也可以采用其他智能控制软件的实现方式进行补偿校正。

早期的空调设备控制装置通常采用继电逻辑及电子调节仪表实现，现在多数采用可编程逻辑控制器、数字调节器或专用数字智能控制器实现。空调控制系统对于空气温/湿度及品质参数的调节一般可采用如下方式：①二位或三位开关控制；②单回路连续/离散控制；③单变量串级控制；④多变量独立多回路控制；⑤多变量多回路协调控制。

二、变配电系统的监视与控制

高层建筑中存在一个变（配）电所，里面有高低压配电柜、干式变压器、柴油发电机组和进出线的断路器。要实现对这些设备的监视与控制就必须对各设备的状态及相关电力参数如电流、电压、有功、无功、电度和各种开关量的监测与各种可自动操作的开关进行控制，实现电量的计量，显示主接线图，交直流系统和不间断电源 UPS 系统运行的监控，同时对开关变位进行正确区分，实现对事故、故障的顺序记录，并可随时地查询、制表、打印，并根据需要绘制负荷曲线图。

楼宇变电站（所）单一的用电性质及特殊的地理环境决定其供电有自身的特点。

（1）供电区域化，供电半径小。一般来说，楼宇变电站（所）位于楼房的地下室、楼顶或绿化草坪区（箱式变电站），以便减少占地面积，降低噪声污染。其位置靠近负荷中心，供电半径小，负荷性质单一，负荷变化率大。

（2）电压等级低，属配电系统。楼宇变电站（所）一般照明用电、路灯用电及附属设备用电等，电压等级为进线 10kV，出线三相四线制 400V，高低压进出线一般采用电缆形式。

（3）结构、功能和控制系统简单。为提高供电可靠性，常见的楼宇变电站（所）采用双台主变供电，有时在高压或低压侧构成环网，低压出线采用空气开关，低压侧采用 DW 型系列开关，高压侧采用真空开关或快速隔离开关。就地进行电容自动补偿，备用电源自动投切。

（4）供电可靠性要求较高。由于电力用户是楼内用户，电压质量（电压和频率）要求稳定，因电压质量问题损坏用户的用电设施要引起法律纠纷，停电将会造成极其不良影响。

（5）供电设备无人值守。楼宇变电站（所）作为配电网的末端，容量大，设备单一。可无人值守和日巡，因此要有自动报警功能。

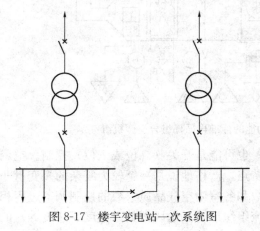

图 8-17　楼宇变电站一次系统图

（6）具有时控功能，要根据季节的变化自动调节时控设备的起停时间。同时，楼宇变电站（所）应具备就地无功补偿，能够根据无功的情况，自动投入电容器进行补偿，提高功率因数，减少无功损耗。

（7）负荷峰谷差异大。楼宇变电站（所）日负荷高峰和年负荷高峰比较突出，且调峰困难，一般在每日的 18：00～22：00 及每年的夏季空调、冬季取暖是负荷的高峰。

常见的楼宇变电站（所）一次系统图如图 8-17 所示。它包括高压部分、变压器部分、低压配电部分、直流电池组部分、应急发电机部分。楼宇内高压进线,通常为两路 10kV 独立电源,两路可自动切换,互为备用。应急发电装置通常是由柴油发电机组成,在两路电源都有故障时,柴油发电机组自动起动,保证消防、事故照明、电梯等的紧急用电。

1. 高压侧检测项目

高压进线主开关的分合状态及故障状态检测,高压进线三相电流检测,高压进线 AB、BC、CA 线电压检测,频率检测,功率因数检测,电量检测,变压器温度检测。

以上参数送入楼宇自控系统或上级调度中心,由系统自动监视及记录,为电力管理人员提供高压运行的数据,可在中心监视主开关的状态,发现故障及时报警。同时监视楼宇的用电情况、负荷变化情况,便于今后分析。

2. 低压侧检测项目

变压器二次侧主开关的分合状态及故障状态检测,变压器二次侧 AB、BC、CA 线电压检测,母联开关的分合状态及故障状态检测,母联的三相电流检测,各低压配电开关的分合状态及故障状态检测,各低压配电出线三相电流检测。特别对于低压配电部分其供电对象比较具体,如供冷水机用电、供照明用电、供水泵用电等。因此,这些参数对楼宇的管理人员非常有用。基于这些参数,可以分析楼宇内各主要用电设备的用电情况,为更有效率的科学的用电提供帮助。

监视各主要开关的分合状态及故障状态,可以使管理人员在中央控制室就能看到整个供配电的状况,知道各个开关的状态及哪个开关是在故障状态。中央控制室计算机显示器上以图形的方式画出了供配电系统图,如果供配电系统出现问题,管理人员可立即发现,并很快确定故障位置,从而及时处理问题。

应急发电部分。通常为避免外部电网供电出现问题,造成停电,因此智能楼宇内要设置柴油发电机。在故障时由柴油发电机供电,保证消防系统、电梯、应急照明等设施的用电。综合自动化系统通常对发电系统及切换系统并不控制,但为保障应急发电装置正常运行,综合自动化系统对一些有关参数进行监视,如油箱油位、各开关的状态、电流、电压等。

直流供电部分。直流蓄电池组的作用是产生直流 220V、110V、24V 直流电。它通常设置在高压配电室内,为高压主开关操作、保护、自动装置及事故照明等提供直流电源。为保证直流正常工作,综合自动化系统监视各开关的状态,尤其要对直流蓄电池组的电压及电流进行监视及记录,若发现异常情况及时处理。

三、照明系统的监控

作为智能楼宇重要组成部分的照明系统,面对不断发展的需要,要求照明系统智能化,具备场景模式等复杂功能,便于控制、监管、并能与安防、三表等系统集成。微电子技术、网络通信技术的纵深发展,照明控制技术面临革命性的变革,变革所呈现的三大趋势是:

(1) 电子化。电子元器件替代传统的机械式开关。

(2) 网络化。网络通信技术成为智能照明系统的技术平台。

(3) 集成化。系统集成技术平台使照明、安防、上网成为一个整体解决方案。

智能照明控制系统按网络的拓扑结构分,大致有以下两种形式,即总线式和以星形结构为主的混合式。这两种形式各有特色,总线式灵活性较强一些,易于扩充,控制相对独立,成本较低;混合式可靠性较高一些,故障的诊断和排除简单,存取协议简单,传输速率较高。

　　基本结构智能照明控制主系统应是一个由集中管理器、主干线和信息接口等元件构成，对各区域实施相同的控制和信号采样的网络；其子系统应是一个由各类调光模块、控制面板、照度动态检测器及动静探测器等元件构成，对各区域分别实施不同的具体控制的网络，主系统和子系统之间通过信息接口等元件来连接，实现数据的传输。

四、电梯自动控制

　　一般高层建筑有数部客梯、货梯、消防梯或自动扶梯，采用自动控制后可以实现对各种电梯的自动起停、运转状态、紧急状态及故障报警监测，特别是可以实现电梯群控，解决人流或多或少时电梯的调度，合理使用电梯，达到节能目的。在出现灾害时实现防灾系统的联动，达到合理使用电梯的目的。

　　20 世纪 80 年代电梯步入微机化阶段，使得电梯自动控制系统结构紧凑，体积缩小，噪声、功耗大大减小，设计可以标准化、模块化、软件化，从而提高电梯的可靠性与技术性能。

　　微机电梯控制系统具有较大的灵活性，对于运行功能的改变，只需要改变软件，而不必增减继电器。系统中位置信号和减速点信号可由微机选层器产生，轿内指令、厅门召唤等信号经过接口板送到微机，由微机完成复杂的控制任务。如群控电梯系统中的等候时间分析、自学习功能、节能运行等。

　　微机控制电梯使电梯实现自动化，完成各种功能，主要是通过软件和硬件两部分完成。

1. 主电路

　　此系统是电梯的主要控制部分，它包括三相对称反并联晶闸管组成的电动组和由两个晶闸管、二级管接成的单相半控桥式整流电路组成的制动组。制动时使电梯电机的低速绕组实现能耗制动，如图 8-18 所示。

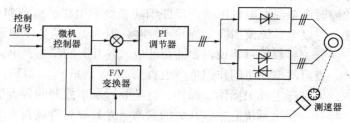

图 8-18　微机控制电梯原理图

2. 控制部分

　　此部分包括计算机控制器、调节器、触发电路。微机控制器是按理想速度曲线计算出起动及制动时的给定电压，实时计算电动机速度及电梯运行行程，实现对系统的控制。

　　调节器是将微机控制器产生的给定电压与测速器的反馈电压相比较后，输出相同信号的电压以控制触发电路，使晶闸管导电角变化（移相），达到改变交流电压的目的。此调节器采用比例积分调节器，即 PI 调节器。

　　控制过程，此系统采用起、制动闭环，稳速时开环控制。起动加速过程，当系统接收到起动信号后，微机控制器给出一定的给定电压，此时电梯抱闸已打开，调节器输出电压为正，使电动组晶闸管触发电路移相，输出电压，电动机高速绕组得电开始转动。此时制动组晶闸管触发电路被封锁。

当电动机转动后，电动机轴上的测速装置（光电装置）发出脉冲输出反馈电压。与微机按理想速度曲线计算的给定电压进行比较，产生一个差值，使调节器的输出为正值，这样电动组晶闸管的导通角不断加大，电动机转速逐渐加快。当输出电压接近 380V 时，起动过程结束，见图 8-19 的 $t_1 \sim t_3$ 段。稳速过程，见图中的 $t_3 \sim t_4$ 段，当电动组晶闸管全导通，整个系统处于开环状态，此时，微机的任务是测速核查减速点以及监控。

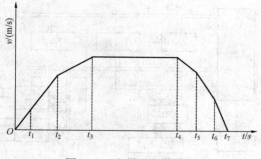

图 8-19　电梯运行曲线图

制动减速过程，见图 8-19 的 $t_4 \sim t_7$ 段，当电梯运行至减速点时，微机开始计算行程和确定电梯的运行速度。此时，微机将实际速度按距离计算出制动时的给定电压作为系统调节器的输入值。由于制动时给定电压小于反馈电压，所以调节器输出为负值，电动组晶闸管被封锁。而制动组晶闸管触发电路移相输入为正，该组晶闸管导通，电动机的速度按理想速度曲线变化。当转速等于零或很低时，电梯在相应的平层停靠。

调速的主要环节及原理。给定电源是一个典型的稳压电源，一般稳压电源精度较高，输出电压值根据不同要求有所不同，形成一个电梯的运行曲线。就要求稳压电源输出不同等级的电压值，以便输出不同的阶跃信号。主要方法是将稳压电源的输出电压经过电阻分压，根据现场需要定出高速、中速、低速等运行的给定电压值。

调节器的组成有许多种，在电梯调速系统中，一般都采用比例积分调节器，利用 P 调节器的快速性和 I 调节器的稳定性。

在电梯的调速系统中，为了得到理想的调速，大都采用闭环调速系统。在闭环调速系统中又分为单闭环、双闭环、三闭环。在三闭环控制系统中又分带电流变化率调节器的三闭环，带电压调节器的三闭环，以及电流、速度、位置三闭环控制系统，采用最后一种居多。

反馈的信号可根据不同的目的采用不同的方法。如以测速发电机的电压信号作为反馈电压信号，光码盘反馈、光带反馈的脉冲数字信号，以及旋转变压器反馈和电流互感器反馈等。

微机控制电梯运行的选层，大部分都取消机械选层器，而用光码盘或其他方法选层。它将电梯运行距离换成脉冲数，只要知道脉冲数，就知道电梯运行的距离。

在调速系统中，如果采用数字式调节方式，脉冲数可直接输入。而如果采用模拟量调节方式，则脉冲数要通过数模转换输入调节器。在脉冲记数选层方法中，为了避免钢丝绳打滑等其他原因造成的误差，在电梯井道顶层或基站设置了校正装置，即感应器或者开关，它起到了对微机计数脉冲进行清零的作用，保证平层精度或换速点的准确。微机控制的电梯开关门系统可以实现多功能化。此部分可以有速度给定、调节、反馈、减速、安全检查、重开等功能，使电梯门的控制系统达到理想状态。

微机控制电梯主要是通过接口电路把输入、输出信号送入微机进行计算或处理，控制电梯的速度及管理系统，其方法有查表法和计算法等。原理如图 8-20 所示。

五、给水排水监控系统

对高层建筑的生活用水、消防用水、污水、冷冻水箱等给排水装置进行监测和起停控制，其中包括压力测量点、液位测量点以及开关量控制点。要求显示各监测点的参数，报告

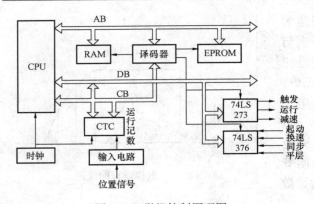

图 8-20　微机控制原理图

AB—地址总线；DB—数据总线；CB—控制总线

设备运行状态和非正常状态的故障报警，并控制相关设备的自动起停。

楼宇内的供水系统有两种：一是传统的供水方式，即高位水箱方式；二是恒压供水方式，这是随着科学技术的进步及人们对供水要求的提高，近年来出现的新型供水方式，它最大的特点是取消了水箱，并采用变频调速技术，实现智能楼宇内恒压供水。

1. 水箱供水

水箱供水如图 8-21 所示，通常的供水系统从原水池取水，通过水泵把水注入高位水箱，再从高位水箱靠其自然压力将水送到各用水点。那么系统的控制要点如下：

（1）水泵的控制。假设供水系统有两台水泵（一用一备），平时它们是处于停止状态，当高位水箱水位低到下限位水位时，下限位水位开关发出信号送入楼宇自控系统的 DDC 控制器内，DDC 通过判断后发出开水泵信号，开起水泵，开始向高位水箱注水；当高位水箱水位达到上限

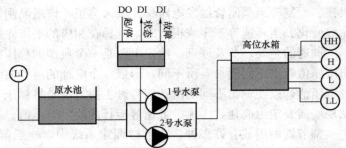

图 8-21　生活给水系统控制原理图

水位时，上限位水位开关发出信号送入楼宇自控系统的 DDC 控制器内，DDC 通过判断后发出停水泵信号，水泵停止向高位水箱注水。

（2）其他监测要点。楼宇自控系统对水泵的运行状态及故障状态信号实时监视，若水泵故障，系统将自动切换到备用水泵。

原水池的水是由城市供水网提供的。原水池中设有水位计，楼宇自控系统实时监视水位的情况，若水位过低，则应避免开启水泵，防止水泵损坏。原水池的水位信号送入楼宇自控系统，系统可对水位连续记录，这样可以知道智能楼宇的用水情况，为物业管理人员提供数据。

2. 恒压供水

随着智能楼宇的迅速发展，各种恒压供水系统应用的越来越多。最初的恒压供水系统采用继电接触器控制电路，通过人工起动或停止水泵和调节泵出口阀开度来实现恒压供水。该系统线路复杂，操作麻烦，劳动强度大、维护困难，自动化程度低。后来增加了微机加 PLC 监控系统，提高了自动化程度。但由于驱动电机是恒速运转，水流量靠调节泵出口阀开度来实现，浪费大量能源。而采用变频调速可通过变频改变驱动电机速度来改变泵出口流量。由于流量与转速成正比，而电动机的消耗功能与转速的立方成正比，因此当需水量降低时，电动机转速降低，泵出口流量减少，电动机的消耗功率大幅度下降，从而达到节约能源的目的。为此出现了节能型的由 PLC 和变频器组成的变频调速恒压供水系统。

恒压供水系统由压力传感器、可编程控制器 PLC、变频器、水泵机组等组成，其原理

框图如图 8-22 所示。系统采用压力负反馈控制方式。压力传感器将供水管道中的水压变换成电信号，经放大器放大后与给定压力比较，其差值进行 Fuzzy-PID 运算后去控制变频器的输出频率，

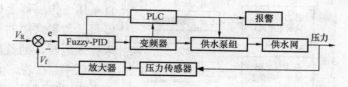

图 8-22　恒压供水系统原理框图

再由 PLC 控制并联的若干台水泵在工频电网与变频器间进行切换，实现压力调节。一般并联水泵的台数视需求而定，如设计采用 3 台并联水泵，先由变频器带动水泵 1 进行供水运行。当需水量增加时，管道压力减小，通过系统调节，变频器输出频率增加，水泵的驱动电机速度增加，泵出口流量也增加，当变频器输出频率增至工频 50Hz 时，水压仍低于设定值，可编程控制器发出指令，水泵 1 切换至工频电网运行，同时又使水泵 2 接入变频器并起动运行。直到管道水压达到设定值为止。若水泵 1 与水泵 2 仍不能满足供水需求，则将水泵 2 亦切换至工频电网运行，同时使水泵 3 接入变频器，并起动运行，若变频器输出到工频时，管道压力仍未达到设定时，PLC 发出报警。当需水量减少时，供水管道水压升高，通过系统调节，变频器输出频率减低，水泵的驱动电机速度降低，泵出口流量减少。当变频器输出频率减至起动频率时，水压仍高于设定值，可编程控制器发出指令，接在变频器上的水泵 3 被切除，水泵 2 由工频电网切换至变频器，依此类推，直至水压降至需求值为止。

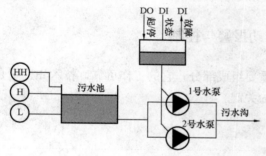

图 8-23　排水系统控制原理图

3. 排水系统

排水系统包括中水系统和污水系统。中水是指普通的下水，如卫生间洗手盆的下水和其他下水。而这里所说的污水是指从坐便器出去的脏水。中水与污水排水管道分开，这样污水难闻的气味不会进入到中水系统。中水可以通过中水管道排入地下中水池，再排出至城市污水管网。也可以设计成半循环系统，就是将中水简单处理一下，然后利用处理后的水冲洗座便器，这样可以节省不少的水。污水通过污水管道排入地下化粪池中，经过化粪处理后再排入城市污水管网，其控制原理如图 8-23 所示。当污水水位达到高水位时，液位开关发出信号给自控系统 DDC，DDC 发出开启水泵命令，打开水泵；若水位低于低水位时，液位开关发出信号给自控系统 DDC，DDC 发出停泵信号；如果污水位超过高水位时，液位开关发出报警信号给 DDC，通知维护人员处理。

4. 消防供水

智能楼宇临时高压消火栓和湿式自动喷水灭火系统的高位消防水箱，经常受建筑结构设计的影响，致使高位消防水箱的静水压力值无法满足系统最不利点要求的压力值。为此，需专门设置消防系统增压设施。每个系统（消火栓或湿式自动喷水灭火系统）常用的增压设施由一只气压水罐和两台稳压泵（一用一备）组成。稳压泵的起动和停止由设在气压水罐上的压力传感器根据上限和下限压力值来控制。其运行方式目前控制上多采用如下形式：压力传感器上压力显示值降到所限制的下限压力时，自动起动一台作为常用的稳压泵向系统供水，

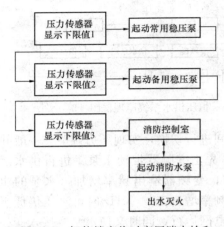

图 8-24　智能楼宇临时高压消火栓和
湿式自动喷水灭火系统增压设施
电气控制合理动作程序

直至压力传感器上压力显示值升至上限压力值时自动停泵。如果常用的那台稳压泵接到起动信号后，因故未投入运转，则备用泵自动开机投入。此种自动控制动作程序存在着发生火灾放水灭火后，气压水罐的供水压力值下降到不能满足系统灭火要求后，不能自动直接起动消防水泵并向消防控制室报警的缺陷。故智能楼宇临时高压消火栓和湿式自动喷水灭火系统增压设施控制合理动作程序应按图 8-24 进行。即在气压水罐压力传感器上设一个上限值和三个下限值（下限值 1＞下限值 2＞下限值 3）。如果一只压力传感器的触点不够用，则可设置几只传感器来解决，当压力传感器上压力显示值降到下限值 1 时，则自动起动常用稳压泵；常用稳压泵起动后，压力传感器压力显示值仍然向下降，当降到下限值 2 时，则自动起动备用稳压泵；如果两

稳压泵均起动后压力传感器压力显示值仍然向下降，当降到下限值 3 时，则应自动直接起动消防水泵，并同时向消防控制室报警。因为，如果两台稳压泵起动后都不能稳住灭火系统的水压，则说明系统正大规模的放水，即扑救火灾。这些信息可以通过网络传至楼宇自动控制系统的中央控制室，让操作人员了解当前的水位和压力状况。

第四节　火灾自动报警与控制

火灾自动报警系统是智能楼宇消防工程的重要组成部分，它的工作可靠，技术先进则是控制火灾蔓延，减少灾害，及时有效扑灭火灾的关键。

一、火灾自动报警系统

1. 火灾自动报警系统的发展

火灾自动报警系统的发展可分为三个阶段：

（1）多线制开关量式火灾探测报警系统。这是第一代产品，目前正逐渐被淘汰。

（2）总线制可寻址开关量式火灾探测报警系统。这是第二代产品，尤其是二总线制开关量式探测报警系统目前正被大量采用。

（3）模拟量传输式智能火灾报警系统。这是第三代产品。目前我国已开始从传统的开关量式的火灾探测报警技术，跨入具有先进水平的模拟量式智能火灾探测报警技术的新阶段，它使系统的误报率降低到最低限度，并大幅度地提高了报警的准确度和可靠性。

目前火灾自动报警系统有智能型、全总线型以及综合型等，这些系统不分区域报警系统或集中报警系统，可达到对整个火灾自动报警系统进行监视。但是在具体工程应用中，传统型的区域报警系统、集中报警系统、控制中心报警系统仍得到较为广泛的应用。

2. 火灾自动报警系统构成

对于不同形式、不同结构、不同功能的建筑物来说，系统的模式不一定完全一样。应根据建筑物的使用性质，火灾危险性、疏散和扑救难度等按消防有关规范进行设计。

在结构上，一个火灾自动报警系统通常由火灾探测器、区域报警器、集中报警器三部分

组成，如图 8-25 所示。

　　图中 Y 表示火灾探测器，安装于火灾可能发生
的场所，将现场火灾信息（烟、光、温度）转换成
电气信号，为区域报警器提供火警信号。

　　区域报警器是接受一个探测防火区域内的各个
探测器送来的火警信号，集中控制和发出警报的控
制器。

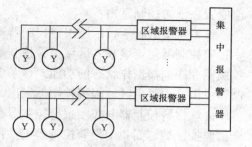

图 8-25　火灾自动报警示意图

　　集中报警器一般设置在一个建筑物的消防控制
中心室内，接收来自各区域报警器送来的火警信
号，并发出声、光警报信号，起动消防设备。

　　图 8-26 为一个实用火灾自动报警灭火联动系统框图。系统主要由火灾探测器、手动报
警按钮、火灾自动报警控制器、声光报警装置、联动装置（输出若干控制信号，驱动灭火装
置、排烟机、风机等）等构成，火灾自动报警控制器还能记忆与显示火灾与事故发生的时间
及地点。

　　当火灾报警控制器的构成是针对某一监控区域时，这样的系统称为单级自动监控自动灭
火系统。与单级自动监控系统相类似，由多个火灾报警控制器构成的针对多个监控区域的消
防系统称为多级自动监控自动灭火系统，简称为多级自动监控系统或集中-区域自动监控系
统。多级自动监控系统的结构如图 8-27 所示。

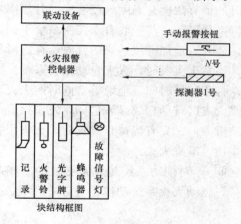
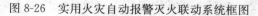

图 8-26　实用火灾自动报警灭火联动系统框图

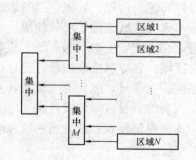

图 8-27　多级自动监控系统结构图

3. 火灾自动报警系统功能

火灾自动报警系统由于组成形式的不同，功能也有差别。其基本形式有：

（1）区域报警系统。

　　对于建筑规模小，保护对象仅为某一区域或某一局部范围，常使用区域报警系统。系统
具有独立处理火灾事故的能力。

（2）集中报警系统。

　　由于智能楼宇及其群体的需要，区域消防系统的容量及性能已经不能满足要求，因此有
必要构成火灾集中报警系统。火灾集中系统应设置消防控制室，集中报警系统及其附属设备

应安置在消防控制室内。

该系统中的若干台区域报警控制器通常被设置在按楼层划分的各个监控区域内，一台集中报警控制器用于接收各区域报警控制器发送的火灾或故障报警信号，具有巡检各区域报警控制器和探测器工作状态的功能。该系统的联动灭火控制信号视具体要求，可由集中报警控制器发出，也可由区域报警控制器发出。

区域报警控制器与集中报警控制器在结构上没有本质区别。区域报警控制器只是针对某个被监控区域，而集中报警控制器则是针对多区域的、作为区域监控系统的上位管理机或集中调度机。

（3）消防控制中心报警系统。

对于建筑规模大，需要集中管理的多个智能楼宇，应采用控制中心消防系统。该系统能显示各消防控制室的总状态信号并负责总体灭火的联络与调度。

系统至少应有一台集中报警控制器和若干台区域报警控制器，还应联动必要的消防设备，进行自动灭火工作。一般系统控制中心室（又称消防控制室）安置有集中报警控制器柜和消防联动控制器柜。消防灭火设备如消防水泵、排烟风机、灭火剂贮罐、输送管路及喷头等则安装在欲进行自动灭火的场所及其附近。

4. 火灾自动报警系统工作原理

安装在保护区的探测器不断地向所监视的现场发出巡测信号，监视现场的烟雾浓度、温度等火灾参数，并不断反馈给报警控制器。当反馈信号送到火灾自动报警系统给定端，反馈值与系统给定值即现场正常状态（无火灾）时的烟雾浓度、温度（或温度上升速率）及火光照度等参数的规定值一并送入火灾报警控制器进行运算。与一般自动控制系统不同，火灾报警控制器在运算、处理这两个信号的差值时，要人为地加一段适当的延时，在这段延时时间内对信号进行逻辑运算、处理、判断、确认。当发生火灾时，火灾自动报警系统发出声、光报警，显示火灾区域或楼层房号的地址编码，打印报警时间、地址等。同时向火灾现场发出警铃报警，在火灾发生楼层的上、下相邻层或火灾区域的相邻区域也同时发出报警信号，以显示火灾区域。各应急疏散指示灯亮，指明疏散方向。只有确认是火灾时，火灾报警控制器才发出系统控制信号，驱动灭火设备，实现快速、准确灭火。

这段人为的延时（一般设计在 20～40s 之间），对消防系统是非常必要的。如果火灾未经确认，火灾报警控制器就发出系统控制信号，驱动灭火系统动作，势必造成不必要的浪费与损失。

为便于对火灾自动报警系统的分析与设计，对一些常用消防术语及名词作如下解释：

（1）火灾报警控制器。由控制器和声、光报警显示器组成，接收系统给定输入信号及现场检测反馈信号，输出系统控制信号的装置。

（2）火灾探测器。探测火灾信息的传感器。

（3）火灾正常状态。被监控现场火灾参数信号小于火灾探测器动作值的状态。

（4）故障状态。系统中由于某些环节不能正常工作而造成的故障必须给以显示并尽快排除，这种故障称为故障状态。

（5）火灾报警。消防系统中的火灾报警分为预告报警及紧急报警。预告报警是指火灾刚处在"阴燃阶段"由报警装置发出的声、光报警。这种报警预示火灾可能发生，但不起动灭火设备。紧急报警是指火灾已经被确认的情况下，由报警装置发出的声、光报警。报警的同时，必须给出起动灭火装置的控制信号。

（6）探测部位。是指作为一个报警回路的所有火灾探测器所能监控的场所。一个部位只能作为一个回路接入自动报警控制器。

（7）部位号。指在报警控制器内设置的部位号，对应接入的探测器的回路号。

（8）探测范围。通常指一只探测器能有效可靠地探测到火灾参数的地面面积，即保护面积。

（9）监控区域号。监控区域也称报警区域，是系统中区域报警控制器的编号。

（10）火灾报警控制器容量。区域报警控制器的容量是指所监控的区域内最多的探测部位数；集中报警控制器的容量除指它所监控的最多探测部位数外，还指它所监控的最多"监控区域"数，即最多的区域报警控制器的台数。

二、火灾探测器构造及分类

火灾探测器通常由敏感元件、电路、固定部件和外壳等四部分组成。

（1）敏感元件的作用是将火灾燃烧的特征物理量转换成电信号。凡是对烟雾、温度、辐射光和气体浓度等敏感的传感元件都可使用。它是探测器的核心部分。

（2）电路的作用是将敏感元件转换所得的电信号进行放大并处理成火灾报警控制器所需的信号，火灾探测器电路框图如图 8-28 所示。

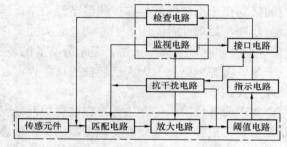

图 8-28 火灾探测器电路框图

（3）固定部件和外壳是探测器的机械结构，其作用是将传感元件、电路印刷板、接插件、确认灯和紧固件等部件有机地连成一体，保证一定的机械强度，达到规定的电气性能，以防止其所处环境如光源、灰尘、气流、高频电磁波等干扰和机械力的破坏。

根据探测火灾参数的不同，可以划分为感烟、感温、感光、可燃气体和复合式等几大类。

感烟探测器是用于探测物质燃烧初期在周围空间所形成的烟雾粒子浓度，并自动向火灾报警控制器发出火灾报警信号的一种火灾探测器。它响应速度快、能及早的发现火情，是使用量最大的一种火灾探测器。

感温探测器是对警戒范围内某一点或某一线段周围的温度参数敏感响应的火灾探测器。根据监测温度参数的不同，感温探测器有定温、差温和差定温三种。探测器由于采用的敏感元件不同，又可派生出各种感温探测器。

感光火灾探测器又称火焰探测器，它是一种能对物质燃烧火焰的光谱特性、光照强度和火焰的闪烁频率敏感响应的火灾探测器。它能响应火焰辐射出的红外线、紫外线和可见光。工程中主要用红外火焰型和紫外火焰型两种。

可燃气体包括天然气、煤气、烷、醇、醛、炔等。可燃气体火灾探测器是一种能对空气中可燃气体浓度进行检测并发出报警信号的火灾探测器。它通过测量空气中可燃气体爆炸下限以内的含量，以便当空气中可燃气体浓度达到或超过报警设定值时自动发出报警信号，提醒人们及早采取安全措施，避免事故发生。可燃气体探测器除具有预报火灾，防火防爆功能外，还可以起监测环境污染作用。和紫外火焰探测器一样，主要在易燃易爆场合中安装使用。

三、火灾报警控制器功能

火灾报警控制器将报警与控制融为一体，其功能可归纳如下：

（1）迅速而准确地发送火警信号。安装在被监控现场的火灾探测器，当检测到火灾信号时，便及时向火灾报警控制器发送，经报警控制器判断确认，如果是火灾，则立即发出火灾声、光报警信号。其中光警信号可显示出火灾地址及何种探测器动作等。光警信号采用红色信号灯，光源明亮，字符清楚，一般要求在距光源 3m 处仍能清晰可见。声警信号一般采用警铃。

火灾报警控制器发送火灾信号，一方面由报警控制器本身的报警装置发出报警，同时也控制现场的声、光报警装置发出报警。

现代消防系统使用的报警显示常常分为预告报警的声光显示及紧急报警的声光显示。两者的区别在于预告报警是在探测器已经动作，即探测器已经探测到火灾信息。但火灾处于燃烧的初期，如果此时能用人工方法及时去扑灭火灾，而不必动用消防系统的灭火设备，对于"减少损失，有效灭火"来说，是十分有益的。

紧急报警则是表示火灾已经被确认，火灾已经发生，需要动用消防系统的灭火设备快速扑灭火灾。

实现两者最简单的方法就是在被保护现场安置两种灵敏度的探测器，其中高灵敏度探测器作为预告报警用；低灵敏度探测器则用作紧急报警。

（2）火灾报警控制器在发出火警信号的同时，经适当延时，还能发出灭火控制信号，起动联动灭火设备。

（3）火灾报警控制器为确保其安全可靠长期不间断运行，还对本机某些重要线路和元部件能进行自动监测。一旦出现线路断线、短路及电源欠电压、失电压等故障时，及时发出有别于火灾的故障声、光报警。

（4）当火灾报警控制器出现火灾报警或故障报警后，可首先手动消除声报警，但光字信号继续保留。消声后，如再次出现其他区域火灾或其他设备故障时，音响设备能自动恢复再响。

（5）火灾报警控制器具有火灾报警优先于故障报警功能。

当火灾与故障同时发生或者先故障而后火灾（故障与火灾不应发生在同一探测部位）时，故障声、光报警能让位于火灾声、光报警，即火灾报警优先。

区域报警控制器与集中报警控制器配合使用时，区域报警控制器应向集中报警控制器优先发出火灾报警信号，集中报警控制器立刻进行火灾自动巡回检测。当火灾消失并经人工复位后，如果区域内故障仍未排除，则区域报警控制器还能再发出故障声、光报警，表明系统中某报警回路的故障仍然存在，应及时排除。

（6）火灾报警控制器具有记忆功能。当出现火灾报警或故障报警时，能立即记忆火灾或事故地址与时间，尽管火灾或事故信号已消失，但记忆并不消失。只有当人工复位后，记忆才消失，恢复正常监控状态。火灾报警控制器还能起动自动记录设备，记下火灾状况，以备事后查询。

（7）可为火灾探测器提供工作电源。

第五节 楼宇安全防范技术

一、楼宇安全防范技术概述

"安全防范"是公安保卫系统的专门术语,是指以维护社会公共安全为目的,防入侵、防破坏、防火、防暴和安全检查等措施。而为了达到防入侵、防盗、防破坏等目的我们采用了电子技术、传感器技术、通信技术、自动控制技术、计算机技术为基础的安全防范技术的器材与设备,并将其构成一个系统,由此应运而生的安全防范技术逐步发展成为一项专门的公安技术学科。

智能化楼宇包括党政机关、军事、科研单位的办公场所,也包括文物、银行、金融、商店、办公楼、展览馆等公共设施,涉及社会的方方面面,这些单位与场所的安全保卫工作很重要,所以也是安全防范技术的重点。

利用安全防范技术进行安全防范首先对犯罪分子有威慑作用,使其不敢轻易作案。如楼宇中的防盗报警系统能及时发现犯罪分子作案的时间和地点,商场、大型超市的电视监控系统使失窃率大大减少,银行的监控和报警系统也使犯罪分子望而生畏,所以对预防犯罪相当有效。

其次,一旦出现了入侵、盗窃等犯罪活动,安全防范技术系统能及时发现、及时报警,电视监控系统能自动记录下犯罪现场和犯罪分子的犯罪过程,以便及时破案,节省了大量人力、物力。大型楼宇、智能化建筑安装了多功能、多层次的安防监控系统后,大大减少了巡逻值班人员,从而提高效率,减少开支。

智能楼宇中其他一些安全防范控制与管理系统如电子巡更系统、出入口控制系统、可视对讲系统、车库管理系统等,在为人们提供安全保障的同时,也很大程度上提升了物业管理和服务的水准,为人们提供安全、舒适、快捷的服务,这也是人们对现代化建筑的认识和追求目标。

(一)楼宇安全防范系统组成

楼宇安全防范系统涉及范围很广,闭路电视监控和防盗报警系统是其中两个最主要的组成部分。一般共有六个系统组成。主要功能如下:

1. 闭路电视系统(CCTV)

CCTV主要任务是对建筑物内重要部位的事态、人流等动态状况进行宏观监视、控制,以便对各种异常情况进行实时取证、复核,达到及时处理目的。

2. 防盗报警系统

对重要区域的出入口,财务及贵重物品库的周界等特殊区域及重要部位需要建立必要的入侵防范警戒措施,这就是防盗报警系统。

3. 巡更系统

安保工作人员在建筑物相关区域建立的巡更点,按所规定的路线进行巡逻检查,以防止异常事态的发生,便于及时了解情况,加以处理。

4. 通道控制系统

对建筑物内通道、财务与重要部位等区域的人流进行控制,还可以随时掌握建筑物内各种人员出入活动情况。

5. 访客对讲（可视）、求助系统

也可称为楼宇保安对讲（可视）、求助系统，适用于高层及多层公寓（包括公寓式办公楼）、别墅住宅的访客管理是保障住宅户安全的必备设施。

6. 停车库管理系统

对停车库/场的车辆进行出入控制、停车位与计时收费管理等，为加强安全管理需要而设置的停车库管理系统。

（二）楼宇安全防范技术工程程序

安全防范技术工程是指用于维护社会公共安全和预防灾害事故为目的的报警、电视监控、通信、出入口控制、防暴、安全检查等工程。楼宇中的安全防范技术工程主要涉及上一节中述六个组成部分，工程实施按照我国公安行业标准执行。工程由建设单位提出委托，由持省市级以上公安技术防范管理部门审批、发放的设计、施工资质证书的专业设计、施工单位进行设计与施工。工程的立项、设计、施工、验收必须按照公安主管部门要求的程序进行。

安全防范技术工程按风险等级或工程投资额划分工程规模，分为以下三级：

一级工程：一级风险或投资额 100 万元以上的工程。

二级工程：二级风险或投资额超过 30 万元不足 100 万元的工程。

三级工程：三级风险或投资额 30 万元以下的工程。

以下安全防范技术工程实施过程的要求和内容：

1. 工程立项

建设单位要实施安全防范技术工程必须先进行工程项目的可行性研究，研究报告可由建设单位或设计单位编制，应该就政府部门的有关规定，对防护目标的风险等级与防护级别、工程项内容、目的与要求、施工工期、工程费用概算和社会效益分析等方面进行论证。而可行性研究报告经相应主管部门批准后，才可以正式工程立项。

2. 项目招标

工程应在主管部门和建设单位的共同主持下进行招标，以避免各种不正当行为的出现。项目招标过程如下：

（1）建设单位根据设计任务书的要求编制招标文件，发出招标广告和通知书。

（2）建设单位应组织投标单位勘察工作现场，解答招标文件中的有关问题。

（3）投标单位应密封报送投标书。

（4）当众开标、议标、审查标书，确定中标单位，发出中标通知书。

（5）中标单位可接受建设单位根据设计任务书而提出的委托，根据设计和施工的要求，提出项目建议书和工程实施方案，经建设单位审查批准后，委托生效，即可签订合同。

3. 合同内容

安全防范技术工程应包括以下内容：

（1）工程名称和内容。

（2）建设单位和设计施工单位各方责任和义务。

（3）工程进度要求。

（4）工程费用和付款方式。

（5）工程验收方法。

（6）人员培训和维修。

（7）风险与违约责任。

（8）其他有关事项。

4. 设计

工程设计应经过初步设计和方案论证。初步设计应具备以下内容：

（1）系统设计方案以及系统功能。

（2）器材平面布防图和防护范围。

（3）系统框图和主要器材清单。

（4）中央控制室布局。

（5）工程费用和建设工期。

工程项目在完成初步设计后由建设单位组织方案论证，业务主管部门、公安主管部门和设计、施工单位及一定数量的技术专家参加。

论证应对初步设计的各项内容进行审查，对其技术、质量、工期、服务和预期效果作出评价。对有异议的评价意见，需要设计单位和建设单位协调处理意见后，才可上报审批。经建设单位和业务主管部门审批后，方可进入正式设计阶段。正式设计包括技术方案设计、施工图设计、设备操作维修及工程费用的预算书。

设计文件和费用，除特殊规定的设计文件需经公安部门的审查批准外，均由建设单位主持，对设计文件和预算进行审查，审查批准后工程进入实施阶段。

5. 施工、调试与试运行

施工阶段包括以下部分内容：

（1）按工程设计文件所选的器材和数量订货。

（2）按管线敷设图和有关施工规范进行管线敷设施工。

（3）按施工图技术要求进行器材设备安装。

（4）按系统功能要求进行系统调试。

（5）系统调试开通，试运行一个月并做记录。

（6）有关人员进行技术培训。

6. 工程验收

工程按合同内容全部完成，经试运行后，达到设计要求，并为建设单位认可，可进行竣工验收。少数非主要项目，未按合同规定全部建成，经建设单位与设计施工单位协商，对遗留问题有明确的处理办法，经试运行并经建设单位认可后，也可进行验收或部分验收，由施工单位提出竣工申请。

工程验收应分初验、第三方检测验收和正式验收三个阶段。

（1）初验。施工单位首先应根据合同要求，由建设单位进行初验，初验包括对技术系统进行验收，器材设备进行验收，设备、管线安装敷设的验收以及工程资料的验收。

（2）第三方检测验收。初验合格后由公安部门认可的第三方权威机构进行系统检测与验收，并对系统出具检测报告和意见。

（3）正式验收。在初验和第三方检测合格的基础上，再由建设单位的上级业务主管、公安主管、建设单位的主要负责人和技术专家组成的验收委员会或小组，对工程进行验收。验收内容包括技术验收、施工验收、资料审查，分别根据合同条款和有关规范进行，最后根据审查结果作出工程验收结论。

二、楼宇安全防范技术发展趋势

近年来，尤其是随着现代化科学技术的飞速发展，以及高新技术的普及与应用，犯罪分子的犯罪手段也更智能化、复杂化，隐蔽性也更强，促使安全防范技术不论在器材上还是在系统功能上都有飞速的发展。由于智能楼宇的大型化、多功能、智能化的特点，也就对楼宇安全防范技术系统提出了更高的要求，楼宇安全防范技术发展趋势主要体现在以下两个方面：

1. 安防器件、设备的综合化和智能化

技术的进步与各类应用需要相结合，随着微机技术的引入，安全防范设备不断地推陈出新。现在无论是闭路电视监控设备、防盗报警器材，还是出入口控制和电视对讲系统，都呈现出产品多样化、功能综合化、信号处理智能化的特征。例如：防盗报警装置易产生误报一直困扰着使用者，多达 90％的误报率让人望而生畏，而使用多重探测和内置微处理芯片技术，对各种传感器信号进行一定的判别、比较和记忆分析，可以大大降低误报率。在电视监控系统中，计算机技术的引入，监控主机与计算机相连，形成综合型多媒体监控设备，不但具有声、光、图、表综合显示能力，而且具有防盗报警、消防联动、门禁控制的综合联动功能。

2. 安防系统的数字化和网络化

随着人们生活水平的迅速提高，各种高楼大厦的迅速崛起，人们的安全意识也日益加强，对监控系统的要求也越来越高，传统的模拟监控系统具有设备多、价格昂贵、不易检索、不易控制等缺点，难以满足人们的现代需求而逐渐被淘汰。在信息技术智能化、网络全球化和国民经济信息化的信息革命浪潮的冲击下，物业管理方便、智能化程度高、高品质全数字监控系统适应人们的现代需求应运而生了，它正以传统监控系统无可比拟的优越性迅速地取代着传统的监控系统，它代表着监控系统的发展方向，现已充分表现了它在经济、文化、科技等领域中的重要作用，已被广泛应用于机关、银行、宾馆、路口、工厂、军事设施等。安防系统的数字化表现在信号采集、传输、处理、显示、存储等过程的数字化，也有一些系统部分阶段实施了数字化，尤其在传输和存储、检索环节，数字化技术展现出极高的优势和性价比。安全防范功能上要求的层次结构和实时响应性能，决定安防系统大发展非联网不可，独立的一个单位发生报警，可能需要有向社会提供服务的公安系统、消防部门、急救中心、工程抢险等单位的配合。计算机网络技术的应用，可以提高其响应的及时性，也有利于实施系统的网上管理与维护。从更广阔的意义上来说，在诸如 Internet 上，实现全球范围的信息和图像传送已不存在复杂的技术问题。可以确定，数字化和网络化是安全防范技术必然发展趋势，并使其朝着更深、更广的应用范围发展。

思　考　题

1. 楼宇自动化技术有什么特点？
2. 简述楼宇自动化控制系统的类型。
3. 简述计算机控制的工作原理。
4. 简述计算机直接数字控制（DDC）系统的工作原理。
5. 简述计算机监督控制（SCC）系统的工作原理。

6. 简述计算机集散控制系统的工作原理。

7. 集散型控制系统的基本结构是什么？有哪几种功能？

8. 集散型控制系统的特点是什么？

9. 简述现场总线的含义。

10. 简述现场总线基金会（FF）的基本内容。

11. 简述 Profibus 现场总线的基本内容。

12. 简述 CAN 总线的基本内容。

13. 简述楼宇自动化系统的作用。

14. 楼宇变电站（所）供电的特点有哪些？

15. 火灾自动报警系统由哪几部分构成？各部分的作用是什么？

16. 简述火灾自动报警系统工作原理。

17. 火灾探测器有哪些类型？各自的使用（检测）对象是什么？

18. 火灾报警控制器的功能是什么？

19. 楼宇安全防范系统组成分为哪六个部分？

20. 简述楼宇安全防范技术发展趋势。

第九章　信　息　与　通　信

第一节　概　　述

所谓通信，实际上就是将信息从一个地方传送到另一个地方。远在人类出现之前，动物就通过"声音语言"、"行为语言"和"气味语言"等来互相传递信息。大家可能见过可爱的小蜜蜂在空中欢快地跳舞，实际上它们是在互相通信，可能很多人小时候就听过蜜蜂跳"8"字舞，就是告诉它的伙伴："离这里不远，有很多很多花蜜。"

人类出现以后，通信的手段就变得更加丰富多彩了。在古代，中国人就学会使用烽火来传递信息，就是所谓的"烽火传战事，鸿雁送家书"。而在中国古代战场上则是以锣鼓为号，是击鼓则进，鸣金则退。

一、通信发展史

当电气通信出现后，人类冲出了封闭和迟缓，走向开放、高效和文明。1831 年，法拉第发现了电磁感应法则。1837 年，莫尔斯利用这一法则发明了莫尔斯电报机。莫尔斯从在电线中流动的电流在电线突然截止时会迸出火花这一事实得到启发，"异想天开"地想，如果将电流截止片刻发出火花作为一种信号，电流接通而没有火花作为另一种信号，电流接通时间加长又作为一种信号，这三种信号组合起来，就可以代表全部的字母和数字，文字就可以通过电流在电线中传到远处了。经过几年的琢磨，1837 年，莫尔斯设计出了著名且简单的电码，称为莫尔斯电码，它是利用"点"、"划"和"间隔"（实际上就是时间长短不一的电脉冲信号）的不同组合来表示字母、数字、标点和符号。并于 1844 年在华盛顿与巴尔的摩之间最早开通了电报通信。

1875 年 6 月 2 日，美国人亚力山大·格雷厄姆·贝尔（Bell, Alekander Graham）发明了电话。至今美国波士顿法院路 109 号的门口，仍钉着块镌有："1875 年 6 月 2 日电话诞生在这里"的铜牌。

1899 年 3 月 28 日，意大利物理学家 G. 马可尼在英国南福兰角建立了一个无线电报站，用来与法国维姆勒之间的通信，两地距离为 50km，实现了英国与欧洲大陆的无线电通信。

1957 年 10 月 4 日，原苏联发射了第一颗人造地球卫星，地球上第一次收到了来自人造卫星的电波。它不仅标志着航天时代的开始，也意味着一个利用卫星进行通信的时代即将到来。

1960 年 8 月 12 日，美国国防部把覆有铝膜的、直径为 30m 的气球卫星"回声 1 号"（EchoI）发射到距离地面高度约 1600km 的圆形轨道上，进行通信试验。这是世界第一个"无源通信卫星"。由于这颗卫星上没有电源，故称之为"无源卫星"。它只能将信号反射，为地球上的其他地点所接收到，从而实现通信。但由于这种方式的效率太低，没有多大实用价值。

1962 年 7 月 10 日，美国国家航空宇航局（NASA）发射了世界上第一颗有源通信卫星——"电星 1 号"（Telstar I）（1963 年 2 月 12 日，"电星 1 号"失效）。这颗卫星上装有无线电收发设备和电源，可对信号接收、处理、放大后再发射，从而大大提高了通信质量。

1963 年 7 月 26 日，美国国家航空宇航局发射了"同步 2 号"（Syncom Ⅱ）通信卫星，在非洲、欧洲和美国之间进行电话、电报、传真通信。由于这颗卫星有 30°倾角，因此它的运行轨道相对于地面作 8 字形移动，而非真正的"同步"，所以还不能称之为"静止卫星"。

1965 年的 4 月 6 日，国际卫星通信组织（INTERSAT）发射了一颗半试验、半实用的静止通信卫星——"晨鸟"（Early Bird），又称为"国际通信卫星-Ⅰ（Intelsat 1）"，作为世界上第一颗实用型商业通信卫星，它为北美和欧洲之间提供通信服务，开创了卫星商用通信的新时代。"晨鸟"标志着卫星通信从试验阶段转入实用阶段，同步卫星通信时代的开始。

二、通信的基本概念

1. 通信系统模型

任何一个通信系统都可以借助如图 9-1 所示的通信系统模型来抽象地进行描述。

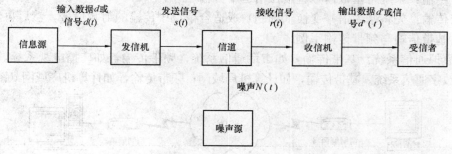

图 9-1　通信系统模型示意框图

2. 信号（Signal）

简单地讲就是携带信息的传输介质。在通信系统中我们常常使用的电信号、电磁信号、光信号、载波信号、脉冲信号、调制信号等术语就是指携带某种信息的具有不同形式或特性的传输介质。

通信中的两种基本传输信号是模拟信号和数字信号。模拟的特点是波动性，持续变化，反映事物的本质，100 多年来已经在电信业广泛使用。数字信号特点是离散性，跃变性，设备性能先进，较为便宜，如图 9-2 所示。

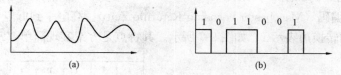

图 9-2　模、数信号波形图
（a）模拟信号；（b）数字信号

3. 通信系统分类

根据信道上传输的信号，通信系统可分为模拟通信系统与数字通信系统。模拟通信系统如图 9-3 所示，数字通信系统如图 9-4 所示。

4. 信号传输方式

（1）基带信号：信源端，从消息变换过来的原始信号。

（2）基带传输与频带传输。

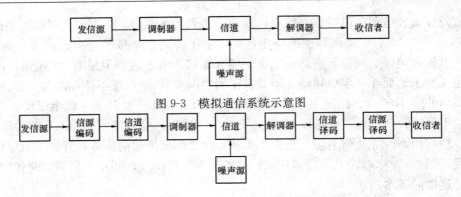

图 9-3　模拟通信系统示意图

图 9-4　数字通信系统示意图

基带传输：系统将基带信号直接在信道中传输。

频带传输：先将基带信号变换（调制）成适合信道中传输的射频信号，然后再传输。

（3）基带传输与频带传输举例。

1）模拟通信系统。基带传输，如市话通信系统；频带传输，如广播电视系统。

2）数字通信系统。基带传输，如计算机局域网；频带传输，如计算机广域网（图 9-5）。

图 9-5　数字频带传输系统实例

5. 数字基带传输系统的主要技术

（1）数据编码。在数字通信系统中，为实现正常通信，要对二进制码和字符的对应关系作一个统一的规定，这种规定即称为编码。通常有以下三类：

1）不归零制（Non-Return to Zero，NRZ）。在不归零制中，需附加时钟信号，使接收和发送端保持同步，高表示 1，低表示 0。特点是简单、位之间的区分、多 1 或多 0 的困难（直流），不归零制编码如图 9-6 所示。

2）曼彻斯特编码（Manchester encoding Returnto Zero）。高电平到低电平的转换边表示 0，低电平到高电平的转换边表示 1，如图 9-7 所示。其特点是方案实现简单，常用于 LAN 中。

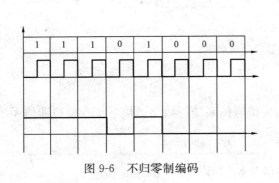

图 9-6　不归零制编码

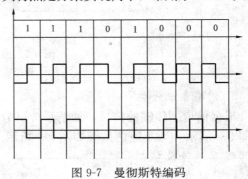

图 9-7　曼彻斯特编码

3）差分曼彻斯特编码（differential Manchester encoding）。不管是 0 还是 1，码元的中间都必须进行电平的转换，区分 0 和 1 是在相邻码元的边界，用码元开始处的跳变表示 0，无跳变表示 1，如图 9-8 所示。

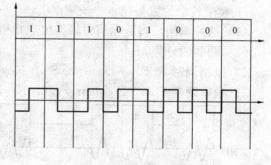

图 9-8　差分曼彻斯特编码

6. 差错控制方法

差错控制在数据通信过程中能发现或纠正差错，把差错限制在尽可能小的允许范围内的技术和方法。

最常用的差错控制方法是差错控制编码。数据信息位在向信道发送之前，先按照某种关系附加上一定的冗余位，构成一个码字后再发送，这个过程称为差错控制编码过程。接收端收到该码字后，检查信息位和附加的冗余位之间的关系，以检查传输过程中是否有差错发生，这个过程称为检验过程。

差错控制编码可分为检错码和纠错码。

检错码是指在发送每一组信息时发送一些附加位足以使接收端发现差错的冗余信息，通过这些附加位，接收端可以判断所接收的数据是否正确。但不能确定哪位是错的，并且自己不能纠正传输差错。

纠错码是指在发送每一组信息时发送足够的附加位，每个传输的分组带上足够的冗余信息；借助于这些附加信息，接收端在接收译码器的控制下不仅可以发现错误，而且还能自动纠正错误。

（1）奇偶校验码。奇偶校验码是一种通过增加冗余位使得码字中"1"的个数为奇数或偶数的编码方法，它是一种检错码，见表 9-1。

表 9-1 奇 偶 校 验 码

位/数字	0	1	2	3	4	5	6	7	8	9	奇校验	偶校验
C_1	0	1	0	1	0	1	0	1	0	1	0	1
C_2	0	0	1	1	0	0	1	1	0	0	1	0
C_3	0	0	0	0	1	1	1	1	0	0	0	1
C_4	0	0	0	0	0	0	0	0	1	1	0	1
C_5	1	1	1	1	1	1	1	1	1	1	0	1
C_6	0	0	0	0	0	0	0	0	0	0	1	0

（2）循环冗余码（CRC）。循环冗余码 CRC 在发送端编码和接收端校验时，都可以利用事先约定的生成多项式 $G(X)$ 来得到，K 位要发送的信息位可对应于一个 $(k-1)$ 次多项式 $K(X)$，r 位冗余位则对应于一个 $(r-1)$ 次多项式 $R(X)$，由 r 位冗余位组成的 $n=k+r$ 位码字则对应于一个 $(n-1)$ 次多项式 $T(X) = X_r \times K(X) + R(X)$。

在发送端产生一个循环冗余码，附加在信息位后面一起发送到接收端，接收端收到的信息按发送端形成循环冗余码同样的算法进行校验，若有错，需重发。

循环冗余码可检测出所有奇数位错，可检测出所有双比特的错，还可检测出所有小于、等于校验位长度的突发错。

7. 频带传输的主要技术——调制

（1）信号调制：将数据信号转换成能在模拟信道上传输的模拟信号。

（2）调制的分类。

1）振幅调制 ASK（Amplitude Shift Keying）。用原始脉冲信号去控制载波的振幅变化。

2）频率调制 FSK（Frequency Shift Keying）。用原始脉冲信号去控制载波的频率变化。

3）相位调制 PSK（Phase Shift Keying）。用原始脉冲信号去控制载波的相位变化。

三种调制信号示意图如图 9-9 所示。

8. 通信方式

（1）并行通信方式。并行通信传输中有多个数据位，同时在两个设备之间传输，如图 9-10 所示。发送设备将这些数据位通过对应的数据线传送给接收设备，还可附加一位数据校验位。接收设备可同时接收到这些数据，

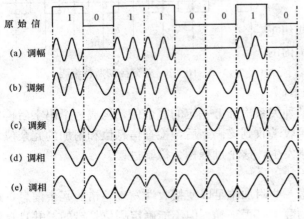

图 9-9　三种调制信号示意图

不需要做任何变换就可直接使用。并行方式主要用于近距离通信。

（2）串行通信方式。串行数据传输时，如图 9-11 所示，数据是一位一位地在通信线上传输的，先由具有几位总线的计算机内的发送设备，将几位并行数据经并—串转换硬件转换成串行方式，再逐位经传输线到达接收站的设备中，并在接收端将数据从串行方式重新转换成并行方式，以供接收方使用。

图 9-10　并行数据传输

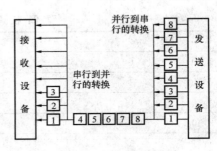

图 9-11　串行数据传输

（3）串行通信的方向性结构。串行数据通信的方向性结构有三种，即单工、半双工、全双工。

单工制（图 9-12）指通信双方的收发信机不能同时处于工作状态，即发时不能收，收时不能发。通信时，必须轮流转换收发状态。

半双工制（图 9-13）是指一对多的通信双方，有一方（如基站）使用双工方式，即收发信机同时工作，收发使用两个不同的频率；而另一方面（如移动台）则采用双频单工方式，即收发信机交替工

图 9-12　单工制

作的通信方式。

全双工制（图 9-14）是指通信双方，收发信机均同时工作，即任一方讲话时，也可以同时听到对方的话音。

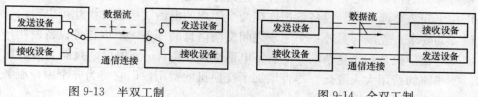

图 9-13 半双工制 图 9-14 全双工制

9. 多路复用技术

多路复用技术就是把多路信号用一条信道进行传输，以提高效率。

（1）频分多路复用（FDM）。把信道的频谱分割成若干个互不重叠的小频段，每条小频段都可以看作是一条子信道。如图 9-15 所示。

图 9-15 频分多路复用示意图

（2）时分多路复用（TDM）。信道的传输时间分割成许多时间段，这种方法接收端与发送端的时序必须严格同步。时分多路复用 TDM，不仅局限于传输数字信号，也可同时交叉传输模拟信号，如图 9-16 所示。

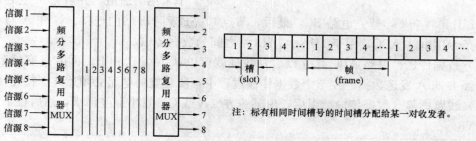

图 9-16 时分多路复用示意图

第二节 信息交换技术

一、交换的理由

如果有多个用户时，为保证任意两个用户间都能通话，很自然我们会想到每两个用户用一对线路连起来。5 个用户连接的情况：$n=5$ 时，所用线路 $=4+3+2+1=10$。n 个用户连接的情况：所用线路 $=n(n-1)/2$ 因此当用户数增加 n 时所需的线对数更迅速增加，想想看，要是对每个用户来说，家中需接入 n-1 对线，打电话前还需将自己话机和被叫线连起来，那就太麻烦了。

在用户分布的密集中心，安装一个设备，这好比是一个开关接点，平时是打开的，当任意两个用户之间需要通话时，设备就把连接两个用户的电话线接通。由此可以看出，设备可根据发话者的要求，完成与另外一个用户之间交换信息的任务，所以这种设备就叫作电话交换机。实际的交换机是相当复杂的，但有了电话交换设备，n 个用户，只需 n 对线就可以满足要求，使线路的费用大大降低。尽管增加了交换机的费用，但它将为 n 个用户服务，利用率很高。

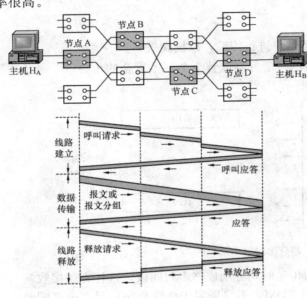

图 9-17　线路交换工作原理

二、交换方式

1. 线路交换

使用线路（电路）交换（Circuit Switching）方式，就是通过网络中的节点在两个站之间建立一条专用的通信线路，线路交换工作原理如图 9-17 所示。最普通的线路交换例子是电话系统。

线路交换方式的通信包括三种状态：

（1）线路建立。典型的做法是，H1 站先向与其相连的 A 节点提出请求，然后 A 节点在通向 C 节点的路径中找到下一个支路。比如 A 节点选择经 B 节点的电路，在此电路上分配一个未用的通道，并告诉 B 它还要连接 C 节点；B 再呼叫 C，建立电路 BC，最后，节点 C 完成到 H3 站的连接。这样 A 与 C 之间就有一条专用电路 ABC，用于 H1 站与 H3 站之间的数据传输。

（2）数据传送。电路 ABC 建立以后，数据就可以从 A 发送到 B，再由 B 交换到 C；C 也可以经 B 向 A 发送数据。在整个数据传输过程中，所建立的电路必须始终保持连接状态。

（3）线路拆除。数据传输结束后，由某一方（A 或 C）发出拆除请求，然后逐节拆除到对方节点。

2. 报文交换

报文交换方式的数据传输单位是报文，报文就是站点一次性要发送的数据块，其长度不限且可变。当一个站要发送报文时，它将一个目的地址附加到报文上，网络节点根据报文上的目的地址信息，把报文发送到下一个节点，一直逐个节点地转送到目的节点（如图 9-18 所示）。

每个节点在收到整个报文并检查无误后，就暂存这个报文，然后利用路由信息找出下一个节点的地址，再把整个报文传送给下一个节点。因此，端与端之间无需先通过呼叫建立连接。

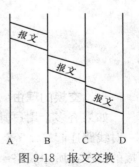

图 9-18　报文交换

　　一个报文在每个节点的延迟时间，等于接收报文所需的时间加上向下一个节点转发所需的排队延迟时间之和。

　　由于报文交换使用的是存储转发工作方式，在接收到整个消息之前不能向链路发送任何1位数据，从第一个交换机到第二个交换机需要 5s，从第 2 个交换机到达接收端也需要 5s。如图 9-19 所示，消息从发送端到达接收端共需要 15s。因此报文交换不适合于交互式通信，不能满足实时通信的要求。

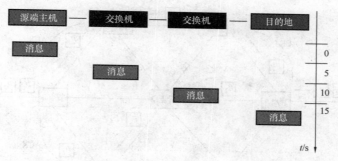

图 9-19　报文交换的时间延迟

3. 分组交换

　　目前应用最广的交换技术。结合了线路交换和报文交换两者的优点，使其性能达到最优。

　　分组交换原理：类似于报文交换，但它规定了交换设备处理和传输的数据长度（称之为分组）。将长报文分成若干个小分组进行传输。不同站点的数据分组可以交织在同一线路上传输。提高了线路的利用率。可以固定分组的长度，系统可以采用高速缓存技术来暂存分组，提高了转发的速度。

　　分组交换有虚电路分组交换和数据报分组交换两种。

　　在虚电路分组交换中，为了进行数据传输，网络的源节点和目的节点之间要先建一条逻辑通路。每个分组除了包含数据之外还包含一个虚电路标识符。在预先建好的路径上的每个节点都知道把这些分组引导到哪里去，不再需要路由选择判定。最后，由某一个站用清除请求分组来结束这次连接。它之所以是"虚"的，是因为这条电路不是专用的。分组在每个节点上仍然需要缓冲，并在线路上进行排队等待输出，虚电路分组交换原理如图 9-20 所示。

　　在数据报分组交换中，每个分组的传送是被单独处理的。每个分组称为一个数

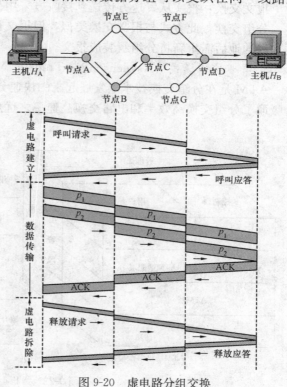

图 9-20　虚电路分组交换

据报，每个数据报自身携带足够的地址信息。一个节点收到一个数据报后，根据数据报中的地址信息和节点所储存的路由信息，找出一个合适的出路，把数据报原样地发送到下一节点。由于各数据报所走的路径不一定相同，因此不能保证各个数据报按顺序到达目的地，有的数据报甚至会中途丢失。整个过程中，没有虚电路建立，但要为每个数据报做路由选择，数据报分组交换工作原理如图 9-21 所示。

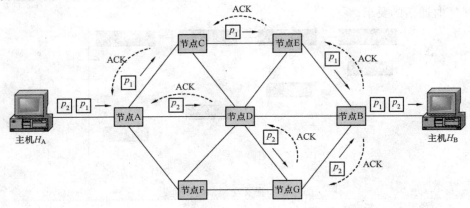

图 9-21　数据报方式的工作原理

4. 三种数据交换比较

线路交换：在数据传送之前需建立一条物理通路，在线路被释放之前，该通路将一直被一对用户完全占有。

报文交换：报文从发送方传送到接收方采用存储转发的方式。

分组交换：此方式与报文交换类似，但报文被分成组传送，并规定了分组的最大长度，到达目的地后需重新将分组组装成报文。

5. 异步传输模式（Asynchronous Transfer Mode，ATM）

ATM 是在分组交换技术上发展起来的快速分组交换，其结构模型如图 9-22 所示。它综合吸取了分组交换高效率和电路交换高速率之优点，针对分组交换速率低的弱点，用电路交

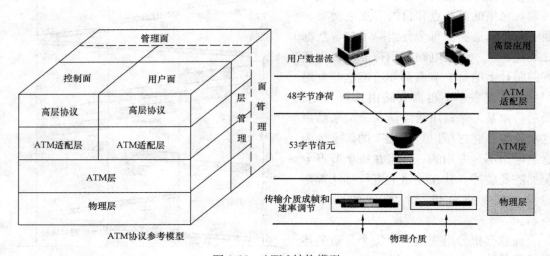

图 9-22　ATM 结构模型

换完全与协议处理几乎无关的特点，通过高性能 LS1 的硬设备来提高处理速度，以实现高速化，因此也可以说 ATM 技术是在克服了分组交换和电路交换方式局限性的基础上产生的。

第三节　通信网的拓扑结构

计算机连接的方式叫作"网络拓扑结构"（Topology）。网络拓扑是指用传输媒体互联各种设备的物理布局，特别是计算机分布的位置以及电缆如何通过它们。设计一个网络的时候，应根据自己的实际情况选择正确的拓扑方式。每种拓扑都有它自己的优点和缺点。

目前常用的计算机网络拓扑结构有四种。它们是总线网络、环形网络、星形网络和网状网络。

一、总线网络

总线结构是使用同一媒体或电缆连接所有端用户的一种方式，也就是说，连接端用户的物理媒体由所有设备共享，如图 9-23 所示。

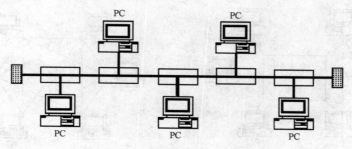

图 9-23　总线型网络拓扑结构

这种结构具有费用低、数据端用户入网灵活、站点或某个端用户失效不影响其他站点或端用户通信的优点。缺点是一次仅能一个端用户发送数据，其他端用户必须等待到获得发送权。媒体访问获取机制较复杂。尽管有上述一些缺点，但由于布线要求简单，扩充容易，端用户失效、增删不影响全网工作，所以是 LAN 技术中使用最普遍的一种。

二、环形网络

环形网，正如名字所描述的那样，是使用一个连续的环将每台设备连接在一起。它能够保证一台设备上发送的信号可以被环上其他所有的设备都看到。在简单的环形网中，网络中任何部件的损坏都将导致系统出现故障，这样将阻碍整个系统进行正常工作。而具有高级结构的环形网则在很大程度上改善了这一缺陷，环形网络拓扑结构如图9-24 所示。

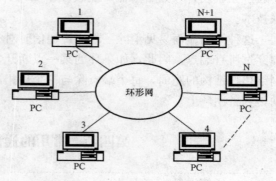

图 9-24　环形网络拓扑结构

这种结构显而易见消除了端用户通信时对中心系统的依赖性。环上传输的任何信息都必须穿过所有端点，因此，如果环的某一点断开，环上所有端间的通信便会终止。为克服这种网络拓扑结构的脆弱，每个端点除与一个环相连外，还连接到备用环上，当主环故障时，自动转到备用环上。

三、星形网络

星形结构是最古老的一种连接方式，大家每天都使用的电话就属于这种结构。如图 9-25 所示，是目前使用最普遍的以太网（Ethernet）星形结构，处于中心位置的网络设备称为集线器，英文名为 Hub。

这种结构便于集中控制，因为端用户之间的通信必须经过中心站。由于这一特点，也带来了易于维护和安全等优点。端用户设备因为故障而停机时也不会影响其他端用户间的通信。但这种结构非常不利的一点是，中心系统必须具有极高的可靠性，因为中心系统一旦损坏，整个系统便趋于瘫痪。对此中心系统通常采用双机热备份，以提高系统的可靠性。

四、网状网络

如果一个网络只连接几台设备，最简单的方法是将它们都直接相连在一起，这种连接称为点对点连接。用这种方式形成的网络称为全互联网络，也就是网状网络，如图 9-26 所示。

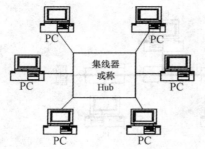

图 9-25　星形网络拓扑结构　　　　图 9-26　网状网络拓扑结构

显而易见，这种方式只有在涉及地理范围不大，设备数很少的条件下才有使用的可能。即使属于这种环境，在 LAN 技术中也不常使用。这里所以给出这种拓扑结构，是因为当需要通过互联设备（如路由器）互联多个 LAN 时，将有可能遇到这种广域网（WAN）的互联技术。

这种结构显而易见消除了端用户通信时对中心系统的依赖性。环上传输的任何信息都必须穿过所有端点，因此，如果环的某一点断开，环上所有端间的通信便会终止。为克服这种网络拓扑结构的脆弱，每个端点除与一个环相连外，还连接到备用环上，当主环故障时，自动转到备用环上。

第四节　常用的通信设备及通信介质

一、通信设备

（一）通信适配器

将计算机内的并行数据转换成串行数据的一种智能型电路，它分为异步通信适配器和同步通信适配器两种。

1. 异步通信适配器

异步通信适配器由地址译码电路，8250 异步通信器件，EIA 接收、发送器件，晶振电路和 25 针或 9 针 D 型插头组成，异步通信适配器原理框图如图 9-27 所示。

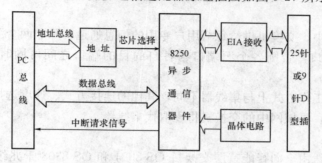

图 9-27　异步通信适配器原理框图

异步通信适配器有自己独立的时钟（晶振），发送和接收数据都根据自己的时钟，以及协议进行。这样可以节省时钟连接线，降低硬件成本。

2. 同步通信适配器

同步通信适配器也是完成二进制数据串、并相互转换的设备。同步通信适配器间的数据流是连续且同步的两个异步通信适配器间的数据流是不连续的，而是一个字符一个字符地进行同步的。

同步通信适配器有两类最常用的协议，即 SDLC（同步数据链路控制）和 BSC（二进制同步通信）。

（二）调制解调器

调制解调器是一种计算机硬件，它能把计算机的数字信号翻译成可沿普通电话线传送的脉冲信号，而这些脉冲信号又可被线路另一端的另一个调制解调器接收，并译成计算机可懂的语言。这一简单过程完成了两台计算机间的通信，其通信过程如图 9-28 所示。

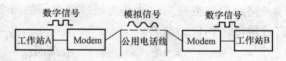

图 9-28　调制解调器的通信过程

（三）网卡

网卡，我们又将它称之为网络卡或网络接口卡，英文简称 NIC，全称为 Network Interface Card。它的主要工作原理为整理计算机上发往网线上的数据并将数据分解为适当大小的数据包之后向网络上发送出去。对于网卡而言，每块网卡都有一个唯一的网络节点地址，它是网卡生产厂家在生产时烧入 ROM 中的，且保证绝对不会重复。

（四）集线器

集线器（HUB）是对网络进行集中管理的重要工具，像树的主干一样，它是各分枝的汇集点。HUB 是一个共享设备，其实质是一个中继器，而中继器的主要功能是对接收到的信号进行再生放大，以扩大网络的传输距离。在网络中，集线器主要用于共享网络的建设，是解决从服务器直接到桌面的最佳、最经济的方案。在交换式网络中，HUB 直接与交换机相联，将交换机端口的数据送到桌面。使用 HUB 组网灵活，它处于网络的一个星形结点，对结点相连的工作站进行集中管理，不让出问题的工作站影响到整个网络的正常运行。

（五）交换机

集线器是一个中继器，而中继器的主要功能是对接收到的信号进行整形再生放大，使被衰减的信号再生（恢复）到发送时的状态，以扩大网络的传输距离，而不具备信号的定向传送能力。

交换式以太网中，交换机供给每个用户专用的信息通道，除非两个源端口企图将信息同时发往同一目的端口，否则各个源端口与各自的目的端口之间可同时进行通信而不发生冲突。

交换机只是在工作方式上与集线器不同，其他的连接方式、速度选择等则与集线器基本相同。不久的将来，局域网中的交换机将逐取代集线器。

交换机的作用：

（1）网络核心：由全向智能三层交换机 QS-8324 和 QS-8308 千兆级联组成。连接各种服务器及分支主干。

（2）分支主干：采用全向智能三层交换机 QS-8324，与核心组建分布式三层交换网络，减少核心交换机的负担。

（3）网络支干：采用全向智能网管交换机 QS-8226I，配合全向智能三层交换机 QS-8324 实现全网智能远程网络管理及监测。

（六）路由器

路由器的一个作用是连通不同的网络，另一个作用是选择信息传送的线路。选择通畅快捷的近路，能大大提高通信速度，减轻网络系统通信负荷，节约网络系统资源，提高网络系统畅通率，从而让网络系统发挥出更大的效益来。

一般说来，异种网络互联与多个子网互联都应采用路由器来完成。

路由器的主要工作就是为经过路由器的每个数据帧寻找一条最佳传输路径，并将该数据有效地传送到目的站点。

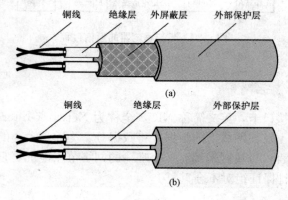

图 9-29　双绞线结构图

和屏蔽双绞线（STP）。

（二）同轴电缆

同轴电缆是由一根外包有固体绝缘材料的中心导线和包在外面的细铜丝编织层组成的。既可以屏蔽信号，使之不受干扰，又可以增强绝缘效果。由于各层是同轴的，所以称为同轴电缆。同轴电缆有较高的带宽，其结构如图 9-30 所示。

二、常用的通信介质

（一）双绞线

双绞线是局域网布线中最常用到的一种传输介质，尤其在星形网络拓扑中，双绞线是必不可少的布线材料。双绞线电缆中封装着一对或一对以上的双绞线，为了降低信号的干扰程度，每一对双绞线一般由两根绝缘铜导线相互缠绕而成，每根铜导线的绝缘层上分别涂有不同的颜色，以示区别。双绞线结构图如图 9-29 所示。

双绞线可分为：非屏蔽双绞线（UTP）

图 9-30 同轴电缆结构图

（三）光纤

光纤是光导纤维的简称，是以光波为载频，以光导纤维为传输介质的通信方式，是一种介质光导波，光纤不受电磁干扰和噪声干扰。光缆的传输速度快，可靠性好，传输距离远。主要用于高速大容量点到点的数据传输，是目前全球信息高速公路的最基本的信息通道。一根光缆可以取代数百对双绞线，但与双绞线、同轴电缆相比其价格较贵。光纤结构如图9-31所示。

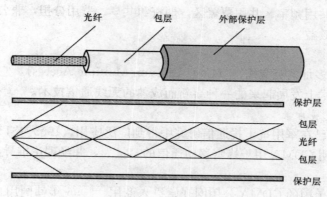

图 9-31 光纤结构图

（四）微波

微波通信一次只能向一个方向传播，因此对于类似电话交谈这种双向传输来说就需要两种频率。每种频率用于一个方向上的传输。每种频率的信号都要有自己的发送器和接收器。现在，通常将两种设备集成到一个称为收发器的设备中，从而使得单个天线就能处理双向的频率。

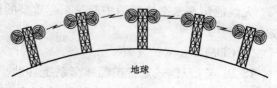

图 9-32 微信通信示意图

为延长地面微波传输的距离，每个天线上都可以安装一个转发器系统。天线接收的信号可以重新转换成可发送的形式并转发到下一个天线如图9-32所示。

第五节 现代通信技术及网络

一、通信技术

（一）蜂窝移动通信系统

在使用区域划出一块块的小区域，每一个小区分配一些频率资源，隔几个小区后，又把相同的频率划给另一个小区，但认为这时候他们之间的干扰比较小，在可以忍受的情况，但每个城市要做出长期增容的规划，以利于今后发展需要。

在理论上设计中，发现用正六角形的图形来模拟实际中的小区要比用圆形、正方形等其他图形效果更好，衔接也更紧密，所以现在的划分小区都采用了这种方法，看上去就像是蜂窝，所以我们也称为"蜂窝式移动通信"。

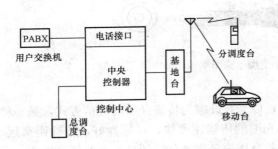

图 9-33　集群调度移动通信系统

（二）集群移动通信系统

集群移动通信系统（图 9-33）可以实现将几个部门所需要的基地台和控制中心统一规划建设，集中管理，而每个部门只需要建设自己的调度指挥台（即分调度台）及配置必要的移动台，就可以共用频率、共用覆盖区，即资源共享、费用分担，兼公用性与独立性，从而获得最大的社会效益。

（三）CDMA

CDMA 是码分多址的英文缩写（Code Division Multiple Access），它是在数字技术的分支——扩频通信技术上发展起来的一种崭新而成熟的无线通信技术。

1. CDMA 的发展背景

CDMA 技术早已在军用抗干扰通信研究中得到广泛应用，1989 年 11 月，Qualcomm 在美国的现场试验证明 CDMA 用于蜂窝移动通信的容量大，并经理论推导其为 AMPS 容量的 20 倍。

1995 年香港和美国的 CDMA 公用网开始投入商用。1996 年韩国用自己的 CDMA 系统开展大规模商用，头 12 个月发展了 150 万用户。中国 CDMA 的发展并不迟，也有长期军用研究的技术积累，1993 年国家 "863" 计划已开展 CDMA 蜂窝技术研究。韩国 CDMA 数字蜂窝移动通信在政府的强有力的组织下，得到了迅猛的发展。

无线通信在未来的通信中起越来越重要的作用，CDMA 将成为 21 世纪主要的无线接入技术。

2. CDMA 技术的发展

IS-1995（双模式宽带扩频蜂窝系统移动平台——基站兼容标准）还在不断完善和发展的过程中，Qualcomm 将致力继续发展 IS-1995，以便使 IS-1995 保持竞争优势，并过渡到第三代系统。

Qualcomm 计划 CDMA 手机技术的发展进程如下：

1998 年：SMS 和寻呼业务，有限的数据接入；手机：重量＜120g，体积＜120cm³，2～4h通话，40～100h 守候。

1999 年：大屏幕，全 SMS、寻呼、Email、Internet 和分组数据业务。

2000 年：全综合数据业务，Email、Internet 和 Intranet 功能；手机：重量＜100g，体积＜100cm³，2～4h 通话，100h 守候。

2002 年：智能手机：话音识别、多模式、多频段、多网络，卫星通信，内含 GPS。

2005 年：数据业务，视频、音频和数据文件接入，网络计算机功能；手机的大小只取决于应用对象，4～8h 通话，大于 100h 守候。

截止到 2012 年，3G 移动通信标准 CDMA 2000 已占据全球 20％的无线市场，用户超过 2.56 亿。目前正积极倡导 4G 技术。

3. CDMA 系统提供的电信业务

从业务角度来看，CDMA 系统从服务的角度出发，为用户提供了更加丰富、多样且应用灵活方便的业务。按照 CDMA 的规范，交换子系统应能向用户提供用户终端业务、承载业务、补充业务三类业务。

（1）用户终端业务。用户终端业务是在用户终端协议互通基础上提供终端间信息传递能力的业务，该类业务包括电话业务、紧急呼叫业务、短消息业务和语音邮箱业务等。

（2）承载业务。承载业务提供了在两个网络终端接口间的信息传递能力。移动终端 MT 控制无线信道使信息流成为终端设备 TE 能接受的信息。移动终端 MT 作为 PLMN 一部分通过无线接口与 PLMN 内的其他实体互通。CDMA 能陆续向用户提供 1200～14 400bit/s 异步数据、1200～14 400bit/s 分组数据及交替语音乐会与 1200～14 400bit/s 数据等承载业务。

（3）补充业务。CDMA 规范定义了支持提供给各承载业务和用户终端业务的补充业务。补充业务向用户提供包括补充业务授权、补充业务操作和补充业务应用等功能。补充业务授权包括业务授权和业务去授权；补充业务操作支持 CDMA 系统中所定义的七种业务操作即授权、去授权、登记、删除、激活、去活及请求、临时激活及临时去激活操作。在上述操作中授权和去授权一般由网络运营商进行，其余操作可由用户在移动台上操作。补充业务应用有网络自动调用和用户主动发起两种方式，它改变并加强了用户终端业务和承载业务的服务。

1）遇忙呼叫前转 CFB。

2）无条件呼叫前转 CFU。

3）无应答呼叫前转 CFNA。这项业务允许用户在下列情况下将其来话转接到预先设置的电话或语音信箱：

①系统寻呼 MS 失败或长时间振铃后用户没有应答。

②用户处于去活状态。

③系统不知道用户的当前位置。

④用户当前不可接入（如去活了呼叫转接业务或激活了免打扰业务）。

4）隐含呼叫前转 CFD。这项业务允许用户在下列情况下将其来话转接到预先设置的电话或语音信箱：

①用户忙。

②系统寻呼 MS 失败或长时间振铃后用户没有应答。

③用户处于去活状态。

④系统不知道用户的当前位置。

⑤用户当前不可接入（如激活了免打扰业务）。从功能上看，这项业务相当于无应答呼叫前转和遇忙呼叫前转的功能之和。

5）主叫号码识别显示 CNIP。

6）主叫号码别限制 CNIR。

7）呼叫等待 CW。

8）呼叫转移 CT。

9）会议电话 CC。

10）免打扰 DND。

11）消息等待通知 MWN。

12）密码呼叫接受 PCA。

13）三方通话 3WC。

14）选择呼叫接受 SCA。

15）IN 码拦截 SPINI。

16）用户 PIN 码接入 SPINA。

17）取回语音信息 VMR。

18）优选语言 PL。

19）用户群提示 FA。

20）移动接入寻线 MAH。

4. CDMA 存在的问题

①CDMA 鉴权问题；②CDMA 国际漫游问题。

（四）卫星通信

卫星通信就是利用位于 36 000km 高空的人造地球同步卫星作为太空无人值守的微波中继站的一种特殊形式的微波接力通信。卫星通信可以克服地面微波通信的距离限制，其最大特点就是通信距离远，且通信费用与通信距离无关。

卫星通信的优点：卫星通信的频带比微波接力通信更宽，通信容量更大，信号所受到的干扰也较小，误码率也较小，通信比较稳定可靠。

卫星通信的缺点：传播时延较长。

1. 同步地球卫星

要保持卫星与地球的运行同步，就要综合考虑地球自转、地球公转、卫星飞行速度等多种因素，所以同步通信卫星都"定点"在赤道上空，并有一系列的标准参数。

2. 卫星的覆盖范围

从理论上说，三颗卫星即可基本覆盖全球。但是，由于每个卫星的通信能力有限，三颗卫星远不能满足全球通信的需要。而赤道上空同道步轨的位置又十分有限，所以，国际卫星组织对同步轨道上星卫总量要实行必要的控制。

3. VSAT 卫星通信

VSAT（Very Small Aperture Terminal，甚小口径地球终端）是 20 世纪 80 年代末发展起来并于 90 年代得到广泛应用的新一代数字卫星通信系统。VSAT 网通常由一个卫星转发器、一个大型主站和大量的 VSAT 小站组成，能单双向传输数据、语音、图像、视频等多媒体综合业务，如图 9-34 所示。VSAT 具有很多优点，如设备简单、体积小、耗电少、组网灵活、安装维护简便、通信效率高等，尤其适用于大量分散的业务量较小的用户共享主站，所以许多部门和企业多使用 VSAT 网来建设内部专用网。

卫星通信主要的应用有：消防和全球 GPS 定位系统。

二、宽带通信网

通信是目前发展最快的领域之一。通信网络的发展经历了由窄带到宽带、由人工到智能、由单业务到综合业务的发展过程。21 世纪，通信网络向提供宽带化、个人化、分组化和综合化方向发展的趋势更为明显。而目前技术发展和需求增长最快的是 Internet 和移动通信。

宽带通信网是一种全数字化、高速、宽带、具有综合业务能力的智能化通信网络。宽带通信网的显著特点就是在信息数据传输上突破了速度、容量和时间空间的限制。宽带通信网络可大致分为宽带骨干网络和宽带接入网络两个层面。

（一）宽带骨干网络技术

1. 帧中继

帧中继（FR，Frame Relay），是一种面向连接的快速分组交换技术。是 20 世纪 80 年代初发展起来的一种数据通信技术，它是从 X. 25 分组通信技术演变而来的。

2. 异步转移模式

异步转移模式（ATM，Asynchronous Transfer Mode）是

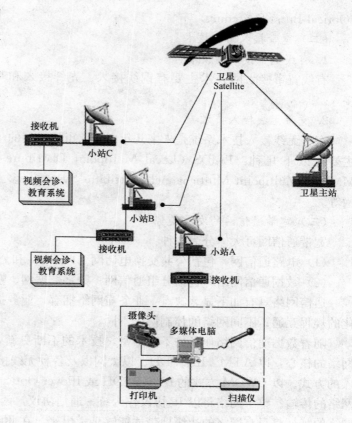

图 9-34　VSAT 网络组成

一种快速分组交换技术，ITU-T 推荐其为宽带综合业务数据网 B-ISDN 的信息传输模式。

3. 多协议标签交换

多协议标签交换（MPLS，Multiprotocol Label Switching）属于第二层与第三层之间的一种交换技术，它引入了基于标签的机制，把选路和转发分开，由标签来规定一个分组通过网络的路径，数据传输通过标签交换路径（LSP）完成。

4. IP 网络技术

最初，IP 技术主要是为一些简单的数据业务服务，如电子邮件、文件传输、远程登录等。为了保证语音、图像等实时业务的 QoS（Quality of Service，即服务质量），需要改进传统的尽力而为的 IP 技术，以提供 QoS 保证。

5. 下一代互联网技术——光互联网及交换技术

互联网（Internet）业务的急剧增长驱动了高速传输技术和高速交换/路由技术的需求。密集波分复用技术（DWDM）、吉比特（Gigabit）以太网与太比特（Terabit）级交换机/路由器的出现使得建立高效、大容量、高带宽的光纤网络成为可能。为了使得网络结构更具扩展性、灵活性和动态性，面向互联网业务的下一代光网络，已由 IP-over-Sonet/SDH 向 IP-over-（D）WDM 网络发展，IP-over-（D）WDM 将成为下一代光互联网的首选结构。

目前提出的实现 IP-over-（D）WDM 的交换技术方案有 3 种：光电路交换/波长路由（Optical Circuit Switching）、光分组/信元交换（Optical Packet Switching）和光突发交换

（Optical Burst Switching）。

（二）宽带接入网络技术

1. 有线宽带接入网技术

有线宽带接入网技术主要有铜线接入、光纤接入和基于有线电视网的混合光纤同轴接入。

2. 宽带无线接入技术

宽带无线接入技术系统是未来几年内通信市场发展的一个热点。目前宽带无线接入技术主要有以下几种：LMDS（Local Multipoint Distribute System，本地多点分配系统）、MMDS（Multipoint Multichannel Distribute System，多点多信道分配系统）、无线局域网等。

（三）宽带通信网的发展趋势

宽带通信网可大体分为两种：

（1）电路通信网，包括公共交换电话网（PSTN）和公用陆地移动通信网（PLMN）。

（2）数据通信网络，包括分组通信网、数字数据网、帧中继、ATM 网络以及 IP 网络。

通信网络具有如下显著缺点：业务与网络捆绑，业务提供不灵活；设备间需要通过标准化的规程互通；不同网络的控制协议不同。

随着数据通信网络业务的不断丰富，技术的不断更新，整个网络将演变成 IP 作为整个网络的核心，以 ATM、IP、SDH、以太网以及各种无线接入技术作为整个网络的边缘和接入的方式。以 DWDM 方式的 IPover SDH 或 IPover Optical 为传输手段，负责整个高速信息网络的传输。整个网络将以 IP 协议作为统一通信协议，两个通信网的业务将完全进行融合。网络的特征将只在网络的边缘地带才能够显示出来，在此时骨干网络只起信息传输的作用，业务特性只能在网络的边缘实现。

为了使两个通信网络的业务在 IP 层面实现融合，需要解决一系列技术问题，例如，如何对语音和图像业务提供 QoS 保证、如何实现对整个网络资源的管理和分配，以及如何随时随地提供宽带接入等。为了解决这些问题，我们认为 IP 与 MPLS 的结合、光纤接入技术以及宽带无线接入技术将成为未来宽带通信网络的主流技术。原因在于：

IP 与 MPLS 结合，代表宽带分组交换网络的发展方向。IP 以其实现简单，支持异种网络的互联等优点，在 Internet 上得到广泛应用。通过采用 IP 技术，能实现各种网络技术的互联互通，并实现真正意义上的"三网合一"。由于 MPLS 具有快速转发，支持流量工程，并提供 QoS 保证等优点，因此，MPLS 可作为下一代网络的管理和控制面技术。通过 IP 与 MPLS 的结合，能有效支持语音、数据和图像业务的传送，并使网络具有良好的可扩展性，易于管理和维护。

光纤接入技术是"最后一公里"问题的最终解决方案。光纤以其大带宽、易于维护、抗干扰、抗腐蚀等优点，已逐渐在接入网中得到应用。随着光纤、光器件价格的进一步下降，光接入网将最终成为宽带到家的首先方案。

宽带无线接入技术是未来通信网发展的主要方向之一。无线接入技术以其成本低廉、不受地理环境的约束、支持用户的移动性等优点，将成为光纤接入技术的重要补充，使人们实现真正意义上的个人通信的目的。

思 考 题

1. 通信系统的性能指标是什么？请画出通信系统模型的框图。

2. 信号的含义是什么？简述通信中的两种基本传输信号——模拟信号和数字信号的特点。

3. 图示数字通信系统和模拟通信系统。

4. 什么叫基带传输技术？什么叫频带传输技术？

5. 多路复用技术中有频分多路复用和时分多路复用，请分别介绍它们的工作原理。

6. 基带传输中的数据编码是什么？有哪几种？

7. 数字通信信道传输差错是如何出现的？怎样实现差错控制？

8. 什么叫幅移键控法？什么叫频移键控法？什么叫相移键控法？

9. 简述奇偶校验工作原理。

10. 简述循环冗余校验（CRC）码的校验方法。

11. 串行通信的方向性结构有几种？说出它们的区别。

12. 简述数据的异步传输方式。

13. 信息交换技术有哪三类，请分别简述三种数据交换的方法。

14. 简述计算机网络的各种网络拓扑结构。

15. 网络通信设备有哪些？说明其作用。

16. 分别说明双绞线、同轴电缆、光纤的结构。

17. 简述蜂窝移动通信的工作原理。

18. 请叙述 CDMA 技术的应用场合。

19. 简述卫星通信的工作原理。

20. 简述宽带通信网络的含义。

参 考 文 献

[1]　文锋. 现代发电厂概论[M]. 北京：中国电力出版社，2013.

[2]　魏学业. 发电、运行与控制[M]. 北京：清华大学出版社，2013.

[3]　莫岳平. 供配电工程[M]. 北京：机械工业出版社，2013.

[4]　赵彩虹，等. 供配电系统自动化实用技术[M]. 北京：中国电力出版社，2010.

[5]　于苏华. 新能源发电与控制技术[M]. 北京：机械工业出版社，2013.

[6]　杨晟，等. 太阳能、风能发电技术[M]. 北京：电子工业出版社，2013.

[7]　程明，等. 可再生能源发电技术[M]. 北京：机械工业出版社，2012.

[8]　陈晓平. 电气安全[M]. 北京：机械工业出版社，2010.

[9]　戈宝军，等. 电机学[M]. 北京：中国电力出版社，2013.

[10]　孙冠群，等. 控制电机与特种电机[M]. 北京：清华大学出版社，2011.

[11]　冯晓，等. 电机与电器控制[M]. 北京：机械工业出版社，2013.

[12]　谢秀颖，等. 电气照明技术[M]. 北京：中国电力出版社，2012.

[13]　陈辉. 现代电气控制设备[M]. 北京：清华大学出版社，2012.

[14]　赵俊生. 电机与电气控制及 PLC[M]. 北京：电子工业出版社，2012.

[15]　李伟. 机床电气控制技术[M]. 北京：机械工业出版社，2012.

[16]　王云亮. 电力电子技术[M]. 北京：电子工业出版社，2013.

[17]　俞嘉惠. 计算机科学概论[M]. 北京：清华大学出版社，2013.

[18]　靳孝峰. 单片机原理与应用[M]. 北京：北京航空航天大学出版社，2012.

[19]　朱有产. 16/32 位微机原理及接口技术[M]. 北京：中国电力出版社，2009.

[20]　卢京潮，等. 自动控制原理[M]. 北京：清华大学出版社，2013.

[21]　丁建强，等. 计算机控制技术及其应用[M]. 北京：清华大学出版社，2012.

[22]　樊尚春. 传感器技术及应用[M]. 北京：北京航空航天大学出版社，2010.

[23]　周求湛，等. 虚拟仪器系统设计及应用[M]. 北京：北京航空航天大学出版社，2011.

[24]　李云江. 机器人概论[M]. 北京：机械工业出版社，2014.

[25]　李团结. 机器人技术及其应用[M]. 北京：电子工业出版社，2009.

[26]　王娜，等. 智能建筑概论[M]. 北京：中国建筑工业出版社，2010.

[27]　方潜生. 建筑电气[M]. 北京：中国建筑工业出版社，2010.

[28]　王盛卫. 智能建筑与楼宇自动化[M]. 北京：中国建筑工业出版社，2010.

[29]　沈瑞珠. 楼宇智能化技术[M]. 北京：中国建筑工业出版社，2013.

[30]　陆地，等. 建筑供配电系统与照明技术[M]. 北京：水利水电出版社，2011.

[31]　李正军. 现场总线与工业以太网及其应用技术[M]. 北京：机械工业出版社，2011.

[32]　叶安丽. 电梯控制技术[M]. 北京：机械工业出版社，2013.

[33]　林火养. 智能小区安全防范系统[M]. 北京：机械工业出版社，2013.

[34]　卜城，等. 建筑设备[M]. 北京：中国建筑工业出版社，2011.

[35]　朱月秀. 现代通信技术[M]. 北京：电子工业出版社，2013.

[36]　张少军. 计算机网络与通信技术[M]. 北京：清华大学出版社，2012.